计算机系列教材

郎振红 主编
廉彦平 文丽丽 周广惠 参编

SQL Server 2014
网络数据库案例教程

U0352497

清华大学出版社
北京

内 容 简 介

本书基于典型工作任务,系统地介绍了当今较为流行的 SQL Server 2014 数据库操作平台的具体使用,贯穿全书的案例是一个已经在实际环境下正常使用的系统,与通常目录分章节的写法不同,本书以数据库在实践开发中的应用为主线,以项目表述来规划目录,以案例展开知识点的方式详尽地介绍项目操作步骤和关键知识点。书中最后一个项目是数据库系统与 Visual Studio 开发系统相互结合,将典型案例进行完整的设计,便于读者学、练、用,动脑与动手有机地结合,为以后进一步学习和使用 SQL Server 2014 数据库环境开发应用系统夯实基础。本书分基础讲解篇和实践训练篇,继基本理论篇之后,在实践训练篇中通过内容丰富的实训练习,不仅可加深读者对 SQL Server 2014 知识要点与操作界面的理解,而且有利于读者在实际项目的开发过程中灵活自如地应用数据库系统。

无论是对数据库系统的初学者,还是应用最新版本数据库系统从事软件项目的开发工作人员,本书都是一本具有实用价值的参考书籍。

图书在版编目(CIP)数据

SQL Server 2014 网络数据库案例教程/郎振红主编. —北京:清华大学出版社,2017
(计算机系列教材)
ISBN 978-7-302-46716-8

Ⅰ. ①S… Ⅱ. ①郎… Ⅲ. ①关系数据库系统—教材 Ⅳ. ①TP311.138

中国版本图书馆 CIP 数据核字(2017)第 038687 号

责任编辑:白立军
封面设计:何凤霞
责任校对:白　蕾
责任印制:宋　林

出版发行:清华大学出版社
    网　　　址:http://www.tup.com.cn,http://www.wqbook.com
    地　　　址:北京清华大学学研大厦 A 座　　　　邮　　编:100084
    社 总 机:010-62770175　　　　　　　　　　邮　　购:010-62786544
    投稿与读者服务:010-62776969,c-service@tup.tsinghua.edu.cn
    质量反馈:010-62772015,zhiliang@tup.tsinghua.edu.cn
    课件下载:http://www.tup.com.cn,010-62795954
印 装 者:清华大学印刷厂
经　　销:全国新华书店
开　　本:185mm×260mm　　　印　　张:23　　　字　　数:529 千字
版　　次:2017 年 6 月第 1 版　　　　　　　印　　次:2017 年 6 月第 1 次印刷
印　　数:1~2000
定　　价:49.00 元

产品编号:071414-01

　　"数据库的设计与实现"课程是计算机类多种专业的必修课，更是一门培养学生实践动手能力的骨干核心课。数据库技术发展速度之快，应用领域之广，在计算机领域的新技术中可谓名列前茅，是当今时代信息化管理的重要工具。SQL Server 2014 数据库系统在 SQL Server 家族中是最新版本，在继承以往众多版本各自优势的基础上，又新增了全新的 in-memory 事务处理功能、快速灾难恢复功能、本地到云端数据平台一致性处理功能、实现云中新一代 Web、移动应用与企业、商业、智能化程序开发的功能等。因此，SQL Server 2014 数据库系统以其全新的功能和独具特色的优势，在计算机软件领域是最为流行、最受开发人员欢迎、使用频率较高的一款数据库系统。

　　本书作者多年从事软件技术专业的基础课和专业核心骨干课的教学工作，能够熟练地将 SQL Server 数据库系统运用于教学之中，掌握了大量的教学案例和实训案例，积累了丰富的教学经验，并且每位作者都参与过真实软件项目的开发工作，具有一定的软件系统和数据库系统设计与开发的阅历。本书的编写紧密结合数据库系统设计与开发的基本原理，利用典型案例详尽讲解 SQL Server 2014 系统的知识要点，并且与 Visual Studio 2010 软件集成开发环境综合应用融会贯通，实现学以致用的目的。另外，本书遵循理论知识够用，注重实践操作能力培养的原则，一改以往常态化的编写风格，本书的编写架构分为基础讲解篇和实践训练篇，通过大量的实训练习对所讲解的理论知识可以较好地联系实践，起到举一反三，深化理解的目的，力求使本书符合应用型本科和高职高专的教学特点及人才培养模式的具体要求。

　　本书突出的特色为：基于典型的工作任务、案例驱动、循序渐进、深入浅出、实例丰富、图文并茂、注重实用性、要求读者起点低，能全面提升读者的综合应用能力和动手开发能力。通过案例的操作引出知识点，将学与用有机结合，将枯燥无味的理论知识以丰富多彩的案例方式引出，便于读者学以致用。在本书中使用的案例是经过修改之后的真实项目，该项目在实践中已经正常投入运行，依托项目实际开发的主线，将数据库在实践开发中的规划与设计过程划分成若干子项目，最后一个项目是对前面所有项目的总结，并且结合 Visual Studio 开发环境使学生成绩管理系统得到实现，在教材的编辑过程中达到形散而神不散的效果。每一个项目的讲解都是以项目需求分析、项目操作步骤、关键知识点讲解、项目拓展训练、项目总结等作为编写顺序，将案例的难点与重点在项目操作中潜移默化地灌输给读者，通过相关的拓展训练达到举一反三的目的。尤其是，在实践训练篇中以图书管理系统为依托，精心设计了大量的实训题目，不仅提炼出设计与开发数据库系统必备的知识点,而且强化了对数据库系统的实践操作。另外,将项目的操作步骤、拓展训练步骤、讲解知识点的 PPT 电子课件等均做成动态视频,利用二维码扫描技术,使读者随时观看微课视频,减轻学习压力,增强读者学习该门课程的愉悦感,实现事半功倍的学习效果。

全书分为两大部分,分别是基础讲解篇和实践训练篇。在基础讲解篇中共设置了 8 个项目,重点讲解数据库平台的搭建操作、对学生成绩管理系统数据库的规划、数据库和数据表的创建与维护、索引和视图的设计与应用、存储过程和触发器的规划与使用、利用 T-SQL 语句进行深度编程、对数据库的安全性和健壮性实施设置与管理等,并且依托 SQL Server 2014 数据库系统和 Visual Studio 2010 集成开发平台完成学生成绩管理系统的设计与实现。在实践训练篇中总共设置了 22 个实训项目,完成对图书管理系统数据库的创建与维护操作,对数据表的创建与维护操作,对数据记录内容的增、删、改、查等基本操作,对数据完整性的设置操作,利用局部变量和 T-SQL 语句实现数据库系统的深度开发,对索引、视图、触发器、自定义函数、游标、事务、锁等功能的创建与使用,对各种类型存储过程的建立与执行,对数据库系统安全性的设置与管理以及对数据信息完整性的日常维护与管理等。

适用本书的读者主要有:应用型本科和高职院校软件技术专业、软件测试专业、手机软件开发专业、游戏软件开发专业、软件外包专业、网络技术专业、计算机应用专业等的在校学生;对 SQL Server 数据库系统了解较少、起点较低的读者;对数据库系统感兴趣,希望快速掌握 SQL Server 2014 基础知识的读者及利用 SQL Server 2014 实施软件开发的读者等。

本书由天津电子信息职业技术学院郎振红老师担任主编,廉彦平、文丽丽、周广惠等老师参与编写。在编写过程中得到了作者所在学院领导的大力支持,清华大学出版社编辑给予了悉心指导和热情帮助,在此谨向他们表示衷心的感谢!

为方便读者,本书的相关操作配备了二维码。

本书虽然倾注了作者的努力,但是由于作者水平所限,编写时间仓促,书中难免会存在疏漏之处,敬请各位同仁和广大读者批评指正。编者联系邮箱:hong05172006@126.com。

编者

2017 年 2 月

基础讲解篇

实践训练篇

基础讲解篇

项目一　搭建数据库操作平台

学习目标：

通过本项目的理论学习与实践训练使读者掌握 SQL Server 2014 数据库系统的安装、配置及简单的使用操作；了解 SQL Server 2014 数据库系统的业务特征、主要功能与常用版本；理解安装与应用该系统的软、硬件环境要求；掌握 SQL Server Management Studio 可视化界面的主要窗口功能。

一、项目需求分析

本书以一个真实工作任务"学生成绩管理系统"为基础，利用案例驱动教学方式讲解数据库的相关知识，训练操作技能，将 SQL Server 2014 数据库相关知识点融会贯通到该案例中。所以，要在计算机上安装该系统操作平台，进行相应参数配置以便提高系统的利用率，增强系统的安全性，最后，通过简单的应用操作验证系统调试的正确性，并熟悉系统的使用流程，为案例项目的开发工作做好准备。

二、项目操作步骤

1. 安装 SQL Server 2014 数据库系统

（1）将 SQL Server 2014 的安装盘放入光盘驱动器，使之运行，在光盘文件夹中找到安装文件 SETUP. EXE 文件，如图 1.1 所示。

名称	修改日期	类型	大小
2052_CHS_LP	2016/5/27 10:06	文件夹	
redist	2016/5/27 10:06	文件夹	
resources	2016/5/27 10:06	文件夹	
x86	2016/5/27 10:06	文件夹	
AUTORUN.INF	2014/2/6 12:56	安装信息	1 KB
MEDIAINFO.XML	2014/2/21 15:25	XML 文档	1 KB
PackageId.dat	2016/5/27 10:06	媒体文件(.dat)	1 KB
SETUP.EXE	2014/2/21 5:17	应用程序	70 KB
SETUP.EXE.CONFIG	2014/1/17 1:27	XML Configurati...	1 KB
SQLSETUPBOOTSTRAPPER.DLL	2014/2/21 5:20	应用程序扩展	193 KB
SQMAPI.DLL	2014/2/21 5:20	应用程序扩展	147 KB

新加卷 (G:) ▶ 虚拟盘01 ▶ 安装SQL Server2014 ▶ SQLEXPRADV_x86_CHS ▶

工具(T)　帮助(H)

共享 ▼　刻录　新建文件夹

图 1.1　系统安装文件应用程序

（2）双击 SETUP. EXE 安装文件，打开"SQL Server 安装中心"界面，此时开始正常安装 SQL Server 2014 数据库系统，首次进入该界面时，左侧第一个选项"计划"被默认选中，可以查看右侧相关信息，了解 SQL Server 2014 系统的具体内容和相关设置。然后单击界面左侧的"安装"选项，如图 1.2 所示，界面右侧列出两种可供选择的安装方式，分别是"全新 SQL Server 独立安装或向现有安装添加功能"和"从 SQL Server 2005、SQL Server 2008、SQL Server 2008 R2 或 SQL Server 2012 升级到 SQL Server 2014"，当第一次安装 SQL Server 2014 或者此时计算机上没有安装任何 SQL Server 系统，建议选择第一项进行独立地全新安装。单击第一项"全新 SQL Server 独立安装或向现有安装添加功能"选项，便进入 SQL Server 2014 系统的全新安装界面。

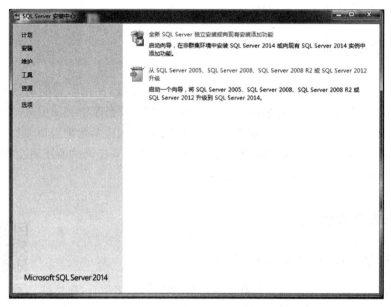

图 1.2　选择"安装"功能

（3）进入 SQL Server 2014 系统的全新安装界面，此时 SQL Server 2014 安装程序对系统进行相关检测处理，如图 1.3 所示。

图 1.3　安装程序检测当前系统

（4）对即将安装 SQL Server 2014 的系统检测完毕，显示检测结果，如果与安装程序支持的规则有某种冲突或不符合之处，则显示具体错误或警告信息，系统无法执行正常的安装操作；否则，通过检测可以继续数据库系统的安装操作。可以进入阅读"许可条款"界面，安装人员应当仔细阅读有关 SQL Server 2014 软件系统的许可条款，若接受上述条款内容，请将"我接受许可条款"复选框选中，如图 1.4 所示。

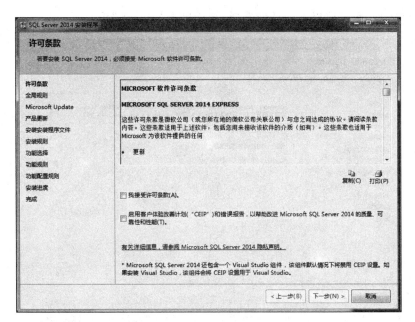

图 1.4 "许可条款"阅读界面

（5）当"我接受许可条款"复选框选中之后，单击"下一步"按钮，进入"全局规则"界面，如图 1.5 所示，在此进行安装程序的规则检测，确保 SQL Server 安装程序支持文件的正确性，如果有错误必须将其调整后才能继续安装。

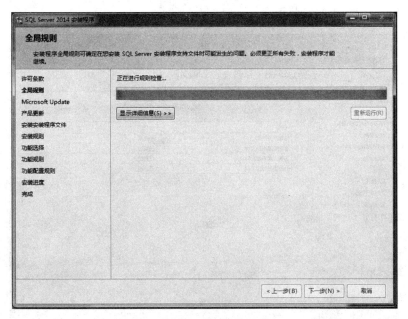

图 1.5 "全局规则"检测界面

（6）当"全局规则"检测无误后，单击"下一步"按钮，进入 Microsoft Update 界面，如图 1.6 所示，在此可以选择是否利用微软公司的官方网站对 SQL Server 2014 系统进行检查并更新操作,暂时可以不做任何选择,直接单击"下一步"按钮。

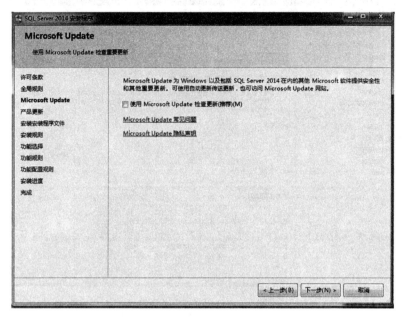

图 1.6　Microsoft Update 更新界面

（7）此次安装过程由于没有选择"Microsoft Update 检测更新"选项,将跳过"产品更新"操作,直接进入"安装安装程序文件"界面,如图 1.7 所示,系统进行扫描、下载、提取、启动 SQL Server 2014 的安装程序。

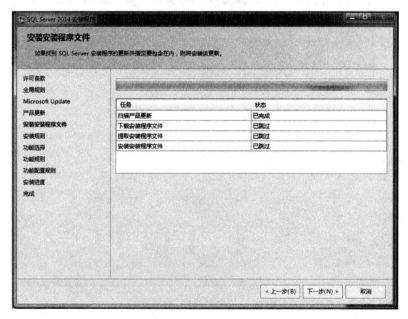

图 1.7　"安装安装程序文件"界面

（8）安装操作准备就绪后,单击"下一步"按钮,进入"安装规则"界面,如图 1.8 所示,用于标识在运行安装程序时可能发生的问题,必须更正所有问题才能继续安装。

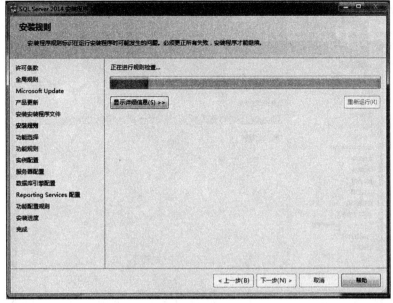

图 1.8 "安装规则"界面

(9)安装规则检测无误后,单击"下一步"按钮,进入"功能选择"界面,如图 1.9 所示,在该界面中可以根据实际安装系统的需求选择对应的功能选项,需要哪一项就将该项前面的复选框选中,还可以使用"全选"或"全部不选"按钮进行选择,建议初学者将所有功能全部选中,以便进一步学习和进行系统开发。

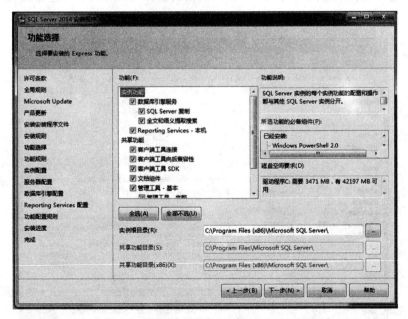

图 1.9 "功能选择"界面

（10）此次安装选中所有的功能，实例根目录使用默认目录，单击"下一步"按钮，进入"功能规则"界面，如图 1.10 所示，安装程序运行相应功能规则，确认是否需要阻止程序的安装过程。

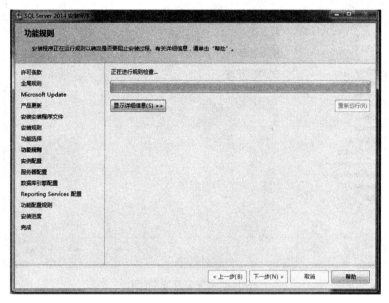

图 1.10 "功能规则"界面

（11）功能规则的检测顺利通过，单击"下一步"按钮，进入"实例配置"界面，如图 1.11 所示，在 SQL Server 2014 系统中可以配置多个实例，为每个实例设定一个唯一的名称，也可以选择系统的"默认实例"。此次安装选择"命名实例"单选按钮，在随后的文本框中写入实例名为 MSSQLSERVER1，然后单击"下一步"按钮。

图 1.11 "实例配置"界面

（12）系统进入"服务器配置"界面，如图 1.12 所示，主要是对 SQL Server 数据库系统服务器相关参数的配置，例如，指定账户或排序规则等信息的配置。

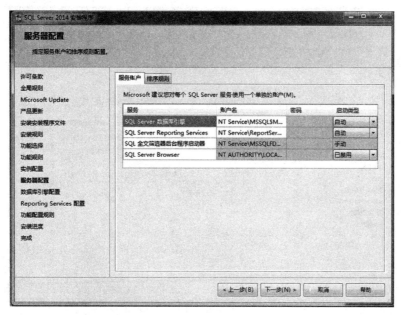

图 1.12 "服务器配置"界面

（13）单击"下一步"按钮，进入"数据库引擎配置"界面，在此可以选择 SQL Server 身份验证模式，通常系统提供两种选项，分别是"Windows 身份验证模式"和"混合模式"。若选择"混合模式"进行身份验证，可以为 SQL Server 系统管理员的 sa 账户设定系统登录密码，还可以通过"添加当前用户"的方式指定 SQL Server 的管理员，如图 1.13 所示。

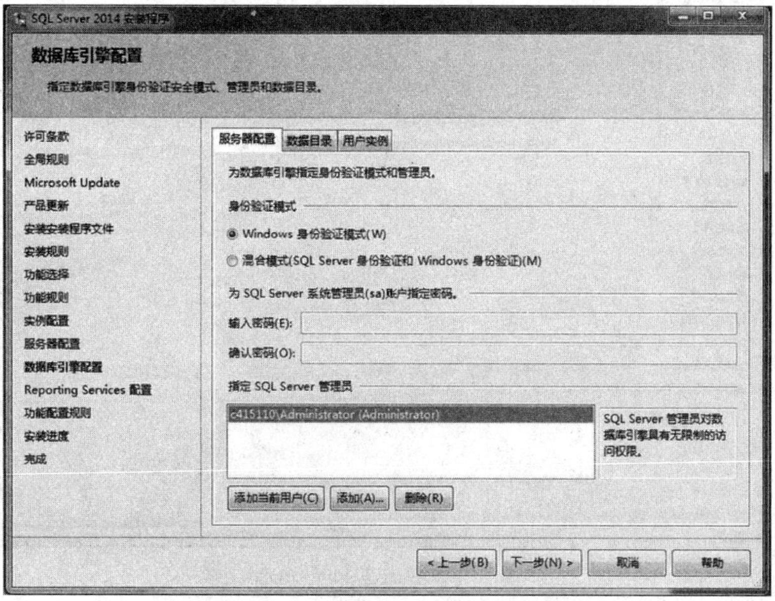

图 1.13 "数据库引擎配置"界面

(14) 配置信息输入完毕,单击"下一步"按钮,进入"Reporting Services 配置"界面,选择"安装和配置"选项,如图 1.14 所示。

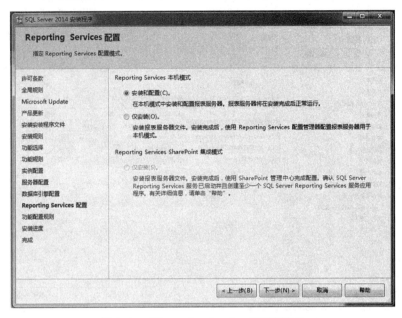

图 1.14 "Reporting Services 配置"界面

(15) 单击"下一步"按钮,进入"功能配置规则"界面,自动进行系统功能规则的配置,然后进入"安装进度"界面,如图 1.15 所示。系统进行相应数据库系统文件及 SQL Server 程序所需组件的安装操作,此步骤要花费几分钟。

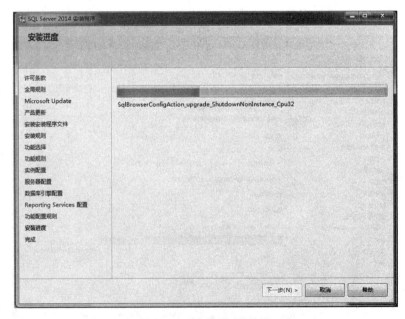

图 1.15 "安装进度"界面

（16）安装进度执行完毕，单击"下一步"按钮，进入 SQL Server 2014 安装程序的处理操作，处理完毕进入安装"完成"界面，如图 1.16 所示。所有功能成功安装后，单击"关闭"按钮，即可实现 SQL Server 2014 数据库系统的安装操作。

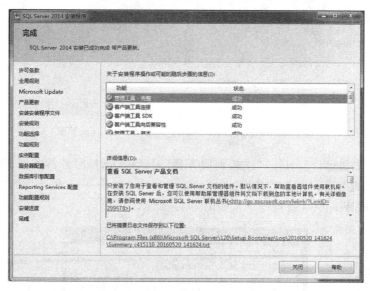

图 1.16　"完成"界面

2．配置 SQL Server 2014 数据库系统

（1）单击"开始"菜单，在弹出的菜单中依次选择"所有程序"→Microsoft SQL Server 2014→SQL Server Management Studio 命令，如图 1.17 所示。

图 1.17　选择 SQL Server Management Studio 命令

（2）运行 SQL Server Management Studio 命令，进入启动界面，如图 1.18 所示。

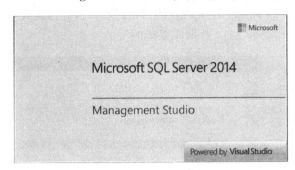

图 1.18　SQL Server Management Studio 启动界面

（3）启动界面运行后，进入"连接到服务器"对话框，选择服务器类型、服务器名称以及身份验证等内容，在"服务器名称"下拉列表中选择本地服务器，输入"."，"身份验证"下拉列表中选择"Windows 身份验证"，如图 1.19 所示。

图 1.19　"连接到服务器"对话框

（4）单击"连接"按钮，完成与服务器的连接，进入 SQL Server Management Studio 可视化管理界面，该界面的左侧是"对象资源管理器"窗口，如图 1.20 所示。

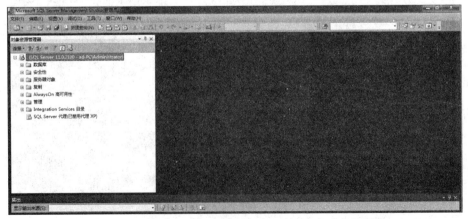

图 1.20　SQL Server Management Studio 可视化主界面

（5）查看 SQL Server Management Studio 中已注册的服务器信息，选择"视图"→"已注册的服务器"命令，运行该命令查看到已经注册的服务器具体信息，如图 1.21 所示。

图 1.21　查看已注册的服务器信息窗口

（6）依据实际需求可以注册其他服务器，具体操作为，选择"本地服务器组"节点，右击，在弹出的菜单中选择"新建服务器注册"命令，如图 1.22 所示。在"新建服务器注册"对话框中，输入服务器名称，选择身份验证类型，如图 1.23 所示。单击"测试"按钮，进行测试，通过测试后，单击"保存"按钮即可。

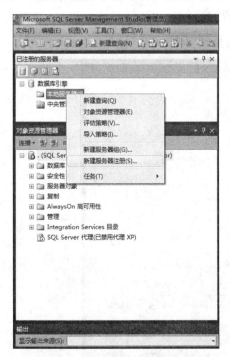

图 1.22　选择新建服务器注册命令

图 1.23　"新建服务器注册"对话框

（7）在使用 SQL Server 2014 系统之前，要进行优化配置，以便确保数据库系统的安全性、稳定性与高效性，在"对象资源管理器"中，选择当前登录的服务器，右击，在弹出的菜单中选择"属性"命令，如图 1.24 所示。

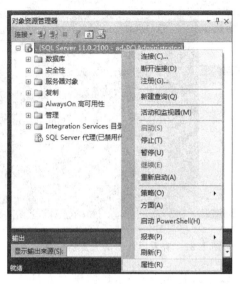

图 1.24　选择服务器属性命令

（8）打开服务器属性界面，左侧选择页中列出"常规""内存""处理器""安全性""连接""数据库设置""高级""权限"8 项内容，通常，在"常规"选项中列出服务器名称、产品信息、操作系统、应用平台、版本、语言、内存、处理器、根目录、服务器排序规则、已群集化及启用 HADR 等，一般此内容用户不宜修改，如图 1.25 所示。

图 1.25　服务器属性之"常规"选项

（9）选择选择页中的"内存"选项，配置该项的目的是根据实际应用的需要，配置与修改服务器内存大小，使其达到最优化，如图1.26所示。

图1.26　服务器属性之"内存"选项

（10）选择选择页中的"处理器"选项，系统中若存在多个处理器需要配置此项，提高系统多任务执行效率，通过设置最大工作线程数等参数，提升系统并行性，如图1.27所示。

图1.27　服务器属性之"处理器"选项

（11）选择选择页中的"安全性"选项,配置该选项的目的是要保证服务器在安全状态下运行,通常使用服务器身份验证、登录审核、审核跟踪以及服务器代理账户等措施,如图 1.28 所示。

图 1.28　服务器属性之"安全性"选项

（12）选择选择页中的"连接"选项,该选项主要用于设置最大并发连接数、选择默认连接选项以及远程服务器连接等参数,以便提高系统的连接速率,如图 1.29 所示。

图 1.29　服务器属性之"连接"选项

（13）选择选择页中的"数据库设置"选项，该选项主要用于设置服务器上所有数据库参数信息，主要包括默认索引填充因子数、备份和还原指定时间以及数据库系统各种文件存储位置等内容，以便提高数据库系统的健壮性与可用性，以及当故障发生时使损失降到最低等，如图 1.30 所示。

图 1.30　服务器属性之"数据库设置"选项

（14）选择选择页中的"高级"选项，该选项包含众多子选项，例如，并行开销阈值、查询等待值、锁的最大数目、最大并行度、网络数据包大小、远程登录超时的设定、系统启动时是否扫描并执行存储过程、游标阈值的设定、是否允许触发器激发其他触发器操作、阻塞的进程阈值数以及最大文本复制大小等参数，通过设置相关参数最大限度提升系统性能，达到优化的目的，如图 1.31 所示。

（15）选择选择页中的"权限"选项，该选项的功能是授予或撤销账户对数据库系统服务器的相关操作权限，主要包括：为登录名或角色分配或拒绝相应权限的操作等，以此增强系统操作的安全性与数据完整性，如图 1.32 所示。

（16）将相关选项页的信息设置完毕，单击"确定"按钮，所有服务器属性设置生效。请注意此次配置操作均使用了系统默认值，没有另行配置相关参数。

3. 使用 SQL Server 2014 数据库系统

借助模板资源创建一个名为 studenttest 的数据库，并且利用 T-SQL 语句创建一张名为 studentinformation 的数据表，其中包括两个字段，分别是 number(int) 和 name(char(15))。

图 1.31　服务器属性之"高级"选项

图 1.32　服务器属性之"权限"选项

(1)启动 SQL Server Management Studio 进入可视化界面,执行"视图"→"模板资源管理器"命令,调出"模板浏览器"界面,选择 Database 子项 Create Database 命令,如图 1.33 所示。

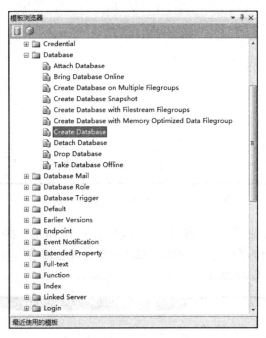

图 1.33 "模板浏览器"界面

(2)双击 Create Database 选项,打开模板代码编辑窗口,如图 1.34 所示。执行"查询"→"指定模板参数的值"命令,打开参数指定对话框,在"值"一栏输入即将创建的数据库名称 studenttest,如图 1.35 所示。

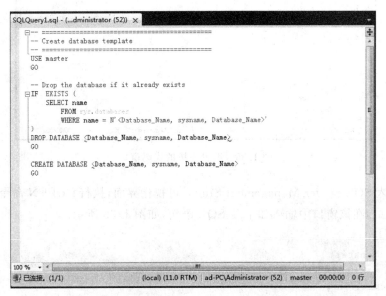

图 1.34 Create Database 代码模板编辑界面

图 1.35 "指定模板参数的值"对话框

（3）单击"确定"按钮，返回代码编辑窗口，如图 1.36 所示。执行"查询"→"执行"命令，执行创建数据库操作，命令执行完毕，刷新"对象资源管理器"，可以查看到新创建的数据库 studenttest，如图 1.37 所示。

图 1.36 编辑完毕的代码窗口

（4）进入 SQL Server Management Studio 可视化界面，执行 Ctrl＋N 命令，调出查询代码编辑窗口，在该窗口中输入如下 T-SQL 语句，如图 1.38 所示。

```
use studenttest
create table studentinformation
    (number int,
    name char(15))
```

图 1.37 查看新建立的数据库

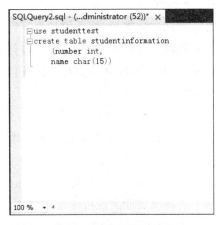

图 1.38 代码编辑界面

（5）执行"查询"→"执行"命令，刷新 studenttest 数据库中的表，可以查看到新创建的数据表 studentinformation 及数据表中的对应字段信息，运行结果如图 1.39 所示。

图 1.39 T-SQL 代码执行结果

三、关键知识点讲解

1. SQL Server 2014 业务特征

（1）内存驻留技术使系统处理性能大幅提升。针对工作负载提供内存计数功能，将利用率较高的数据表写入内存，不用重写应用，仅优化内存驻留技术，编译存储过程。通常，内存处理功能内置于数据库的联机事务处理与数据仓库之中，为全面内存数据库的实施提供解决方案。

（2）系统可用性高，安全性有保障。借助 Always On 功能可以满足处理业务数据时对高可用性的实际需要，缩短服务器运行时间，提高系统的可靠性、安全性及数据保护，有效实现系统的高可用性和灾难恢复，以便快速实现从服务器到云端的扩展操作与完善服务。此外，在多数据库之间实现故障迁移，通过新增复制功能确保事务记录不丢失，为灾难恢复操作夯实基础。

（3）业务支持覆盖率广。主要业务包括架构设计与审核、解决方案验证、更快速响应等，与 SQL Server 2014 有合作关系的生态系统成员高达 7 万多个。

（4）具有广泛的扩展性服务。依据用户业务需求，灵活部署选项，实现由服务器端到云端的扩展。为提高计算性能，提供多达 640 个逻辑处理器，64 个虚拟机的处理器，借助池化网卡的捆绑功能实现可伸缩网络，并将使用频率较高的数据存放在高性能存储位置。

（5）数据发现快，系统性能高。利用基准测试程序，用户可得到更高的系统性能，有利于商业应用的深入发展，以及解决方案的快速实现。

（6）保证数据的高可靠与一致性。为业务数据提供全方位视图，凭借整合、净化与管理确保数据信息的一致性与可靠性。

（7）提供良好的数据仓库解决方案。为用户提供大规模数据容量，以便保证数据处理的伸缩性与灵活性。

（8）提供较高的系统处理优化率。利用易扩展的开发技术，增强服务器与云端的扩展性，实现工作效率的优化。

2. SQL Server 2014 的主要功能

（1）全新的 in-memory 事务处理功能与数据仓库的性能增强功能。

（2）检测系统的工作负载及其他性能指标的预测功能。

（3）利用 Always on 的高可用性解决方案实现快速灾难恢复功能。

（4）利用扩充逻辑处理器与虚拟机实现跨越网络、数据计算与存储信息的企业级扩展功能。

（5）利用数据加密技术和扩展的密钥实现系统的安全功能。

（6）利用数据访问权限的管理和有效职责划分实现操作合规功能。

（7）利用 Windows Azure 虚拟机里安装的 SQL Server 实现由本地到云端数据平台的一致性功能。

（8）利用全面 BI 解决方案实现企业级与商业级的智能管理功能。

（9）利用 Excel 工具或移动设备访问技术实现洞察所有用户的功能。

（10）通过扩展关系型数据仓库的级别实现集成非关系型数据源的数据仓库扩展功能。

（11）提供广泛支持提取、处理与加载任务的集成服务功能。

（12）利用组织知识与第三方数据提供商的技术实现增强数据质量的功能。

（13）利用 SSMS 可视化界面实施本地及云端数据库结构管理实现管理操作的易用

功能。

（14）利用 SQL Server Data Tools 集成于 Visual Studio 系统实现构建本地或云中新一代 Web、移动应用与企业、商业、智能化程序开发的功能。

3. SQL Server 2014 的常用版本及功能

（1）企业版（SQL Server 2014 Enterprise）：包括 64 位和 32 位两种类型，提供高端数据中心管理功能，实现端到端的商业智能化，对于关键工作任务负荷有较高的服务级别，支持深层数据访问操作。

（2）智能商业版（SQL Server 2014 Business Intelligence）：包括 64 位和 32 位两种类型，提供基于浏览器的数据信息浏览功能与增强的数据集成和集成管理功能，支持具有安全性与可扩展性的综合 BI 解决方案。

（3）标准版（SQL Server 2014 Standard）：包括 64 位和 32 位两种类型，提供数据管理功能与商业智能数据库，以及常用的开发工具等，实现以最少技术资源的投入获取高效的数据信息及数据库的管理效果。

（4）Web 版（SQL Server 2014 Web）：包括 64 位和 32 位两种类型，为 Web 资产提供伸缩性好、管理高效、经济实用的 Web 宿主和 Web VAP。

（5）Developer 版（SQL Server 2014 Developer）：包括 64 位和 32 位两种类型，为开发人员基于 SQL Server 构建与测试各种应用程序提供研发与测试平台，但不能用作生产服务器。

（6）Express 版（SQL Server 2014 Express）：包括 64 位和 32 位两种类型，这是一款入门级免费数据库，主要用于学习与构建小型服务器数据驱动应用程序或桌面系统，是开发人员和研发客户端应用程序热衷者的首选系统。

4. 安装 SQL Server 2014 的环境要求

（1）硬件环境要求：处理器类型通常是 x64 处理器，例如，AMD Opteron、AMD Athlon 64、Intel EM64T 的 Intel Xeon、EM64T 的 Intel Pentium IV；处理器速度最好在 2.0GHz 以上；至少 6GB 可用硬盘空间；Super-VGA（800×600）或更高分辨率的显示器；内存要求推荐是 4GB；安装时需要有相应的 DVD 驱动器及鼠标定位器等设备。

（2）软件环境要求：建议使用 NTFS 文件格式的计算机系统，需要安装 Microsoft .NET Framework4.6；Microsoft 数据访问组件；Microsoft SQL Server 本机客户端；Microsoft SQL Server 安装程序支持文件；Windows PowerShell 2.0 或更高版本等。此外，还需要有相应的网络软件环境；浏览器应当是 IE 6.0 及以上版本；网络服务器最好为 IIS 5.0 或更高版本。

（3）操作系统环境要求：通常使用 Windows 操作系统，针对 SQL Server 2014 企业版而言，最好是 Windows Server 2012、Windows 7 或更高版本。

5. 可视化界面的主要窗口

（1）代码编辑器：用于脚本代码的编写，是一款功能完备、易用性强、灵活便捷的脚本编辑器。

（2）对象资源管理器：用于对 SQL Server 实例中各种对象进行新建、查找、修改、重命名、删除、脚本编写及运行相关命令等操作。

（3）模板资源管理器：用于查找数据库系统中各类对象的编辑模板，并以各类模板为基础进行脚本编写。

（4）解决方案资源管理器：用于整理并存储对数据库系统操作的相关脚本，是所设定项目的组成部分。

（5）属性窗口：用于显示指定对象具体属性，根据实际需要可以修改相关属性值。

（6）实用工具资源管理器：用于为多个 SQL Server 实例提供统一的资源运行状况视图，以便实现系统化创建和注册数据层应用程序及设置主机等资源运转状况的策略。

四、项目拓展训练

利用 T-SQL 语句在代码编辑窗口设计程序，实现计算 1～100 之和，其操作步骤如下。

（1）启动 SQL Server Management Studio，进入可视化界面，执行 Ctrl＋N 命令，调出查询代码编辑窗口，在该窗口中输入如下 T-SQL 语句：

```
DECLARE @i int,@sum int;
SELECT @i=0,@sum=0;
PRINT '＊＊＊＊＊＊＊＊＊＊＊＊';
WHILE @i<=100
  BEGIN
      SELECT @sum=@sum+@i;
      SELECT @i=@i+1;
  END
PRINT '＊'+'1～100 累加之和是:'+CONVERT(VARCHAR(8),@sum)+'＊';
PRINT '＊＊＊＊＊＊＊＊＊＊＊＊';
```

（2）在工具栏上单击"分析"按钮 ✓，对 SQL 语句进行语法检查。

（3）经检查无误后，单击工具栏上的"执行"按钮 ❗ 执行(X)，执行指定的 T-SQL 语句，运行结果如图 1.40 所示。

图 1.40 计算 1～100 累加和执行结果

五、项目总结

在本项目中学习了 SQL Server 2014 数据库系统的业务特征、主要功能、常用版本与搭建该系统平台的软、硬件要求；SQL Server 2014 数据库系统的安装操作；数据库属性的参数优化与配置操作；利用可视化界面与 T-SQL 语句两种方式使用数据库系统；通过简单案例的实践训练基本了解了 SQL Server 2014 数据库系统开发的操作流程及可视化界面中主要窗口功能，为进一步研发项目案例夯实基础。

项目二 规划学生成绩管理系统数据库

学习目标：

通过本项目的理论学习与实践训练使读者理解数据库系统的建模理念；掌握概念模型、逻辑模型、物理模型的基本概念以及在数据库系统规划与设计中的地位和作用，并且掌握上述 3 种模型之间的关系以及依次转换的流程；掌握 E-R 模型的设计、规划与具体绘制流程；了解数据库技术的发展历程以及未来的发展趋势；理解与数据库系统设计、管理与应用相关的基本术语的含义；掌握数据库系统设计规范；通过真实案例建模过程的演示理解数据库系统设计与规划的操作步骤，在实际应用项目中，读者可以自行完成数据库系统的规划工作。

一、项目需求分析

在进行学生成绩管理系统数据库的实际开发之前先对数据库系统进行规划，以便最大限度降低开发工作的返工几率和失误。这需要从整体上把握系统功能，根据整体功能划分子功能，具体描述每个子功能详细内容。在此基础上设计系统概念模型，绘制 E-R 模型图，然后进入系统逻辑模型的规划阶段，设计系统的关系模式，确定关系的名称、属性、主码与外码等信息，最后在系统的物理建模阶段，借助具体的数据库系统应用平台，本案例选取的是 SQL Server 2014 数据库系统，完成具体数据表结构的设计，以及数据记录信息的输入工作。

二、项目操作步骤

1. 学生成绩管理系统的功能模块结构图

学生成绩管理系统的主要功能是对学生信息、教师信息、课程信息以及学生的考试信息等内容进行相应管理，完成各种信息的增加、删除、更新、查询等基本操作，满足学生对考试成绩的各种查询需求，实现教师关于学生成绩管理的所有日常工作。贯穿本书教学案例的主要任务就是为该应用程序设计数据库系统，图 2.1 所示就是该系统整体功能结构图。以下对学生成绩管理系统整体功能进行详细划分，并且针对每一个子功能进行简要说明。

子功能 1 是基础信息管理。基础信息主要包括学生基本信息、教师基本信息以及课程基本信息等，可以实现对这些基础信息的添加、删除、修改、浏览、查询（其中，查询可以细分为精确查询和模糊查询）等操作。

子功能 2 是学生成绩管理。主要包括对学生考试成绩的输入、修改、删除、浏览、排序

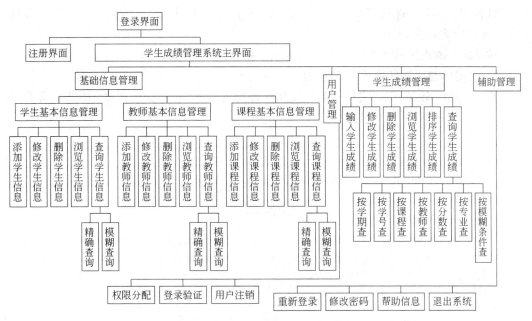

图 2.1 学生成绩管理系统功能模块结构图

以及查询等操作,其中,查询可以细分为精确查询和模糊查询,例如,可以按学期时间查询;按学号查询;按课程编号查询;按任课教师查询;按分数分段查询;按所学专业查询等。

子功能 3 是用户管理。是对使用该系统的用户实施管理,以不同身份注册的用户被授予的权限是不同的,对该系统进行的操作内容、浏览到的具体信息也是不同的,例如,以学生身份注册的用户只能查询他自己参与的考试成绩;以任课教师身份注册的用户只能输入、浏览与查询他所授课的课程的全部学生成绩;以教务老师身份注册的用户不仅可以浏览与查询所有课程、所有学生的全部考试成绩,而且可以修改输入错误的成绩,并且可以更新学生、课程及教师的基本信息等,因而主要包括用户注册、权限分配、登录验证、用户注销等。

子功能 4 是辅助管理,是对整个应用系统正常运转进行管理,主要包括系统退出处理、修改密码、更换用户重新登录系统、显示帮助信息等。

2. 数据库概念建模——绘制 E-R 模型

1) 规划学生成绩管理系统中的实体

根据学生成绩管理系统需求功能的介绍,该系统大致可以列出四类实体,分别是用户、学生、教师与课程。

2) 规划每一类实体的属性并指出每一类实体的关键码

用户实体属性:用户 ID 号、用户密码、用户类型、学生 ID 号、教师 ID 号。

学生实体属性:学生 ID 号、学生姓名、学生性别、所学专业、入学年份、学费金额、是否贫困生。

教师实体属性:教师 ID 号、教师姓名、教师身份、教师所属系部、教师联系方式。

27

课程实体属性：<u>课程 ID 号</u>、课程名称、课程学分、教师 ID 号、课程学时数、课程考核方式、课程内容简介。

注：有下画线的属性名是该类实体的关键码。

3）将实体与属性转换成 E-R 模型

用户、学生、教师、课程实体及其相关属性转换成 E-R 模型，如图 2.2～图 2.5 所示。

图 2.2　用户实体及属性的 E-R 图

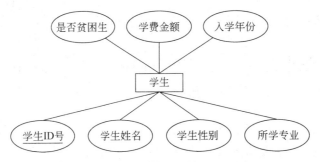

图 2.3　学生实体及属性的 E-R 图

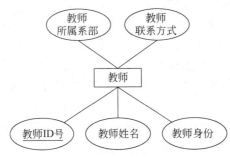

图 2.4　教师实体及属性的 E-R 图

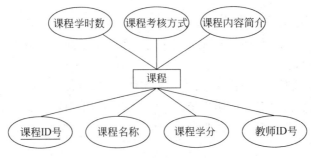

图 2.5　课程实体及属性的 E-R 图

4）规划实体之间的联系

作为学生和教师这两类实体如果要使用该系统一定要注册成系统的合法用户,并且每一个学号或每一个教师编号只能注册一个对应用户,一个用户只能代表一位学生或一位教师,因此,学生与用户之间,以及教师与用户之间通过注册操作形成一对一的关系,其E-R模型如图2.6所示。

教师实体根据身份不同又细分成任课教师、教务教师与系主任等。任课教师通过讲授活动与课程之间建立多对多的关系,一位任课教师可以讲授多门课程,一门课程也可以由多位教师讲授,通常联系的属性包括教师ID号与课程ID号,其E-R模型如图2.7所示。同理,教务教师通过管理与课程之间形成一对多的联系,一位教务教师可以管理多门课程,对课程的基本信息进行添加、删除、修改、浏览、查询等操作,一门课程只可以隶属于一个系部,被该系部的一位教务教师管理。此外,一位系主任分管一个系部工作,可以管理该系部的所有课程,因此,也形成一对多的联系,其E-R模型如图2.8所示。

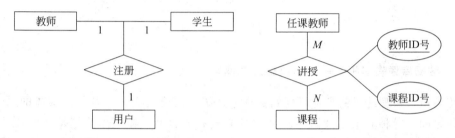

图2.6　教师、学生与用户联系的E-R图　　图2.7　任课教师与课程联系的E-R图

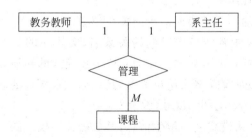

图2.8　教务教师、系主任与课程联系的E-R图

学生与课程之间通过学习活动建立多对多的联系,一位学生可以学习多门课程,一门课程通常会有多位学生进行学习,通常联系的属性包括学生ID号、课程ID号、学生参加该门课程学习的成绩以及该课程的考试时间等,其E-R模式如图2.9所示。

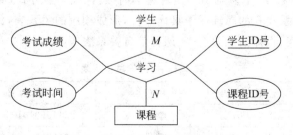

图2.9　学生与课程联系的E-R图

学生与教师之间通过管理也建立多对多的联系,一位学生可以与多位老师有关系,和任课教师之间是听课的关系,与教务教师之间是被管理的关系等,一位教师同样可以与多位学生之间建立联系,一位任课教师可以为多个学生讲课,一位教务教师可以管理多位学生的成绩,例如对成绩的输入、修改、删除、浏览、排序、查询等,其 E-R 模型如图 2.10 所示。

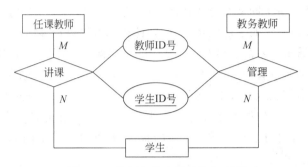

图 2.10　教师与学生联系的 E-R 图

3. 数据库逻辑建模——绘制数据关系模型

构建概念模型的目的是为了规划数据库系统所需要的实体以及每个实体的属性,理清实体之间的各种联系以及这些联系本身所具有的属性。在概念建模基本完成的基础上,下一步进入数据库逻辑建模阶段,此阶段的主要任务是将概念模型中的 E-R 模型图转换成数据关系模型,具体操作步骤如下。

1) 将 E-R 模型中的实体转换成对应的关系模型

将 E-R 模型中的实体名转换成对应的关系名,实体中的属性转换成对应的关系属性,因此,用户、学生、教师、课程 4 个实体的对应关系模式的转换如下。

用户实体对应的关系模式名为用户信息,其数据关系模式的表示为:用户信息(用户 ID 号,用户密码,用户类型,学生 ID 号,教师 ID 号)。

学生实体对应的关系模式名为学生信息,其数据关系模式的表示为:学生信息(学生 ID 号,学生姓名,学生性别,所学专业,入学年份,学费金额,是否贫困生)。

教师实体对应的关系模式名为教师信息,其数据关系模式的表示为:教师信息(教师 ID 号,教师姓名,教师身份,教师所属系部,教师联系方式)。

课程实体对应的关系模式名为课程信息,其数据关系模式的表示为:课程信息(课程 ID 号,课程名称,课程学分,教师 ID 号,课程学时数,课程考核方式,课程内容简介)。

给上述 4 个关系模式的属性赋予具体数值,形成相应的关系表,分别是用户信息关系表、学生信息关系表、教师信息关系表、课程信息关系表等,如表 2.1~表 2.4 所示。

表 2.1　用户信息关系表

用户 ID 号	用户密码	用户类型	学生 ID 号	教师 ID 号
0001	0001	学生	201409010100001	
0002	0002	学生	201509010200001	

续表

用户 ID 号	用户密码	用户类型	学生 ID 号	教师 ID 号
0003	0003	学生	201509020100001	
0004	0004	学生	201509020200002	
0005	0005	学生	201509030100002	
0006	0006	学生	201509030200001	
0007	0007	学生	201509040100003	
0008	0008	学生	201509040200001	
0009	0009	任课教师		0001
0010	0010	任课教师		0003
0011	0011	教务教师		0004
0012	0012	系主任		0006
0013	0013	任课教师		0007
0014	0014	系主任		0008
0015	0015	教务教师		0012
0016	0016	任课教师		0013
0017	0017	任课教师		0016
0018	0018	教务教师		0017

表 2.2　学生信息关系表

学生 ID 号	学生姓名	学生性别	所学专业	入学年份	学费金额	是否贫困生
201409010100001	李小文	男	软件技术	2014-09-01	5600.0000	False
201409010100002	张爽	女	软件技术	2014-09-01	5600.0000	True
201509010100001	李红	女	软件技术	2015-09-01	5600.0000	False
201509010100002	张振	男	软件技术	2015-09-01	5600.0000	False
201509010100003	吴凯	男	软件技术	2015-09-01	5600.0000	False
201509010100004	赵文泊	男	软件技术	2015-09-01	5600.0000	True
201509010200001	郑强	男	手机软件	2015-09-01	7200.0000	False
201509010200002	赵晓春	女	手机软件	2015-09-01	7200.0000	False
201509020100001	张立纲	男	网络技术	2015-09-01	5600.0000	False
201509020100002	王文静	女	网络技术	2015-09-01	5600.0000	False
201509020200001	张立	男	物联网络	2015-09-01	7200.0000	False
201509020200002	吴晓华	男	物联网络	2015-09-01	7200.0000	False
201509030100001	耿桦	女	软件应用	2015-09-01	5600.0000	False
201509030100002	余虹	女	软件应用	2015-09-01	5600.0000	False

续表

学生 ID 号	学生姓名	学生性别	所学专业	入学年份	学费金额	是否贫困生
201509030100003	辛文迪	男	软件应用	2015-09-01	5600.0000	True
201509030200001	张萌	男	多媒体应用	2015-09-01	5600.0000	False
201509040100001	陈雨熙	女	视觉传达	2015-09-01	7200.0000	False
201509040100002	王雯	女	视觉传达	2015-09-01	7200.0000	False
201509040100003	李小强	男	视觉传达	2015-09-01	7200.0000	False
201509040200001	刘希平	男	环境艺术	2015-09-01	7200.0000	False

表 2.3　教师信息关系表

教师 ID 号	教师姓名	教师身份	教师所属系部	教师联系方式
0001	张国英	任课教师	软件技术系	02286786654
0002	李瑞华	任课教师	软件技术系	15639876675
0003	王文红	任课教师	软件技术系	13098876542
0004	刘菲	教务教师	软件技术系	02289786655
0005	韩佳敏	任课教师	软件技术系	02286547766
0006	赵强	系主任	软件技术系	18657543223
0007	吴文	任课教师	网络技术系	18609449333
0008	刘华健	系主任	网络技术系	02299883392
0009	张秀铃	任课教师	网络技术系	18988333380
0010	丁文	教务老师	网络技术系	13198933045
0011	陈健	系主任	应用技术系	02284562294
0012	陆明辉	教务教师	应用技术系	13199843305
0013	卢小文	任课教师	应用技术系	02265478234
0014	苏文津	任课教师	应用技术系	13076548347
0015	尹慧华	任课教师	数字艺术系	13678453309
0016	于静	任课教师	数字艺术系	02227645980
0017	邢淑鹃	教务教师	数字艺术系	13278654490
0018	张文辉	系主任	数字艺术系	02227609834

表 2.4　课程信息关系表

课程 ID 号	课程名称	课程学分	教师 ID 号	课程学时数	课程考核方式	课程内容简介
0001	数据库设计与实现	3.0	0001	64	上机	本课程是为培养软件开发人员所设置的专业核心课,任务是运用数据库知识创建、管理、使用数据库
0002	Windows 应用软件开发	3.5	0002	96	上机	是软件技术专业基于.NET 方向的 Windows 程序开发的一门专业核心课程

续表

课程 ID 号	课程名称	课程学分	教师 ID 号	课程学时数	课程考核方式	课程内容简介
0003	软件模型分析与文档编制	2.5	0003	72	报告	课程的主要任务是培养学生在软件开发过程中的建模与分析能力,文档资料的整理与编辑能力
0004	软件测试	2.5	0005	64	笔试	本课程是为培养软件测试员所设置的具有实战性质的专业核心课
0005	网站搭建与维护	3.0	0009	72	上机	本课程主要讲述网站的搭建与维护工作的流程及注意事项
0006	云计算及其应用	3.5	0007	96	报告	本课程主要讲述云计算的原理及在实际物联网中的应用
0007	面向对象程序设计	2.5	0013	64	笔试	本课程主要讲述 Java 语言程序设计的过程及实践应用
0008	HTML5 跨平台实战	3.0	0013	64	上机	本课程主要讲述 HTML5 的实战应用,开发动态网站
0009	UI 人机界面设计	2.5	0016	64	作品	本课程主要讲述 UI 人机界面设计的操作与技巧,并进行实践设计
0010	景观艺术设计	3.0	0016	64	作品	本课程主要讲述环境艺术景观设计准则及操作流程

2) 将 E-R 模型中的联系转换成对应的关系模式

一对一的联系和一对多的联系通常都将联系的属性与对应实体的属性有机整合,归入到某一实体的对应关系中,多对多的联系一般将联系的属性与相关实体的主键码进行结合,形成一个新关系,生成相应的关系表。依据上述转换原理结合学生成绩管理系统的 E-R 模型,规划出成绩这个联系所对应的关系模式,具体表现如下。

成绩联系对应的关系模式名为成绩信息,其数据关系模式的表示为:成绩信息(学生 ID 号,课程 ID 号,考试成绩,考试时间)。给上述这个关系模式的属性赋予具体数值,形成相应的关系表,即为成绩信息关系表,如表 2.5 所示。

表 2.5 成绩信息关系表

学生 ID 号	课程 ID 号	考试成绩	考试时间
201409010100001	0004	74	2016-01-10 13:30:00.000
201409010100002	0004	38	2016-01-10 13:30:00.000
201509010100001	0001	90	2016-01-10 08:30:00.000
201509010100001	0002	85	2016-01-10 13:30:00.000
201509020100001	0005	64	2016-01-11 08:30:00.000
201509020100002	0005	86	2016-01-11 08:30:00.000
201509020100002	0006	83	2016-01-11 13:30:00.000

续表

学生 ID 号	课程 ID 号	考试成绩	考试时间
201509030100001	0008	72	2016-01-11 08：30：00.000
201509030100001	0007	45	2016-01-11 13：30：00.000
201509040100001	0009	90	2016-01-11 08：30：00.000
201509040100001	0010	81	2016-01-11 13：30：00.000
201509040100002	0009	76	2016-01-11 08：30：00.000

4. 数据库物理建模——设计数据表结构

根据学生成绩管理系统规划整理出的逻辑模型，以及遵循关系数据库的设计理念与理论原则，设计该系统数据库中应当包含的基本数据表及其表的结构。

1）userinfo 表（用户信息表）

用户信息表的主要功能是用于存储可以合法操作该系统的用户基本信息，该数据表结构的详细设计信息如表 2.6 所示。

表 2.6 userinfo 表结构

序号	字段名	数据类型	长度	是否允许为空	约束	备注信息
1	U_ID	nvarchar	15	否	主键	用户 ID 号
2	U_password	nvarchar	15	否		用户密码
3	U_actor	varchar	50	否		用户类型
4	U_SidentityID	nvarchar	15	是	外键	学生 ID 号
5	U_TidentityID	nvarchar	15	是	外键	教师 ID 号

2）studentinfo 表（学生信息表）

学生信息表的主要功能是用于存储目前在校的所有学生的基本信息，该数据表结构的详细设计信息如表 2.7 所示。

表 2.7 studentinfo 表结构

序号	字段名	数据类型	长度	是否允许为空	约束	备注信息
1	S_ID	nvarchar	15	否	主键	学生 ID 号
2	S_name	varchar	20	否		学生姓名
3	S_sex	char	2	是		学生性别
4	S_special	varchar	50	是		所学专业
5	S_year	date		是		入学年份
6	S_fee	money		是		学费金额
7	S_poor	bit		是		是否贫困生

3）teacherinfo 表（教师信息表）

教师信息表的主要功能是用于存储本校所有任课教师、教务教师及系部主任等相关教师的基本信息，该数据表结构的详细设计信息如表 2.8 所示。

表 2.8　teacherinfo 表结构

序号	字段名	数据类型	长度	是否允许为空	约束	备注信息
1	T_ID	nvarchar	15	否	主键	教师 ID 号
2	T_name	nvarchar	20	否		教师姓名
3	T_identity	varchar	30	是		教师身份
4	T_department	varchar	50	是		教师所属系部
5	T_contact	varchar	25	是		教师联系方式

4）courseinfo 表（课程信息表）

课程信息表的主要功能是用于存储本校所有专业开设的全部课程的基本信息，该数据表结构的详细设计信息如表 2.9 所示。

表 2.9　courseinfo 表结构

序号	字段名	数据类型	长度	是否允许为空	约束	备注信息
1	C_ID	nvarchar	8	否	主键	课程 ID 号
2	C_name	nchar	30	否		课程名称
3	C_credit	decimal	3,1	是		课程学分
4	T_ID	nvarchar	15	是	外键	教师 ID 号
5	C_period	int		是		课程学时数
6	C_methods	char	30	是		课程考核方式
7	C_introduce	text		是		课程内容简介

5）gradeinfo 表（成绩信息表）

成绩信息表的主要功能是用于存储学生在学习相关课程后，参与对应课程考试的基本成绩信息，该数据表结构的详细设计信息如表 2.10 所示。

表 2.10　gradeinfo 表结构

序号	字段名	数据类型	长度	是否允许为空	约束	备注信息
1	S_ID	nvarchar	15	否	主键、外键	学生 ID 号
2	C_ID	nvarchar	8	否	主键、外键	课程 ID 号
3	G_score	float		是		考试成绩
4	G_time	datetime		是		考试时间

5．数据表的具体内容

根据上述数据表的基本表结构，输入相关数据作为数据库设计时的基础数据，以备使用。

（1）用户信息表（userinfo）的详细内容如图 2.11 所示。

U_ID	U_password	U_actor	U_SidentityID	U_TidentityID
0001	0001	学生	201409010100001	*NULL*
0002	0002	学生	201509010200001	*NULL*
0003	0003	学生	201509020100001	*NULL*
0004	0004	学生	201509020200002	*NULL*
0005	0005	学生	201509030100002	*NULL*
0006	0006	学生	201509030200001	*NULL*
0007	0007	学生	201509040100003	*NULL*
0008	0008	学生	201509040200001	*NULL*
0009	0009	任课教师	*NULL*	0001
0010	0010	任课教师	*NULL*	0003
0011	0011	教务教师	*NULL*	0004
0012	0012	系主任	*NULL*	0006
0013	0013	任课教师	*NULL*	0007
0014	0014	系主任	*NULL*	0008
0015	0015	教务教师	*NULL*	0012
0016	0016	任课教师	*NULL*	0013
0017	0017	任课教师	*NULL*	0016
0018	0018	教务教师	*NULL*	0017

图 2.11　用户信息表的详细内容

（2）学生信息表（studentinfo）的详细内容如图 2.12 所示。

S_ID	S_name	S_sex	S_special	S_year	S_fee	S_poor
201409010100001	李小文	男	软件技术	2014-09-01	5600.0000	False
201409010100002	张爽	女	软件技术	2014-09-01	5600.0000	True
201509010100001	李红	女	软件技术	2015-09-01	5600.0000	False
201509010100002	张振	男	软件技术	2015-09-01	5600.0000	False
201509010100003	吴凯	男	软件技术	2015-09-01	5600.0000	False
201509010100004	赵文泊	男	软件技术	2015-09-01	5600.0000	True
201509010200001	郑强	男	手机软件	2015-09-01	7200.0000	False
201509010200002	赵晓春	女	手机软件	2015-09-01	7200.0000	False
201509020100001	张立纲	男	网络技术	2015-09-01	5600.0000	False
201509020100002	王文静	女	网络技术	2015-09-01	5600.0000	False
201509020200001	张立	男	物联网络	2015-09-01	7200.0000	False
201509020200002	吴晓华	男	物联网络	2015-09-01	7200.0000	False
201509030100001	耿桦	女	软件应用	2015-09-01	5600.0000	False
201509030100002	余虹	女	软件应用	2015-09-01	5600.0000	False
201509030100003	辛文迪	男	软件应用	2015-09-01	5600.0000	True
201509030200001	张萌	男	多媒体应用	2015-09-01	5600.0000	False
201509040100001	陈雨熙	女	视觉传达	2015-09-01	7200.0000	False
201509040100002	王雯	女	视觉传达	2015-09-01	7200.0000	False
201509040100003	李小强	男	视觉传达	2015-09-01	7200.0000	False
201509040200001	刘希平	男	环境艺术	2015-09-01	7200.0000	False

图 2.12　学生信息表的详细内容

（3）教师信息表（teacherinfo）的详细内容如图 2.13 所示。

T_ID	T_name	T_identity	T_department	T_contact
0001	张国英	任课教师	软件技术系	02286786654
0002	李瑞华	任课教师	软件技术系	15639876675
0003	王文红	任课教师	软件技术系	13098876542
0004	刘菲	教务老师	软件技术系	02289786655
0005	韩佳敏	任课教师	软件技术系	02286547766
0006	赵强	系主任	软件技术系	18657543223
0007	吴文	任课教师	网络技术系	18609449333
0008	刘华健	系主任	网络技术系	02299883392
0009	张秀铃	任课教师	网络技术系	18988333380
0010	丁文	教务教师	网络技术系	13198933045
0011	陈健	系主任	应用技术系	02284562294
0012	陆明辉	教务教师	应用技术系	13199843305
0013	卢小文	任课教师	应用技术系	02265478234
0014	苏文津	任课教师	应用技术系	13076548347
0015	尹慧华	任课教师	数字艺术系	13678453309
0016	于静	任课教师	数字艺术系	02227645980
0017	邢淑鹏	教务教师	数字艺术系	13278654490
0018	张文辉	系主任	数字艺术系	02227609834

图 2.13 教师信息表的详细内容

（4）课程信息表（courseinfo）的详细内容如图 2.14 所示。

C_ID	C_name		C_credit	T_ID	C_period	C_method		C_introduce
0001	数据库设计与实现	…	3.0	0001	64	上机	…	本课程是为培养软件开发人员所设置的专业核心课，任务是运用数据库知识创建、管…
0002	Windows应用软件开发	…	3.5	0002	96	上机	…	是软件技术专业基于.NET方向的Windows程序开发的一门专业核心课程
0003	软件模型分析与文档编制	…	2.5	0003	72	报告	…	课程的主要任务是培养学生在软件开发过程中的建模与分析能力，文档资料的整理与…
0004	软件测试	…	2.5	0005	64	笔试	…	本课程是为培养软件测试员所设置的具有实践性质的专业核心课
0005	网站搭建与维护	…	3.0	0009	72	上机	…	本课程主要讲述网站的搭建与维护工作的流程及注意事项
0006	云计算及其应用	…	3.5	0009	72	报告	…	本课程主要讲述云计算的原理及在实际物联网中的应用
0007	面向对象程序设计	…	2.5	0013	64	笔试	…	本课程主要讲述Java语言程序设计的过程及实践应用
0008	HTML5跨平台实战	…	3.0	0013	64	上机	…	本课程主要讲述HTML5的实战应用，开发动态网站
0009	UI人机界面设计	…	2.5	0016	64	作品	…	本课程主要讲述UI人机界面设计的操作与技巧，并进行实践设计
0010	景观艺术设计	…	3.0	0016	64	作品	…	本课程主要讲述环境艺术景观设计准则及操作流程

图 2.14 课程信息表的详细内容

（5）成绩信息表（gradeinfo）的详细内容如图 2.15 所示。

S_ID	C_ID	G_score	G_time
201409010100001	0004	74	2016-01-10 13:30:00.000
201409010100002	0004	38	2016-01-10 13:30:00.000
201509010100001	0001	90	2016-01-10 08:30:00.000
201509010100001	0002	85	2016-01-10 13:30:00.000
201509020100001	0005	64	2016-01-11 08:30:00.000
201509020100002	0005	86	2016-01-11 13:30:00.000
201509020100002	0006	83	2016-01-11 13:30:00.000
201509030100001	0008	72	2016-01-11 08:30:00.000
201509030100001	0007	45	2016-01-11 13:30:00.000
201509040100001	0009	90	2016-01-11 08:30:00.000
201509040100001	0010	81	2016-01-11 13:30:00.000
201509040100002	0009	76	2016-01-11 08:30:00.000

图 2.15 成绩信息表的详细内容

三、关键知识点讲解

1. 数据库的发展历程及未来趋势

1）数据库技术的发展历程

随着计算机软、硬件技术的升级，网络系统的普及，数据库系统得到突飞猛进的发展与广泛应用，回顾以计算机为载体对数据信息进行的加工处理等基本操作，数据库技术大体上经历了 4 个发展阶段，分别是：从 20 世纪 40 年代中期到 50 年代中期的人工管理阶段；从 20 世纪 50 年代末期到 60 年代中期的文件系统管理阶段；从 20 世纪 60 年代末期到 20 世纪 80 年代的数据库系统管理阶段；20 世纪 80 年代以后至今已经进入高级数据库系统管理阶段。

（1）人工管理阶段：此阶段对数据管理的具体特点是，数据信息不保存在计算机系统中，随着程序的运行结束，数据与数据空间一起被释放；数据都是面向具体的应用程序，无法实现数据共享，导致数据的冗余度增大；数据的独立性差，随着应用程序的改变，数据的逻辑结构和物理结构一并发生变化；没有专门对数据实施管理的处理软件，基本上是程序员设计数据，应用程序在掌管数据。

（2）文件系统管理阶段：此阶段对数据管理的具体特点是，数据均以文件形式长期保存在计算机中；数据是面向应用的，同样无法实现共享，导致冗余度过大，浪费存储空间；数据的独立性差，数据结构发生变化，文件系统与应用程序也要随之改变，同理，调整应用程序必须更改数据结构；文件系统可以实施简单数据管理，由此减轻了程序员的工作量。

（3）数据库系统管理阶段：此阶段对数据管理的具体特点是，数据有了统一的结构方式，由应用程序调用共享，借助局部与全局结构模式实现数据集成；数据不再面向具体的应用而是面向整个系统，多用户多应用可以最大限度地共享数据，减少冗余度，节省存储空间，有效避免数据的不一致性；数据与应用程序完全独立，数据的逻辑结构与物理结构的变化不影响应用程序，反之，更改应用程序也不会影响数据，数据的独立性极大提高；DBMS 对数据实施统一管控，确保了数据的完整性与安全性。

（4）高级数据库系统管理阶段：随着数据库技术在众多领域的应用，以及与其他技术的有机结合，激发了数据库技术向分布式数据库管理技术、面向应用的数据库管理技术以及面向对象的数据库管理技术的发展。此阶段对数据管理的具体特点是，以分散的方式处理大量本地数据；分布式进行物理存储，整体式进程逻辑设计，有效减轻中心数据库存储压力和数据传输压力；较高的数据可靠性与信息共享性；系统扩充便捷；为了适应不同领域的需要，出现了数据仓库、数据挖掘、云端大数据处理等新技术，使数据库系统对数据信息的管理发生了质的变化；为了迎合面向对象程序设计的理念，研发的对象数据模式可以完整地描述现实世界数据结构；拥有面向对象技术的继承与封装的特点，以此实现软件的重用性。

2）未来数据库技术的发展趋势

根据目前数据库技术应用的实际状况，相关业内人士对其未来发展做了科学预测，主要是以应用为导向,与网络、人工智能、数据挖掘技术相互结合,面向业务服务,提升对云端大数据的处理优势,加强数据集成和数据仓库的内容管理,增强对 Web 新技术的支持等。

2. 数据库设计的基本概念

(1) 数据(Data):是数据库系统的主要存储对象,被数据库系统加工处理、存储显示的具体信息都可以视为数据,例如文字、数字、图像、图形、声音等均可以作为数据库设计的数据。

(2) 数据库(DataBase,DB):具有组织结构的永久性存储于计算机系统内部可共享的数据集合,对用户收集的大量数据可以进行加工处理,根据实际需求提取有用信息为之所用。

(3) 数据库管理系统(DataBase Management System,DBMS):位于用户与操作系统之间的一个管理软件的集合,为用户管理数据提供统一的方式,实现控制并管理数据库中数据的结构与存储、提取与维护等功能。DBMS 可细分为语言处理、数据库运行控制和数据库维护管理三方面内容。

(4) 数据库系统(DataBase System,DBS):主要由数据库、数据库管理系统(及开发工具)、软件应用系统和用户等相关内容构成。

(5) 数据库管理员(DataBase Administrator,DBA):主要职责是负责数据库的建立、使用和维护等任务的专业工作人员。

3. 数据库系统设计模型

(1) 模型:是指将现实世界中客观事物拥有的特征进行抽象与概括,其目的是把现实世界中所表露的信息转换成计算机世界中能够识别的信息形式,通过模型的建立将现实的客观世界与虚拟的计算机世界建立起内在的关联性。

(2) 概念模型(conceptual model):是指从用户的角度对现实世界中的客观事物、数据信息进行建模,反映的是从现实世界到机器世界的一次思维转变过程。主要用于对事物的概念结构进行图形化方式的分析与描述,在设计初期,有利于数据库规划与设计人员避开对具体数据库应用平台的运用与 DBMS 技术问题的思考,常见的有实体-联系模型,即 E-R 模型。

(3) E-R 模型:是一种实体-联系模型,在绘制该模型时既描述实体又描述实体间的全部联系,是数据库规划与设计的第一阶段应当建立的概念模式。在 E-R 模型中,矩形框代表实体;椭圆框代表实体的属性或联系的属性;菱形框代表实体之间的联系,可以细分为一对一联系、一对多联系和多对多联系 3 种类型;直线代表实体与联系之间所建立的连接。

(4) 逻辑模型(logical model):是数据模型的一种,从计算机领域的角度对数据信息,客观对象进行建模,反映数据间的一种逻辑结构,将信息世界抽象为计算机世界中的数据信息。逻辑模型不仅面向用户而且面向系统,通常都是 DBMS 所支持的具体数据模型,最具典型的有网状模型、层次模型和关系模型。

（5）3 种典型的数据模型：随着数据库系统的发展，较为成熟并且在实际工作中经常使用的 3 种典型数据模型，分别是网状模型、层次模型和关系模型。

① 网状模型是利用有向图的绘制原理将数据记录之间的逻辑关系清晰地再现出来，是一种格式化数据模型，由于该模型类似于一张网，各个节点之间存在着千丝万缕的联系，经常用于描述实体之间纷繁复杂的多种联系。

② 层次模型是利用定向有序树的绘制原理将数据记录之间的逻辑关系清晰地再现出来，是一种格式化数据模型，该模型具有层次结构清楚、节点间联系简单的优点，但多实体间的复杂联系不能很好地表现，如果某节点层次较深，搜索路径较长，系统性能受到一定影响。

③ 关系模型是利用二维表格的结构方式进行存储概念模型中所设定的实体及实体之间的联系，通常由关系数据结构、关系操作及关系完整性约束三部分组成，它是数学化模型之一，以强大的关系数学作为理论基础，数据结构简单易学、灵活易用。SQL Server 2014 就是一种目前市场占有率较高的关系型数据库系统。

（6）关系模型的基本概念：为了正确理解关系模型的基本内涵，需要理清与关系模型相关的概念，这是进行数据库系统建模的基础。主要包括如下 7 个基本概念。

① 关系（Relation）：通常是指一张二维表格，为了表述一个关系应当指定一个关系名，并存储为一个文件，关系的主要内容就是概念模型中实体的映射。

② 元组（Tuple）：是二维表格中一个数据行，表示一个记录，描绘一个具体的实体。

③ 属性（Attribute）：是指二维表中的列，用属性名来标识属性，并规定属性的数值类型、长度和默认值等约束条件，在一个关系中属性不允许重复，属性值就是某个记录元组所对应的在某一属性列上的具体取值。

④ 主码（Primary Key）：又称为关键字，是唯一确定一个元组的属性或属性组合，是各个元组间相互区别的关键码。

⑤ 外码（Foreign Key）：又称为外关键字，可以实现表与表之间的连接，是指关系 A 中的某个非主码属性是关系 B 中的主码属性。

⑥ 域（Domain）：用来规定属性的取值范围。

⑦ 主表与从表：主表和从表是通过外码建立起关联关系的，如果外码在表 A 中是主码，则表 A 是主表，外码在表 B 中只是一个普通属性，则表 B 称为从表，表 A 与表 B 是通过这个外码相互联系的。

（7）关系模型的理论基础：关系模型是以严谨的数学理论为基础，除了常用的集合代数外，通常还包括关系运算、关系完整性规则及关系规范化原理等。

① 关系运算：提供了专门针对关系进行的运算，如连接、选择和投影等。

② 关系完整性：规则是为了确保数据库系统中数据信息的准确性、一致性和完整性，而对关系设定相应的约束条件和限定规则，通常包括域完整性规则、实体完整性规则和参照完整性等规则。

③ 关系规范化原理：是指在规划和设计关系数据库时，关系模式的选取一定要规

范,否则,不仅会出现插入、删除异常,而且还会极大地降低系统的性能,通常有第一范式(1NF)、第二范式(2NF)、第三范式(3NF)、Boyce-Codd(BCNF 范式)等。一般情况,规划关系时至少属于第三范式,在保证关系中的任何属性都不可分割且不可以有重复列,并且所有非主属性完全依赖于主码属性的基础上,任何一个非主属性都不会传递依赖于主属性。

(8) 物理模型(physical model):面向计算机具体数据库应用系统平台的物理表示模型,主要用于描述在物理存储介质上数据信息的组织结构,与计算机的操作系统、硬件配置以及具体 DBMS 均有关系。这是对逻辑模型的具体实现,为了保证数据库设计与应用过程中数据的独立性与可移植性,物理模型的实现工作基本上由系统自动完成。

四、项目拓展训练

根据以下叙述的具体业务情景,进行数据库相关模型的设计。

1. 读者借阅图书

经过对图书借阅过程的实地考察,梳理出如下借阅流程:假定当读者进入图书馆,选择好要借阅的图书后,在自助借阅机器上先输入该读者的"读者编号",系统判断输入的"读者编号"有效,可以办理借阅操作,然后系统进入借书页面,再输入即将借阅的图书的"ISBN 号",生成相应的借阅记录,即可完成借阅操作。该系统需要保留的读者信息包括读者编号、读者姓名、读者性别、读者地址、身份证号、联系方式、读者单位;系统需要保留的图书信息包括 ISBN 号、图书名称、作者、出版社、图书单价、库存数量;针对每本借出的图书所生成的借阅单信息包括借阅序列号、ISBN 号、读者编号、借出日期、归还日期。要求:绘制实体联系模型图(E-R 模型图),并将其转换成对应的关系模型,而且要规划出具体的数据表,写明每张数据表的表结构。

仔细分析业务流程与建模要求,可知需求对读者借阅图书的过程规划并建立概念模型、逻辑模型及物理模型,其具体操作步骤如下。

(1) 设计概念模型:概念模型的具体表述方式是绘制 E-R 模型图,首先确定实体,在上述案例中存在两个实体,分别是"读者"和"图书";其次设计实体间的联系,通过借阅操作将读者与图书建立关系,所以"借阅"是实体之间的联系;最后规划联系的权重,由于一位读者可以借阅多本图书,一本图书又可以被多位读者借阅,因此,"读者"与"图书"之间便构成多对多的关系,绘制完毕的 E-R 模型如图 2.16 所示。

图 2.16　读者与图书联系的 E-R 图

(2) 规划逻辑模型:根据已经规划出的概念模型,结合系统需要存储的基本信息,对应的逻辑模型设计如下:

读者(读者编号,读者姓名,读者性别,读者地址,身份证号,联系方式,读者单位)

图书(ISBN 号,图书名称,作者,出版社,图书单价,库存数量)

借阅(借阅序列号,ISBN 号,读者编号,借出日期,归还日期)

（3）实现物理模式：该系统选取的是 SQL Server 2014 数据库系统平台,在此定义对应的数据表名称与数据表结构。依据上述逻辑模型的规划,总共有三张数据表,分别为 reader 表(读者信息表)、book 表(图书信息表)、borrow 表(借阅信息表)。具体表结构如表 2.11～表 2.13 所示。

表 2.11 reader 表结构

序号	字段名	数据类型	长度	是否允许为空	约束	备注信息
1	R_ID	nvarchar	8	否	主键	读者编号
2	R_name	nvarchar	30	否		读者姓名
3	R_sex	bit		是		读者性别
4	R_address	nvarchar	50	是		读者地址
5	R_identity	nvarchar	18	是		身份证号
6	R_phone	nvarchar	11	是		联系方式
7	R_work	nvarchar	40	是		读者单位

表 2.12 book 表结构

序号	字段名	数据类型	长度	是否允许为空	约束	备注信息
1	B_ISBN	nvarchar	30	否	主键	ISBN 号
2	B_name	nvarchar	50	否		图书名称
3	B_author	nvarchar	30	是		作者
4	B_press	nvarchar	50	是		出版社
5	B_price	money		是		图书单价
6	B_quantity	int		是		库存数量

表 2.13 borrow 表结构

序号	字段名	数据类型	长度	是否允许为空	约束	备注信息
1	Borrow_ID	int		否	主键	借阅序列号
2	B_ISBN	nvarchar	30	否	外键	ISBN 号
3	R_ID	nvarchar	8	否	外键	读者编号
4	Borrow_date	datetime		否		借出日期
5	Return_date	datetime		否		归还日期

2. 大卖场商品批发

通过对大型卖场商品的批发运营过程的实地考察,梳理出如下业务流程：假定某个购物者在卖场里选定需要购买的货物样品后,向管理该货物的销售人员发出订货通知,销售人员开具该货物的订购单,购物者将订购单及相应货款递交给收银人员,收银员收取货款后开具相应的收款单,购物者凭借收款单到仓库换取提货单,将提货单交于仓库管理员后,便可以提货了,购物者的购物活动也就结束了。要求:设计适合于上述业务流程的 E-R 模型。

首先确定实体,在上述案例中存在 7 个实体,分别是"购物者""样品""销售人员""收银员""仓库""仓库管理员""货物"。其次设计实体间的联系,销售人员通过管理与对应样品建立联系,购物者通过订购货物与销售人员建立联系,收银员通过收取货款与购物者建立联系,购物者通过换取提货单与仓库建立联系,仓库通过隶属关系与仓库管理员建立联系,在提取货物的过程中仓库管理员又与货物建立联系,货物由于存放的位置与仓库建立联系。最后规划联系的权重,一类样品可以由多位销售人员管理,而一位销售人员通常只管理这一类样品,因而,样品与销售人员之间形成一对多的关系;购物者可以向多位销售人员订购商品,反之,一位销售人员也可以为多位购物者服务,所以,购物者与销售人员之间形成多对多的关系;同理,一位收银员可以收取多位购物者的货款,一位购物者可以通过多位收银员缴纳货款,他们之间也是多对多的关系;购物者可以向多个仓库换取提货单,一个仓库能为多个购物者办理提货业务,因此,他们之间形成的是多对多关系;一间仓库是由多位仓库管理员负责的,一位仓库管理员通常只管理一间仓库,在此形成一对多的关系;任何一件货物隶属于多位仓库管理员,一位仓库管理员可以管理多件货物,可见,仓库管理员与货物之间必将形成多对多的关系;一般一间仓库可以存放多件货物,一件货物只能存放在一间仓库里,它们形成一对多的关系。绘制完毕的 E-R 模型如图 2.17 所示。

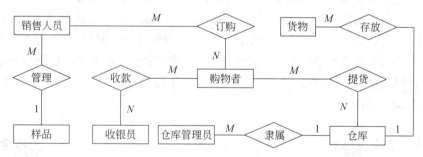

图 2.17　大卖场商品批发业务流程 E-R 图

五、项目总结

在本项目中学习了数据库技术的发展历程与未来趋势;与数据库系统及数据库建模相关的基本术语的定义;数据库系统建模的理念与作用;数据库系统建模设计与规划的操作流程;概念模型、逻辑模型、物理模型的构建方法与相互关系;E-R 模型的设计理念和绘制方法;数据库系统设计规范;通过案例的实践训练基本掌握了数据库系统设计与规划阶段的建模操作,为数据库系统和应用系统的深度开发打下基础。

项目三　创建与维护数据库和数据表

学习目标：

通过本项目的理论学习与实践训练使读者掌握创建数据库、数据表的方法；了解如何设计约束实施数据完整性；掌握数据表的插入、更新、查询；掌握使用 SQL Server Management Studio 与 T-SQL 语句管理数据库，修改数据表结构，删除数据表记录，高级查询数据表信息等操作。

一、项目需求分析

高校学生的成绩管理工作量大、繁杂，人工处理非常困难。学生成绩管理系统借助于计算机强大的处理能力，大大减轻了管理人员的工作量，并提高了处理的准确性。学生成绩管理系统的开发运用，实现了学生成绩管理的自动化，不仅把广大教师从繁重的成绩管理工作中解脱出来、把学校从传统的成绩管理模式中解放出来，而且对学生成绩的判断和整理更合理、更公正，同时也给教师提供了一个准确、清晰、轻松的成绩管理环境。

数据库是用来存储数据和数据对象的逻辑实体，数据表是数据库中最重要的对象，是数据存放的地方。根据需求，创建一个名为 stuscoremanage 学生成绩管理系统的数据库，并创建用户信息表、学生信息表、课程信息表、教师信息表、成绩信息表等数据表；对已创建的学生成绩管理系统数据库进行查看、修改与删除操作；系统应该提供课程数据、学生信息、教师信息的插入、删除、更新、查询；成绩的添加、修改、删除、查询，学生及教职工基本信息查询的功能。

二、项目操作步骤

1. 创建数据库

（1）启动 SQL Server Management Studio 之后，在"对象资源管理器"中选择"数据库"节点，右击，会出现图 3.1 所示的快捷菜单。

（2）在弹出的菜单中选择"新建数据库"命令，会出现图 3.2 所示的对话框。在"数据库名称"文本框中输入新数据库名称 stuscoremanage。

（3）在"新建数据库"对话框中，通过单击"自动增长/最大大小"后面的按钮，可以更改数据库文件的自动增长方式。

（4）可以改变数据库所对应的系统文件存储路径。

（5）单击"确定"按钮，即可创建 stuscoremanage 数据库。

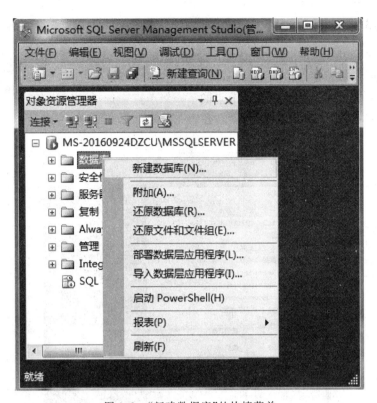

图 3.1 "新建数据库"的快捷菜单

图 3.2 "新建数据库"对话框

2. 创建数据表

（1）启动 SQL Server Management Studio 之后，在"对象资源管理器"中依次展开"数据库"节点、stuscoremanage 数据库节点。

（2）在 stuscoremanage 数据库节点的下一级节点中选择"表"节点，右击"表"节点，在弹出的菜单中选择"新建表"命令，如图 3.3 所示。

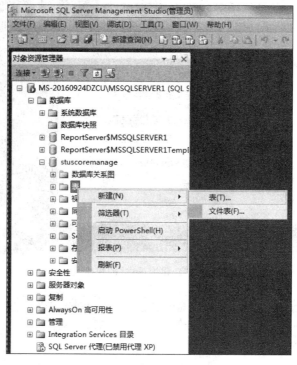

图 3.3 "新建表"的快捷菜单

（3）单击"新建表"命令后，即可打开"表结构"设计界面，在打开的窗口里可以输入数据表中每一个字段对应的列名、数据类型、长度和是否为空值等表的基本信息。

（4）根据表 3.1 给出的 userinfo 用户信息表结构，在 SQL Server 2014 数据库系统操作平台中输入 userinfo 表结构，如图 3.4 所示。

表 3.1　userinfo 用户信息表结构

序号	字段名	数据类型	长度	是否允许为空	约束	备注信息
1	U_ID	nvarchar	15	否	主键	用户 ID 号
2	U_password	nvarchar	15	否		用户密码
3	U_actor	varchar	50	否		用户类型
4	U_SidentityID	nvarchar	15	是	外键	学生 ID 号
5	U_TidentityID	nvarchar	15	是	外键	任课教师 ID 号

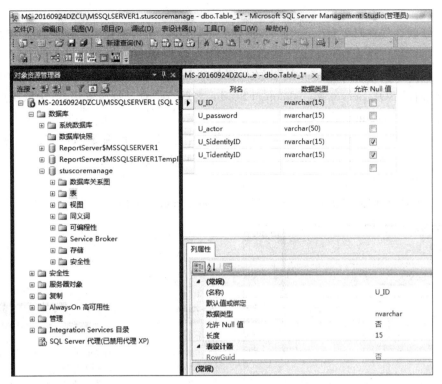

图 3.4 "表设计器"窗口

（5）执行"文件"→"保存"命令，或单击"保存"按钮，会出现图 3.5 所示的对话框，输入要保存的数据表的名称 userinfo，单击"确定"按钮。

图 3.5 "选择名称"对话框

（6）userinfo 数据表创建后，在"对象资源管理器"中依次展开"数据库"节点、stuscoremanage 节点，出现已创建的对应数据表节点，可以查看到新创建的数据表。其他数据表的创建操作，请读者参考上述操作步骤自行完成，不再赘述。

3. 设置数据完整性

系统管理员在向数据表输入数据信息、维护数据以及更新与删除数据时，发现数据信息出现错误，因而导致系统出现脏数据的现象，这在实际工作中是绝对不允许的，因其严重地影响了数据库系统的一致性、准确性和有效性，通过设置数据完整性的方式，可增强数据库系统中数据信息的安全性。

① 修改课程信息表(courseinfo),将姓名字段(C_name)列设置为不允许为空。

② 将课程信息表(courseinfo)中的课程 ID 号字段(C_ID)设置成该表的主键。

③ 将课程信息表(courseinfo)中的任课教师 ID 号字段(T_ID)设置成该表的外键。

（1）启动 SQL Server Management Studio 之后，在"对象资源管理器"中依次展开"数据库"节点、stuscoremanage 数据库节点、"表"节点。

（2）选中 courseinfo 表，右击，在弹出的菜单中选择"设计"命令，如图 3.6 所示。

（3）执行该命令，打开 courseinfo 表结构，将课程名称(C_name)选中，在界面下方列出该字段相关的属性值。

（4）在表设计器的"允许 Null 值"选项中，将 C_name 列的"√"去掉，如图 3.7 所示。

图 3.6　"设计"的快捷菜单

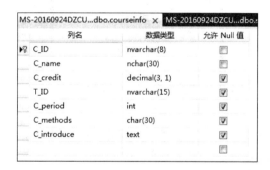

图 3.7　修改数据表

（5）选择 C_ID 字段，右击并在弹出的菜单中选择"设置主键"命令或单击工具栏上的 按钮，如图 3.8 所示。主键被创建之后再次浏览该表结构，在对应的字段名前有一个标志 。

图 3.8　设置主键图

（6）如果主键设置有问题可以将其删除，选择对应的主键列（C_ID），右击并在弹出式菜单中选择"删除主键"命令，即可完成对主键的移除操作。

（7）在 T_ID 字段上右击，从弹出的菜单中选择"关系"命令，打开"外键关系"对话框，如图 3.9 所示。

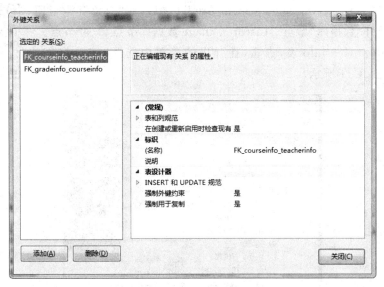

图 3.9 "外键关系"对话框

（8）为字段 T_ID 添加外键约束，在对话框右侧的"标识"→"名称"一栏，输入关系的名字 FK_courseinfo_teacherinfo。

（9）单击"常规"→"表和列规范"一栏后面的按钮，进入"表和列"设置界面，在"主键表"下选择 teacherinfo 数据表，在下面对应的列选择 T_ID，在"外键表"下选择 courseinfo 数据表，在下面对应的列选择 T_ID，信息设置完毕，单击"确定"按钮，如图 3.10 所示。

图 3.10 设置外键

（10）如果外键关系设置有问题可以将其删除，选定要删除的外键关系，单击下方的"删除"按钮，即可删除已经创建的外键关系。

4. 插入数据表记录

（1）启动 SQL Server Management Studio 之后，在"对象资源管理器"中依次展开"数据库"节点、stuscoremanage 数据库节点、"表"节点。

（2）选中 studentinfo 表，右击，在弹出的菜单中选择"编辑前 200 行"命令，如图 3.11 所示。

图 3.11　编辑工作表

（3）单击空记录的单元格，根据每一个字段所设定的数据类型，对应输入具体的记录内容。

（4）若利用 T-SQL 语句实现对 studentinfo 表记录信息的插入操作，在查询窗口中输入如下操作命令：

```
USE  stuscoremanage
INSERT INTO studentinfo(S_ID, S_name, S_sex, S_special, S_year, S_fee, S_poor)
VALUES('201509030200002','李雯','女','多媒体应用','2015-09-01',5600,0)
```

5. 更新数据表记录

（1）启动 SQL Server Management Studio 之后，在"对象资源管理器"中依次展开"数据库"节点、stuscoremanage 数据库节点、"表"节点。

（2）选中 studentinfo 表，右击，在弹出的菜单中选择"编辑前 200 行"命令，如图 3.12 所示。

MS-20160924DZCU…dbo.studentinfo ✕						
S_ID	S_name	S_sex	S_special	S_year	S_fee	S_poor
20140901010…	李小文	男	软件技术	2014-09-01	5600.0000	False
20140901010…	张爽	女	软件技术	2014-09-01	5600.0000	True
20150901010…	李红	女	软件技术	2015-09-01	5600.0000	False
20150901010…	张振	男	软件技术	2015-09-01	5600.0000	False
▶ 01509010100003	吴凯	男	软件技术	2015-09-01	5600.0000	False
20150901010…	赵文泊	男	软件技术	2015-09-01	5600.0000	True
20150901020…	郑强	男	手机软件	2015-09-01	7200.0000	False
20150901020…	赵晓春	女	手机软件	2015-09-01	7200.0000	False
20150902010…	张立纲	男	网络技术	2015-09-01	5600.0000	False
20150902010…	王文静	女	网络技术	2015-09-01	5600.0000	False
20150902020…	张立	男	物联网络	2015-09-01	7200.0000	False

图 3.12 修改工作表

（3）选择要修改的记录，在记录上直接修改，SQL Server 会自动保存修改的记录。

（4）若利用 T-SQL 语句实现对 studentinfo 表记录信息的修改操作，将"张立纲"同学的专业由"网络技术"修改为"物联网络"，在查询窗口中输入如下操作命令：

```
USE  stuscoremanage
UPDATE studentinfo
SET S_special='物联网络'
WHERE S_name='张立纲'
```

6. 查询数据表记录

（1）启动 SQL Server Management Studio 之后，在"对象资源管理器"中依次展开"数据库"节点、stuscoremanage 数据库节点、"表"节点。

（2）选中 studentinfo 表，右击，在弹出的菜单中选择"编辑前 200 行"命令，如图 3.12 所示，此时可以查看数据表中任何数据信息。

三、关键知识点讲解

1. 使用 T-SQL 语句创建数据库的语法格式

CREATE DATABASE<数据库文件名>

```
[ON <数据文件>]
([[NAME=<逻辑文件名>,]
FILENAME='<物理文件名>'
[,SIZE=<大小>]
[,MAXSIZE=<可增长的最大大小>]
[,FILEGROWTH=<增长比例>])
[LOG ON <日志文件>]
([[NAME=<逻辑文件名>,]
FILENAME='<物理文件名>'
[,SIZE=<大小>]
[,MAXSIZE=<可增长的最大大小>]
[,FILEGROWTH=<增长比例>])
```

2. 使用 T-SQL 语句修改数据库的语法格式

```
ALTER DATABASE <数据库名称>
{ADD FILE<数据文件>
|ADD LOG FILE<日志文件>
| REMOVE FILE<逻辑文件名>
|ADD FILEGROUP <文件组名>
|REMOVE FILEGROUP <文件组名>
|MODIFY FILE<文件名>
|MODIFY NAME=<新数据库名称>
|MODIFY FILEGROUP<文件组名>
|SET<选项>}
```

3. 使用 T-SQL 语句建立数据表的语法格式

```
CREATE TABLE <表名> (<列名><数据类型>[列级完整性约束条件]
[,<列名><数据类型>[列级完整性约束条件]…]
[,<表级完整性约束条件>])
```

4. 使用 T-SQL 语句修改表结构的语法格式

```
ALTER TABLE <表名>
[ADD <列名><数据类型>[列完整性约束]]
[DROP <列名>]
[MODIFY<列名><新的数据类型>]
```

5. 使用 T-SQL 语句插入数据表记录

```
INSERT INTO   <表名>
[<属性列 1>[,<属性列 2>…]]
VALUES (<常量 1>[,<常量 2>]…)
```

6. 使用 T-SQL 语句更新数据表记录

```
UPDATE <表名>
SET <列名>=<表达式>[,<列名>=<表达式>]…
[WHERE<条件>]
```

7. 使用 T-SQL 语句删除数据表记录

```
DELETE
FROM <表名>
[WHERE<条件>]
```

8. 查询命令的功能

```
SELECT 语句的语法格式
SELECT [ALL|DISTINCT]<查询列表>
[TOP n[PERCENT]]
[INTO<表或变量>]
FROM <表名或视图名>
[WHERE<查询条件>]
[GROUP BY<分组列名表>]
[HAVING<筛选条件>]
[ORDER BY<排序列名表[ASC|DESC]>]
[FOX<XML 选项>]
[OPTION<优化选项>]
```

四、项目拓展训练

1. 管理数据库——修改数据库

修改数据库 stuscoremanage 主文件的初始大小应当调整为 8MB；日志文件的初始大小应当调整为 4MB；主文件的增长率改为 2MB。

（1）启动 SQL Server Management Studio 之后，在"对象资源管理器"中展开"数据库"节点，在界面左侧的树型目录下，找到 stuscoremanage 数据库节点并右击，在弹出的菜单中选择"属性"命令，如图 3.13 所示。

（2）运行"属性"命令，即可打开"stuscoremanage 数据库属性"对话框，进行数据库相关属性的修改。

（3）单击选择页下面的"文件"，再单击主文件和日志文件的"初始大小"一项，将主文件的初始大小调整为 8MB；日志文件的初始大小应当调整为 4MB，如图 3.14 所示。

图 3.13　修改数据库图

图 3.14　修改主文件和日志文件的大小

（4）单击主文件"自动增长"后面的按钮，然后在"文件增长"下选择"按 MB"单选按钮，将其后面的数值修改成 2MB 即可，如图 3.15 所示。

（5）单击"确定"按钮即可完成调整操作。

2. 管理数据库——删除数据库

整理所建立的用户自定义数据库时发现，多了一个名叫 stuscoremanage1 的数据库，这是在测试 SQL Server 2014 运行环境时临时建立的，为了避免与正常使用的数据库 stuscoremanage 混淆，并且节省相应的存储空间，在可视化界面中将临时建立的多余数据库全部删除掉。

（1）启动 SQL Server Management Studio 之后，在"对象资源管理器"中展开"数据库"节点，在界面左边的目录下，找到 stuscoremanage1 数据库节点并右击，在弹出的菜单中选择"删除"命令，如图 3.16 所示。

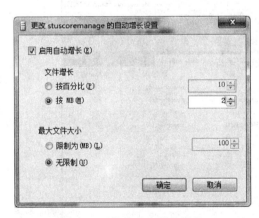

图 3.15 修改主文件的增长

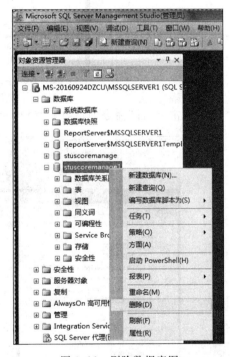

图 3.16 删除数据库图

（2）打开"删除对象"对话框，选中即将删除的对象名称。

（3）单击"确定"按钮确认删除，即可完成数据库的删除操作。

3. 修改数据表结构

（1）启动 SQL Server Management Studio 之后，在"对象资源管理器"中依次展开"数据库"节点、stuscoremanage 数据库节点、"表"节点。

（2）选中 userinfo 表，并右击，在弹出的菜单中选择"设计"命令，如图 3.17 所示。

图 3.17 "设计"的快捷菜单

（3）单击"设计"命令即可打开"设计表结构"设计界面，如图 3.18 所示。

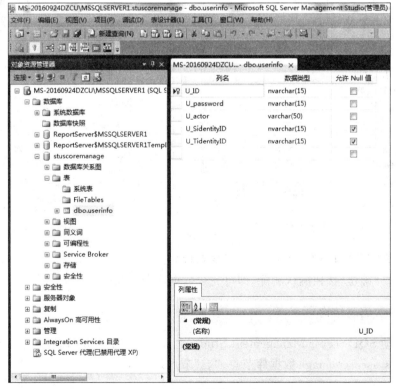

图 3.18 "设计表结构"设计界面

（4）当对相应的表结构修改完毕，将鼠标定位在修改界面上方的表名处，右击，在弹出的快捷菜单中选择"保存（userinfo）"命令 。

4. 查看与重命名数据表

系统管理员把数据库的所有表结构均设计完毕，查看相关表的设计信息，发现有的数据表的命名不能更好地见名知意，所以要修改其表名，例如，查看数据表 student 的相关信息，并且将其名称修改成 studentinfo。

（1）启动 SQL Server Management Studio 之后，在"对象资源管理器"中依次展开"数据库"节点、stuscoremanage 数据库节点、"表"节点。

（2）选中 student 表，右击，并且在弹出的菜单中选择"属性"命令，如图 3.19 所示。

图 3.19　"属性"的快捷菜单

（3）执行"属性"命令后打开"属性"对话框，如图 3.20 所示，查看完毕单击"确定"按钮返回。

（4）返回到当前界面后，再次选中 student 表，右击，并且在弹出的菜单中选择"重命名"命令，如图 3.21 所示，在对应的数据表的表名上直接输入 studentinfo，即可完成对数据表的重命名操作。

图 3.20 "表属性"对话框

图 3.21 "重命名"的快捷菜单

5．删除数据表记录

当数据库与数据表结构均已建立并审核完毕,开始对表中的记录进行相应的操作,不需要的记录可以删除,由于 studentinfo 学生信息表中"李红"同学已退学,需要将其记录删除。

（1）在 SQL Server Management Studio 窗口中删除数据表中的记录，启动 SQL Server Management Studio 窗口之后，在"对象资源管理器"中依次展开"数据库"节点、stuscoremanage 数据库节点、"表"节点。

（2）选中 studentinfo 表，右击，在弹出的菜单中选择"编辑"命令。

（3）选中姓名为"李红"的记录，右击，在弹出的菜单中选择"删除"命令，如图 3.22 所示。单击"删除"命令后便执行删除操作，系统会弹出一个确认删除的对话框，如果单击"是"按钮，完成删除操作，单击"否"按钮取消此次删除操作。

MS-20160924DZCU...dbo.studentinfo ×			
S_ID	S_name	S_sex	S_special
20140901010...	李小文	男	软件技术
20140901010...	张爽	女	软件技术
20150901010...	李红	女	软件技术

! 执行 SQL(X)	Ctrl+R	男 软件技术
✂ 剪切(T)	Ctrl+X	男 软件技术
📋 复制(Y)	Ctrl+C	男 软件技术
📋 粘贴(P)	Ctrl+V	男 手机软件
✕ 删除(D)	Del	女 手机软件
窗格(N)	▶	男 网络技术
📋 清除结果(L)		女 网络技术
📋 属性(R)	Alt+Enter	男 物联网络
		男 物联网络

图 3.22　删除数据表记录

在删除记录时，需要注意以下几点。

① 记录删除后不能再恢复，所以在删除前一定要先确认。

② 可以一次删除多条记录，按住 Shift 键或 Ctrl 键，可以选择多条记录，然后进行一次性删除操作。

③ 利用 T-SQL 语句实现对数据记录的删除操作，在查询窗口中输入如下操作命令：

```
USE  stuscoremanage
DELETE FROM studentinfo
WHERE S_name='李红'
```

6. 高级查询数据表信息

（1）检索 studentinfo 学生信息表中所有学生的全部信息。

① 启动 SQL Server Management Studio 之后，单击"新建查询"按钮，建立一个新的查询。

② 在查询窗口中输入如下 T-SQL 语句：

```
USE  stuscoremanage
SELECT S_ID,S_name,S_sex,S_special,S_year,S_fee,S_poor
FROM studentinfo
```

③ 在工具栏上单击"分析"按钮 ，对 SQL 语句进行语法检查。

④ 经检查无误后，单击工具栏上的"执行"按钮 ，执行结果如图 3.23 所示。

	S_ID	S_name	S_sex	S_special	S_year	S_fee	S_poor
1	201409010100001	李小文	男	软件技术	2014-09-01	5600.00	0
2	201409010100002	张爽	女	软件技术	2014-09-01	5600.00	1
3	201509010100001	李红	女	软件技术	2015-09-01	5600.00	0
4	201509010100002	张振	男	软件技术	2015-09-01	5600.00	0
5	201509010100003	吴凯	男	软件技术	2015-09-01	5600.00	0
6	201509010100004	赵文泊	男	软件技术	2015-09-01	5600.00	1
7	201509010200001	郑强	男	手机软件	2015-09-01	7200.00	0
8	201509010200002	赵晓春	女	手机软件	2015-09-01	7200.00	0
9	201509020100001	张立纲	男	网络技术	2015-09-01	5600.00	0
10	201509020100002	王文静	女	网络技术	2015-09-01	5600.00	0

图 3.23　执行后的结果（一）

（2）使用关键字 AS 对字段名进行重命名的查询操作。

① 启动 SQL Server Management Studio 之后，单击"新建查询"按钮，建立一个新的查询。

② 在查询窗口中输入如下 T-SQL 语句：

```
USE  stuscoremanage
SELECT  C_name  AS 课程名称, C_introduce  AS 课程内容简介
FROM  courseinfo
```

③ 在工具栏上单击"分析"按钮 ，对 SQL 语句进行语法检查。

④ 经检查无误后，单击工具栏上的"执行"按钮 ，执行结果如图 3.24 所示。

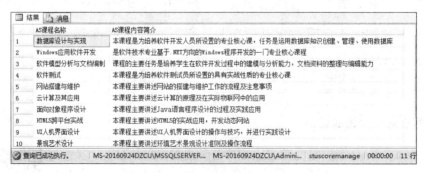

	AS课程名称	AS课程内容简介
1	数据库设计与实现	本课程是为培养软件开发人员所设置的专业核心课，任务是运用数据库知识创建、管理、使用数据库
2	Windows应用软件开发	是软件技术专业基于.NET方向的Windows程序开发的一门专业核心课程
3	软件模型分析与文档编制	课程的主要任务是培养学生在软件开发过程中的建模与分析能力，文档资料的整理与编辑能力
4	软件测试	本课程是为培养软件测试员设置的具有实战性质的专业核心课
5	网站搭建与维护	本课程主要讲述网站的搭建与维护工作的流程及注意事项
6	云计算及其应用	本课程主要讲述云计算的原理及在实际物联网中的应用
7	面向对象程序设计	本课程主要讲述Java语言程序设计的过程及实践应用
8	HTML5跨平台实战	本课程主要讲述HTML5的实战应用，开发动态网站
9	UI人机界面设计	本课程主要讲述UI人机界面设计的操作与技巧，并进行实践设计
10	景观艺术设计	本课程主要讲述环境艺术景观设计准则及操作流程

图 3.24　执行后的结果（二）

（3）查询 studentinfo 学生信息表中软件技术专业男同学的信息。

① 启动 SQL Server Management Studio 之后，单击"新建查询"按钮，建立一个新的

查询。

② 在查询窗口中输入如下 T-SQL 语句：

```
USE  stuscoremanage
SELECT S_ID,S_name,S_sex,S_special,S_year,S_fee,S_poor
FROM  studentinfo
WHERE S_sex='男'AND  S_special='软件技术'
```

③ 在工具栏上单击"分析"按钮 ✓ ，对 SQL 语句进行语法检查。

④ 经检查无误后，单击工具栏上的"执行"按钮 ❗执行(X)，执行结果如图 3.25 所示。

	S_ID	S_name	S_sex	S_special	S_year	S_fee	S_poor
1	201409010100001	李小文	男	软件技术	2014-09-01	5600.00	0
2	201509010100002	张振	男	软件技术	2015-09-01	5600.00	0
3	201509010100003	吴凯	男	软件技术	2015-09-01	5600.00	0
4	201509010100004	赵文泊	男	软件技术	2015-09-01	5600.00	1

图 3.25　执行后的结果(三)

（4）在 studentinfo 学生信息表和 gradeinfo 成绩信息表中查询学生的考试成绩。

① 启动 SQL Server Management Studio 之后，单击"新建查询"按钮，建立一个新的查询。

② 在查询窗口中输入如下 T-SQL 语句：

```
USE  stuscoremanage
SELECT studentinfo .S_ID,S_name,S_sex,S_special,S_year,S_fee, G_score
FROM  studentinfo, gradeinfo
WHERE studentinfo.S_ID=gradeinfo.S_ID
```

③ 在工具栏上单击"分析"按钮 ✓ ，对 SQL 语句进行语法检查。

④ 经检查无误后，单击工具栏上的"执行"按钮 ❗执行(X)，执行结果如图 3.26 所示。

	S_ID	S_name	S_sex	S_special	S_year	S_fee	G_score
1	201409010100001	李小文	男	软件技术	2014-09-01	5600.00	74
2	201409010100002	张爽	女	软件技术	2014-09-01	5600.00	38
3	201509010100001	李红	女	软件技术	2015-09-01	5600.00	90
4	201509010100001	李红	女	软件技术	2015-09-01	5600.00	85
5	201509020100001	张立纲	男	网络技术	2015-09-01	5600.00	64
6	201509020100002	王文静	女	网络技术	2015-09-01	5600.00	86
7	201509020100002	王文静	女	网络技术	2015-09-01	5600.00	83
8	201509030100001	耿桦	女	软件应用	2015-09-01	5600.00	72
9	201509030100001	耿桦	女	软件应用	2015-09-01	5600.00	45
10	201509040100001	陈雨熙	女	视觉传达	2015-09-01	7200.00	90

查询已成功执行。　　　　MS-20160924DZCU\MSSQLSERVER...　MS-20160924DZCU\A

图 3.26　执行后的结果(四)

（5）在 studentinfo 学生信息表和 gradeinfo 成绩信息表中查询不及格学生的学号、姓名、课程号和考试成绩。

  ① 启动 SQL Server Management Studio 之后，单击"新建查询"按钮，建立一个新的查询。

  ② 在查询窗口中输入如下 T-SQL 语句：

```
USE   stuscoremanage
SELECT studentinfo .S_ID,S_name, C_ID, G_score
FROM  studentinfo,gradeinfo
WHERE studentinfo.S_ID=gradeinfo.S_ID AND G_score<60
```

  ③ 在工具栏上单击"分析"按钮 ✓，对 SQL 语句进行语法检查。

  ④ 经检查无误后，单击工具栏上的"执行"按钮 ! 执行(X)，执行结果如图 3.27 所示。

	S_ID	S_name	C_ID	G_score
1	201409010100002	张爽	0004	38
2	201509030100001	耿桦	0007	45

图 3.27　执行后的结果（五）

五、项目总结

  在本项目中学习了数据库、数据表的创建，数据表的插入、更新、查询等操作，如何管理数据库，修改数据表结构，查看与重命名数据表。通过 SSMS 可视化界面与利用 T-SQL 语句删除数据表记录、查询数据表信息的操作。

项目四　设计与应用索引和视图

学习目标：

通过本项目的理论学习与实践训练使读者了解索引与视图的含义；理解索引的分类及视图的优点；掌握使用 SSMS 可视化界面和 T-SQL 语句两种方式建立、使用及维护索引和视图的操作，以便提高实际项目的开发效率。

一、项目需求分析

在学生成绩管理系统中查询操作是日常工作的重点，如何满足不同类型用户对信息查询的需求是数据库设计与开发人员所要考虑的，否则将会大大降低系统检索的响应效率，影响系统正常使用。在此针对两类使用系统较为频繁的用户，利用技术手段提高检索信息的效率。其中，第一类用户是学生，尤其是每学期期末考试结束后，会有众多学生查询自己的考试成绩，而且每位学生参与不止一门课程的考试，为了提高系统整体检索效率，及时满足学生查询需求，决定建立一个名为 INDEX_S_ID 索引。第二类用户是教务教师，由于教务教师要实时掌握课程开设、教师授课及学生学习等情况，经常要从多张数据表中运用复杂查询条件检索信息，以便调整下一学期授课计划，更好地适应学生未来工作与发展的需要，因而建立一个名为 VIEW_COURSESTUDENTINFO 的视图来满足教务教师在多表间更新信息的要求。

二、项目操作步骤

1. 建立索引

（1）启动 SQL Server Management Studio 之后，在"对象资源管理器"中依次展开"数据库"节点、stuscoremanage 数据库节点、"表"节点、gradeinfo 数据表节点，找到"索引"项，右击，在弹出的菜单中执行"新建索引"→"聚集索引"命令，如图 4.1 所示。

（2）打开"新建索引"对话框，在"常规"选项卡中，输入索引的名字 INDEX_S_ID，配置信息如图 4.2 所示。

（3）单击"添加"按钮，打开"选择要添加到索引中的表列"界面，在此选择要添加索引的数据表中的列，本案例选择 S_ID 数据列，为其添加索引，如图 4.3 所示。

（4）选择完毕，单击"确定"按钮，返回到"新建索引"对话框，如图 4.4 所示，再次单击"确定"按钮，完成新建索引的设置，返回对象资源管理器窗口。

图 4.1 "聚集索引"命令

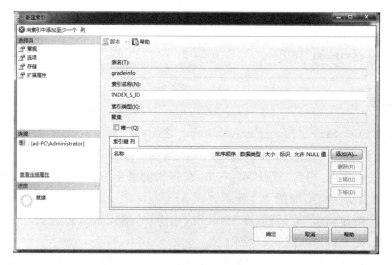

图 4.2 "常规"选项卡

（5）查看对象资源管理器窗口信息可知,在"索引"节点下有一个名为 INDEX_S_ID 的索引,说明通过 SSMS 方式成功地创建了一个索引,如图 4.5 所示。

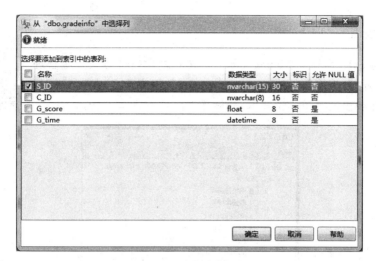

图 4.3 选择索引列

图 4.4 "新建索引"对话框

图 4.5 创建聚集索引成功

2. 设计视图

（1）启动 SQL Server Management Studio 之后，在"对象资源管理器"中依次展开"数据库"节点、stuscoremanage 数据库节点，找到"视图"节点，右击，在弹出的菜单中选择"新建视图"命令，如图 4.6 所示。

图 4.6 "新建视图"命令

（2）打开"添加表"对话框，选择要添加到新视图中的数据表或视图，本案例需要选择如下数据表：courseinfo 表、gradeinfo 表、studentinfo 表和 teacherinfo 表，如图 4.7 所示，然后单击"添加"按钮，依次完成所需数据表的添加操作，单击"关闭"按钮。

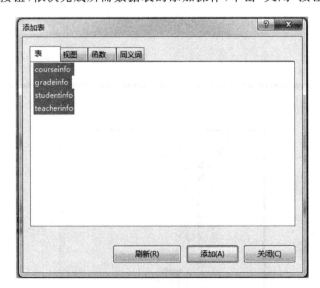

图 4.7 "添加表"对话框

（3）返回视图设计窗口，对视图进行详细设计，该窗口由 4 个子窗口组成，从上到下依次是：用于显示所选择的数据表之间关系的窗口；用于显示将要输出的数据列窗口；用于显示定义视图的查询语句窗口；用于显示视图运行结果的窗口，如图 4.8 所示。

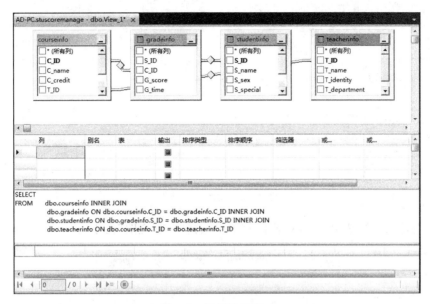

图 4.8　视图设计窗口

（4）此时选择创建视图需要输出的数据列、列的别名、来源于哪张数据表、指定的筛选条件和排序方式等基本信息。在本案例中选择如下数据列：courseinfo 表中的 C_ID、C_name、C_credit；gradeinfo 表中的 G_score；studentinfo 表中的 S_ID、S_name、S_special、S_year；teacherinfo 表中的 T_ID、T_name、T_department 等。以上选择的列顺序不一定是视图输出的列顺序，在输出列窗口中可以调整所有列的排序类型和排序顺序等属性。

（5）执行"查询设计器"→"执行 SQL"命令，如图 4.9 所示，执行完该命令，在视图运行结果窗口中看到视图的输出结果，如图 4.10 所示。

图 4.9　"执行 SQL"命令

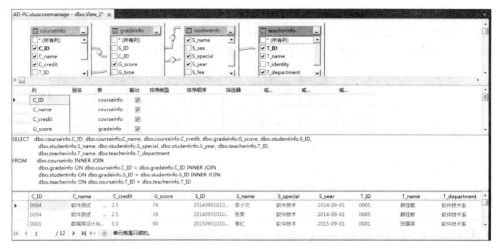

图 4.10 视图输出结果

（6）右击"视图"选项卡，在弹出的菜单中选择"保存视图"命令，如图 4.11 所示。

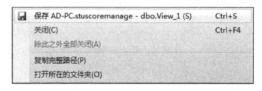

图 4.11 选择保存视图命令

（7）执行"保存"命令后，弹出"选择名称"对话框，如图 4.12 所示。在此对话框中输入所创建视图的名称 VIEW_COURSESTUDENTINFO，单击"确定"按钮，即可保存所创建的视图。

图 4.12 "选择名称"对话框

3. 应用视图

利用视图 VIEW_COURSESTUDENTINFO 向基本表 courseinfo 中插入数据。

（1）启动 SQL Server Management Studio 之后，在"对象资源管理器"中依次展开"数据库"节点、stuscoremanage 数据库节点。

（2）单击工具栏上的"新建查询"按钮 ，打开 T-SQL 语句编辑器，建立一个新的查询。

（3）在语句编辑窗口中输入如下 T-SQL 代码：

```
USE stuscoremanage
INSERT INTO VIEW_COURSESTUDENTINFO(C_ID,C_name,C_credit)
VALUES('0011','ASP.NET 开发',4)
```

（4）在工具栏上单击"分析"按钮 ✓，检查 SQL 语句的语法，若在消息框中显示"命令已成功完成"，则说明输入的信息语法正确。

（5）经检查无误后，单击工具栏上的"执行"按钮 **执行(X)**，执行指定的 SQL 语句，该命令执行完毕，消息框中显示"（1 行受影响）"，说明上述数据信息通过视图被插入到基本表 courseinfo 中。

（6）在新建查询窗口中输入如下 T-SQL 语句，查看 courseinfo 表中的内容，以便验证数据信息真正地被插入到基本表中，运行结果如图 4.13 所示。

```
SELECT * FROM courseinfo WHERE C_ID='0011'
```

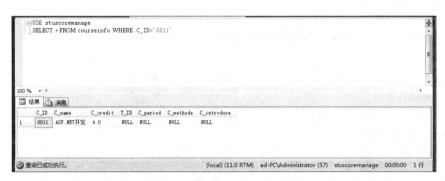

图 4.13 通过视图成功向基本表中插入数据

三、关键知识点讲解

1. 索引的概念

索引是一个单独存储于磁盘上的物理数据库结构，包含数据表中某一列或若干列数值的集合和相应的指向数据表中所有记录的引用指针，以及指向表中物理标识数据值的数据页的逻辑指针清单。系统中完整地存储一张数据表需要两个组成部分，一部分用于存储表中数据页，另一部分用于存储表中索引页。在进行数据检索时，系统先搜索索引页，寻找被查询数据指针，然后利用指针的指向从数据页中读取相关数据信息。由此提高数据访问有效性和检索效率，但是构造和维护索引需要耗费时间并且索引本身还占用一定物理空间，因而要根据实际需要有节制地使用索引。

2. 索引的分类

根据物理数据存储结构的不同,索引可以分成两大类:聚集索引与非聚集索引。其中,聚集索引是指以数据行的键值为基准,对物理数据页中的数据信息按列排序,将数据行信息重新存储到磁盘空间上,由于在特定时刻数据行只能按照一个特定顺序存储,所以,一张数据表只能建立一个聚集索引。非聚集索引是指具有与数据表的数据行完全独立的结构,物理数据页中的数据不用按照列值进行全排序,通常在系统中采用 B-树存储结构进行管理和维护,通常,非聚集索引可以创建多个,目的是为了对使用频率高的数据表或视图改善其查询性能。

根据索引键值的不同组成,索引可以分成三类:唯一索引、复合索引与覆盖索引。唯一索引是指索引键值不能重复的索引,聚集索引和非聚集索引也可以设置成唯一索引,其功能与设置主键约束极为相似。而创建复合索引时需要连接两个或两个以上的数据列,这需要清楚地了解数据表中数据信息的物理存储结构以及数据列与数据列之间的关系。覆盖索引是为了满足各种查询的需要,创建索引时包含需要的所有信息,是一种系统资源开销较大的全面索引。

3. 利用 T-SQL 语句创建索引的语法格式

```
CREATE [UNIQUE] [CLUSTERED|NONCLUSTERED] INDEX 索引名
ON{表名|视图名}
(列名 1[ASC|DESC][,…n])
[WITH<索引选项>]
ON<文件组>
```

其中,参数说明如下: UNIQUE 标识在数据表或视图上创建的是唯一索引;CLUSTERED 标识创建的是聚集索引;NONCLUSTERED 指明要创建的是非聚集索引;索引名是指为即将创建的索引起的名称;ON{表名|视图名}用来指定即将创建索引的数据表或视图的名称;列名用于指定对数据表中某一列或某几列建立索引;[ASC|DESC]规定索引列的排序方向,ASC 为升序(默认值),DESC 为降序。

4. 查看索引信息的 T-SQL 语句语法格式

```
sp_helpindex [@objname=]'name'
```

5. 删除索引的 T-SQL 语句语法格式

```
DROP INDEX '[表名|视图名].索引名'[,…..n]
```

6. 重命名索引的 T-SQL 语句语法格式

```
sp_rename '原始对象名称','新对象名称','对象类型'
```

7. 视图的概念

视图是从一张或多张数据表或其他已存在的视图中导出的虚拟表，视图的显示样式和行为与数据表颇为相似，其结构与数据均来源于一张或多张数据表的查询。系统只存储视图的定义，通过视图所浏览的数据信息都存放在视图所引用的基础表中，对视图实施的增、删、改等各种操作实质是对基础表中的数据信息进行的。

8. 视图的优势

(1) 突出重点信息：视图只显示用户所关心和感兴趣的特定数据信息和必须执行的特定任务。

(2) 简化复杂操作：简化用户对数据的操作，实现所见即所需的目的，将复杂查询得出的一个结果集保存成视图，通过简单的 SELECT 语句显示其内容来代替复杂查询命令的书写。

(3) 有效规划、合并与分割数据：视图可以对不同级别的用户定制不同的数据信息操作权限，视图还可以对数据信息过大或过小的数据表进行拆分与合并操作，但原始数据表结构不变。

(4) 提升系统安全性：通过视图用户只能对所看到的数据信息进行查看或修改，其余信息用户既不能浏览，也不能修改，因而应用视图被视为一种安全机制。

9. 视图的分类

(1) 标准视图：是从一张或多张数据表中导出的视图，既方便使用又保证系统的安全性。

(2) 索引视图：是经过计算并存储的具体化视图，使用该视图可以明显提高查询性能。

(3) 分区视图：是在一台或多台服务器之间横向连接数据表中分区数据的操作，可简化数据库系统应用的复杂性。

10. 利用 T-SQL 语句创建视图的语法格式

```
CREATE VIEW 视图名 [列名称]
AS
SELECT 查询语句
```

其中，相关参数说明如下：视图名，是所创建视图的名称；列名称，在视图中要显示的所有数据列的名称；SELECT 查询语句，定义视图时用到的 SELECT 语句，将 SELECT 语句执行的查询结果集作为即将生成的视图基础。

11. 利用 T-SQL 语句修改视图的语法格式

```
ALTER VIEW 视图名[(列名 1[,…n])]
```

```
AS
SELECT 查询语句
```

其中,"视图名"为即将修改的视图名称。

12. 利用 T-SQL 语句删除视图的语法格式

```
DROP VIEW {视图名}[,…n]
```

其中,"视图名"为即将删除的视图名称。

四、项目拓展训练

(1) 使用 T-SQL 语句针对 studentinfo 表创建一个名为 INDEX_SPECIALSEX 的索引,该索引是对所学专业和性别建立一个复合索引,以便提高对所学专业和对应性别的检索效率,其操作步骤如下。

① 启动 SQL Server Management Studio 之后,在"对象资源管理器"中依次展开"数据库"节点、stuscoremanage 数据库节点、"表"节点、studentinfo 数据表节点,选中 studentinfo 数据表。

② 单击工具栏上的"新建查询"按钮 ,打开 T-SQL 语句编辑器,在此输入如下 T-SQL 代码:

```
CREATE INDEX INDEX_SPECIALSEX
ON studentinfo(S_special, S_sex)
```

③ 在工具栏上单击"分析"按钮 ,对 SQL 语句进行语法检查。

④ 经检查无误后,单击工具栏上"执行"按钮 ,执行指定的 SQL 语句,完成创建 INDEX_SPECIALSEX 索引的操作。

⑤ 在"对象资源管理器"中依次打开树形目录,查看建立的索引,如图 4.14 所示。

(2) 利用可视化界面查询已经建立的索引 INDEX_SPECIALSEX 的属性信息,并将其重命名为 INDEX1_SP_SEX,然后将更名后的索引删除,其操作步骤如下。

① 启动 SQL Server Management Studio 之后,在"对象资源管理器"中依次展开"数据库"节点、stuscoremanage 数据库节点、"表"节点、studentinfo 数据表节点、"索引"选项,找到 INDEX_SPECIALSEX 索引,右击,在弹出的菜单中选择"属性"命令,如图 4.15 所示。

② 打开查看索引属性窗口,可以查看到指定索引的属性,同时也可以进行相关信息的修改,该窗口与新建索引窗口极其相似,如图 4.16 所示。

③ 索引属性查看完毕,若不做任何属性信息的修改,单击"取消"按钮即可返回到当前的可视化界面,使用同样的方法找到 INDEX_SPECIALSEX 索引,右击,在弹出的菜单中选择"重命名"命令,或在选定的索引名上单击,进入重命名的编辑状态,如图 4.17

图 4.14　创建 INDEX_SPECIALSEX 索引成功

图 4.15　选择索引"属性"命令

所示。

④ 在此处输入新的索引名称,即可完成重命名操作。

⑤ 同理找到更名后的 INDEX1_SP_SEX 索引,右击,在弹出的菜单中选择"删除"命令,如图 4.18 所示。

图 4.16 "索引属性"对话框

图 4.17 索引"重命名"命令

⑥ 打开"删除对象"对话框,如图 4.19 所示,审核要删除的对象无误后,单击"确定"按钮,即可将已经创建的索引删除。

(3) 利用 T-SQL 语句为 courseinfo 数据表建立一个名为 INDEX_ C_ID 的唯一非聚集索引。

```
CREATE UNIQUE NONCLUSTERED INDEX INDEX_C_ID
ON courseinfo(C_ID)
```

(4) 利用 T-SQL 语句为 INDEX_ C_ID 索引更名为 INDEX1_ CID,并查看重命名后索引的属性,然后将该索引删除。

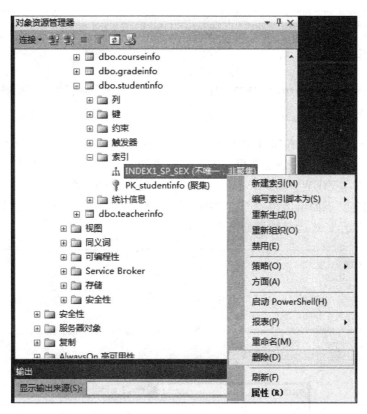

图 4.18 选择索引"删除"命令

图 4.19 "删除对象"对话框

```
sp_rename 'courseinfo.INDEX_C_ID','INDEX1_CID'
GO
sp_helpindex courseinfo
GO
drop index courseinfo. INDEX1_CID
GO
```

注：(3)与(4)仅给出实现的 T-SQL 语句，具体操作步骤参考本章相关内容。

(5) 使用 T-SQL 语句创建课程主要信息的视图，并浏览该视图内容。具体要求为：创建视图的名称：VIEW_COURSEBASE；视图中包含的列：课程编号、课程名称、课时数及考核方式等。下面给出相关创建视图的 T-SQL 语句，操作方法及流程请参照相关章节，自行上机验证，最终运行结果如图 4.20 所示。

```
CREATE  VIEW  VIEW_COURSEBASE
AS
SELECT C_ID, C_name, C_period, C_methods
FROM  courseinfo
GO
SELECT  *  FROM  VIEW_COURSEBASE
```

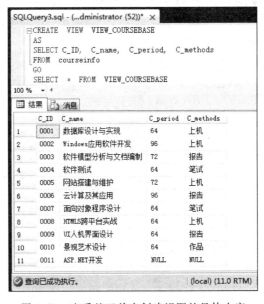

图 4.20 查看基于单表创建视图的具体内容

(6) 使用 T-SQL 语句创建学生考试成绩信息的视图，并浏览视图内容。具体要求为：创建视图的名称：VIEW_EXAMINFO；视图中包含的列：学生姓名、课程名称及考试成绩。下面给出相关创建视图的 T-SQL 语句及运行结果，如图 4.21 所示，操作方法及流程请参照相关章节，自行上机验证。

```
CREATE  VIEW  VIEW_EXAMINFO
AS
SELECT  S.S_name,  C.C_name,  G.G_score
FROM  studentinfo  S,  courseinfo  C,  gradeinfo  G
WHERE  S.S_ID=G.S_ID  AND  C.C_ID=G.C_ID
GO
SELECT  *  FROM  VIEW_EXAMINFO
```

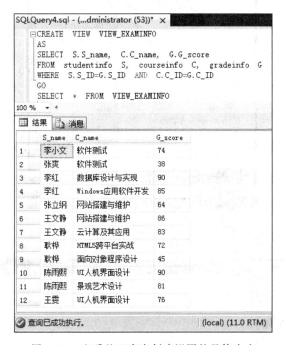

图 4.21 查看基于多表创建视图的具体内容

（7）利用可视化界面修改名为 VIEW_COURSEBASE 视图，将课时数（C_period）一列去掉，添加课程学分（C_credit）一列，具体操作如下。

① 启动 SQL Server Management Studio 之后，在"对象资源管理器"中依次展开"数据库"节点、stuscoremanage 数据库节点、"视图"节点，找到要修改的 VIEW_COURSEBASE 视图，右击，在弹出的菜单中选择"设计"命令，如图 4.22 所示。

② 运行"设计"命令，打开视图修改界面，该界面与视图创建界面颇为相似，在数据表关系窗口中，找到 courseinfo 表，将 C_period 字段前的"√"去掉；在 C_credit 字段前打上"√"，如图 4.23 所示。

③ 选择"查询设计器"菜单中的"执行 SQL"命令，可以在视图结果窗口中查看到视图的输出结果，如图 4.24 所示。

④ 在"视图"选项卡上右击，选择"保存"命令，即可覆盖掉以前的视图，完成视图的修改操作。

图 4.22 修改所创建视图的命令

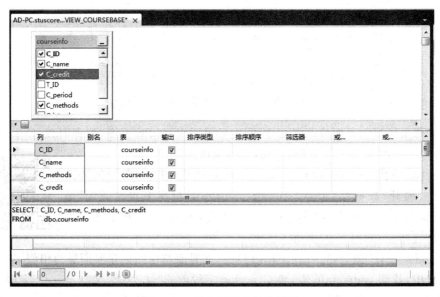

图 4.23 修改视图中的数据列

（8）使用 T-SQL 语句修改学生考试成绩信息的视图，并浏览视图内容：修改要求规定为：该视图修改后按照顺序显示具体字段内容：学生姓名、课程名称、课程考核方式、考试成绩及任课教师姓名等，修改视图的 T-SQL 语句如下，运行结果如图 4.25 所示。

```
ALTER  VIEW  VIEW_EXAMINFO
AS
SELECT S.S_name, C.C_name, C.C_methods, G.G_score, T.T_name
FROM  studentinfo  S,  courseinfo  C,  gradeinfo  G,teacherinfo T
WHERE  S.S_ID=G.S_ID  AND C.C_ID=G.C_ID  AND C.T_ID=T.T_ID
GO
SELECT  *  FROM  VIEW_EXAMINFO
```

C_ID	C_name	C_methods	C_credit
0001	数据库设计与实现	上机	3.0
0002	Windows应用软件开发	上机	3.5
0003	软件模型分析与文档编制	报告	2.5
0004	软件测试	笔试	2.5
0005	网站搭建与维护	上机	3.0
0006	云计算及其应用	报告	3.5
0007	面向对象程序设计	笔试	2.5
0008	HTML5跨平台实战	上机	3.0
0009	UI人机界面设计	报告	2.5
0010	景观艺术设计	作品	3.0
0011	ASP.NET开发	NULL	4.0
* NULL	NULL	NULL	NULL

图 4.24 修改之后视图的输出结果

	S_name	C_name	C_methods	G_score	T_name
1	李小文	软件测试	笔试	74	韩佳敏
2	张爽	软件测试	笔试	38	韩佳敏
3	李红	数据库设计与实现	上机	90	张国英
4	李红	Windows应用软件开发	上机	85	李瑞华
5	张立纲	网站搭建与维护	上机	64	张秀铃
6	王文静	网站搭建与维护	上机	86	张秀铃
7	王文静	云计算及其应用	报告	83	吴文
8	耿桦	HTML5跨平台实战	上机	72	卢小文
9	耿桦	面向对象程序设计	笔试	45	卢小文
10	陈雨熙	UI人机界面设计	报告	90	于静
11	陈雨熙	景观艺术设计	作品	81	于静
12	王雯	UI人机界面设计	报告	76	于静

查询已成功执行。 (local) (11.0 RTM)

图 4.25 查看修改后视图的内容

（9）利用 T-SQL 语句查看名为 VIEW_EXAMINFO 的视图属性内容，并删除该视图。

```
sp_help VIEW_EXAMINFO
go
DROP VIEW VIEW_EXAMINFO
go
```

（10）使用 T-SQL 语句实现通过对视图的更新完成对基本数据信息表内容的修改，利用已经存在的视图 VIEW_COURSEBASE，修改 courseinfo 表中课程编号是 0009 的"UI 人机界面设计"课程的考核方式，由"报告"改为"作品"，并且通过显示 courseinfo 表的信息加以验证，具体实现的 T-SQL 语句如下，修改后课程信息表的显示内容如图 4.26 所示。

```
USE stuscoremanage
UPDATE VIEW_COURSEBASE  SET  C_methods='作品'
WHERE C_ID='0009'
go
SELECT *   FROM  courseinfo  WHERE   C_ID='0009'
```

	C_ID	C_name	C_credit	T_ID	C_period	C_methods	C_introduce
1	0009	UI人机界面设计	2.5	0016	64	作品	本课程主要讲述UI人机界面设计的操作与技巧，并进行实践设计

图 4.26　修改后课程编号是 0009 的课程内容

（11）使用 T-SQL 语句实现通过视图删除指定的数据表信息，利用已经存在的视图 VIEW_COURSEBASE，将课程编号为 0011 的课程信息删除，具体实现的 T-SQL 语句如下：

```
USE stuscoremanage
DELETE FROM VIEW_COURSEBASE
WHERE C_ID='0011'
```

注：(8)～(11)仅给出实现的 T-SQL 语句，具体操作步骤参考本章相关内容。

（12）利用可视化界面查询已经创建的视图 VIEW_COURSESTUDENTINFO 的属性信息，并将其重命名为 VIEW_C_SINFO，然后将更名后的视图删除，其操作步骤如下。

① 启动 SQL Server Management Studio 之后，在"对象资源管理器"中依次展开"数据库"节点、stuscoremanage 数据库节点、"视图"节点，找到 VIEW_COURSESTUDENTINFO 视图，右击，在弹出的菜单中选择"属性"命令，如图 4.27 所示。

② 打开查看视图属性窗口，可以查看到指定视图的属性，通常包括常规、权限和扩展属性等信息，如图 4.28 所示。

③ 视图属性查看完毕，单击"确定"按钮即可返回当前的可视化界面，使用同样的方法找到 VIEW_COURSESTUDENTINFO 视图，右击，在弹出的菜单中选择"重命名"命令，或在选定的视图名上单击，进入重命名的编辑状态，如图 4.29 所示。

④ 在此处输入新的视图名称，即可完成重命名操作。

⑤ 同理找到更名后的 VIEW_C_SINFO 视图，右击，在弹出的菜单中选择"删除"命令，如图 4.30 所示。

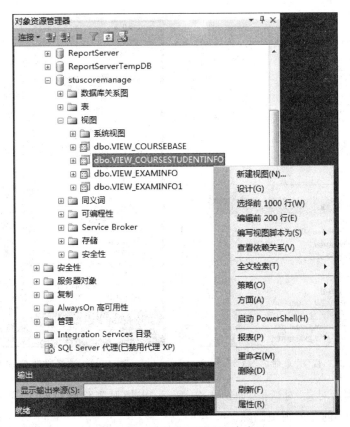

图 4.27　选择视图"属性"命令

图 4.28　查看视图属性窗口

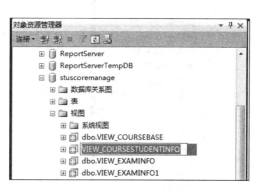

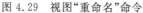

图 4.29 视图"重命名"命令　　　　　　　　图 4.30 选择视图"删除"命令

⑥ 打开"删除对象"对话框,如图 4.31 所示,审核要删除的对象无误后,单击"确定"按钮,即可将已经创建的视图删除。

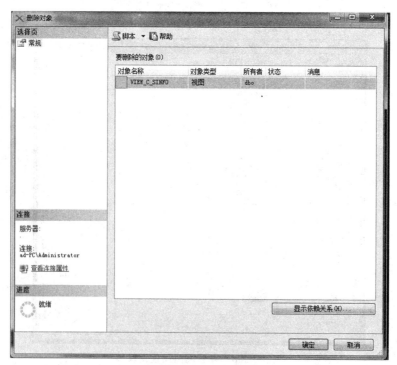

图 4.31 "删除对象"对话框

五、项目总结

在本项目中学习了索引和视图的基本概念、分类及具备的优点；在数据库设计中使用索引提高检索效率，使用视图简化操作、增强系统信息安全性的理念；通过 SSMS 可视化界面与利用 T-SQL 语句建立、查看、重命名、更新、修改及删除索引与视图的操作。

项目五　规划与使用存储过程和触发器

学习目标:

通过本项目的理论学习与实践训练使读者了解存储过程与触发器的含义;理解存储过程和触发器的作用;掌握根据需要创建、修改、删除存储过程(带输入、输出参数);能够熟练创建、修改、删除触发器;在实际应用开发时能够灵活运用触发器完成业务规则以达到简化系统整体设计的目的。

一、项目需求分析

在学生成绩管理系统的实际应用中,常需要重复执行一些数据操作。使用存储过程,可以将 Transact-SQL 语句和控制流语句预编译到集合并保存到服务器端,它使得管理数据库、显示关于数据库及其用户信息的工作更为容易。而触发器是一种特殊类型的存储过程,在用户使用一种或多种数据修改操作来修改指定表中的数据时被触发并自动执行,通常用于实现复杂的业务规则,更有效地实施数据完整性。

为了方便用户,也为了提高执行效率,SQL Server 2014 中的存储过程、触发器可以用来满足这些应用需求。它们是 SQL Server 程序设计的灵魂,掌握和使用好它们对数据库的开发与应用非常重要。本项目主要介绍存储过程和触发器的使用。

二、项目操作步骤

1. 建立简单的存储过程

创建一个存储过程 stu_inf,从学生信息表中查询软件技术专业所有女生的学生信息。

(1) 启动 SQL Server Management Studio 之后,在标准工具栏上选择"新建查询"按钮 ,如图 5.1 所示。

(2) 打开"新建查询"对话框,在窗口的编辑区输入创建简单存储过程的语句如图 5.2 所示。具体 T-SQL 语句代码如下:

```
use stuscoremanage
go
CREATE PROCEDURE str_inf
AS
SELECT * FROM studentinfo WHERE S_special='软件技术'and S_sex='女'
GO
```

图 5.1 打开"新建查询"窗口

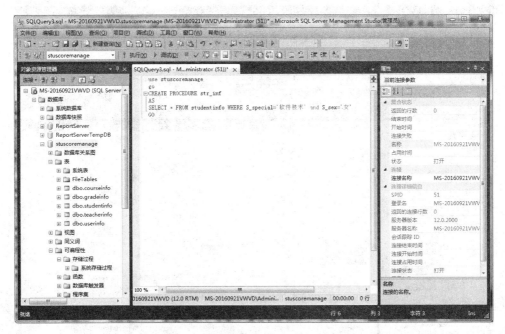

图 5.2 在新建查询窗口输入语句

（3）在工具栏上单击"分析"按钮 ，检查 SQL 语句的语法，若在消息框中显示"命令已成功完成"，则说明输入的信息语法正确。

（4）单击"执行"按钮 执行(X)，查看执行结果，如图 5.3 所示。

（5）在对象资源管理器中依次展开"数据库"节点、stuscoremanage 数据库节点、可编程性节点、存储过程节点，在存储过程节点下有一个名为 stu_inf 的存储过程，说明已经成功地创建了一个存储过程，如图 5.4 所示。

图 5.3　查看执行结果(一)

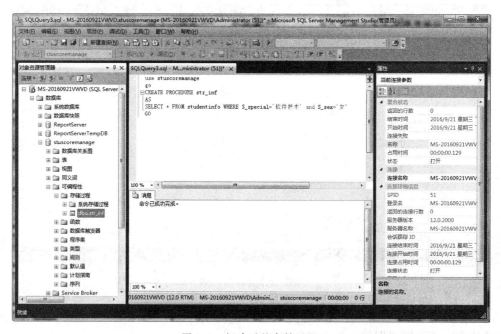

图 5.4　新建后的存储过程

2. 执行存储过程

（1）启动 SQL Server Management Studio 之后，在标准工具栏上选择"新建查询"按钮 ，如图 5.5 所示。

（2）打开"新建查询"对话框，在窗口的编辑区输入执行简单存储过程的语句，如图 5.6 所示。具体 T-SQL 语句代码如下：

```
use stuscoremanage
exec str_inf
```

图 5.5　打开"新建查询"窗口

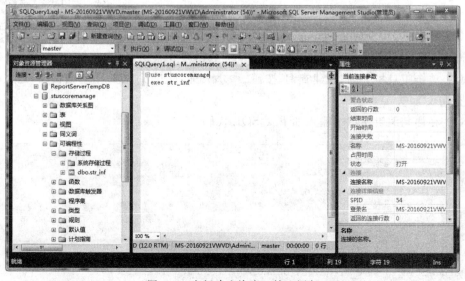

图 5.6　在新建查询窗口输入语句

（3）在工具栏上单击"分析"按钮 ✓ ，检查 SQL 语句的语法，若在消息框中显示"命令已成功完成"，则说明输入的信息语法正确。

（4）单击"执行"按钮 ❗执行(X)，查看执行结果，显示软件技术专业所有女生的学生信息，如图 5.7 所示。

图 5.7　查看执行结果（二）

3. 设计并应用触发器

创建 INSERT 触发器 chenc_trig：在数据库 stuscoremanage 中创建一个触发器，当向 gradeinfo 成绩信息表插入一记录时，检查该记录的学生 ID 号在 studentinfo 学生信息表是否存在，检查课程 ID 号在 courseinfo 课程信息表中是否存在，若有一项不存在，则不允许插入。

（1）启动 SQL Server Management Studio 之后，在"对象资源管理器"中依次展开"数据库"节点、stuscoremanage 数据库节点。

（2）单击工具栏上的"新建查询"按钮 🗋新建查询(N)，打开 T-SQL 语句编辑器，建立一个新的查询。

（3）在语句编辑窗口中输入如下 T-SQL 代码：

```
USE stuscoremanage
GO
CREATE TRIGGER chenc_trig
ON gradeinfo
    FOR INSERT
    AS
    IF EXISTS (SELECT * FROM inserted WHERE S_ID NOT IN (SELECT S_ID FROM
studentinfo) OR C_ID NOT IN(SELECT C_ID FROM courseinfo))
```

```
      BEGIN
            RAISERROR('违背数据的一致性.',16,1)
            ROLLBACK TRANSACTION
      END
GO
```

（4）在工具栏上单击"分析"按钮 ✓ ，检查 SQL 语句的语法，若在消息框中显示"命令已成功完成"，则说明输入的信息语法正确。

（5）经检查无误后，单击工具栏上的"执行"按钮 **执行(X)**，执行指定的 SQL 语句，该命令执行完毕，消息框中显示"命令已成功完成"，说明该触发器已成功建立。

（6）在对象资源管理器中依次展开"数据库"节点、stuscoremanage 数据库节点、"表"节点、gradeinfo 数据表节点，找到"触发器"项，在"触发器"节点下有一个名为 chenc_trig 的触发器，说明已经成功地创建了一个触发器，如图 5.8 所示。

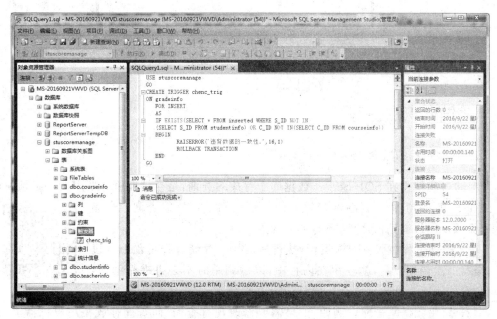

图 5.8　新建后的触发器

（7）在新建查询窗口中输入如下 T-SQL 语句，在 gradeinfo 数据表中插入数据，以便验证触发器能否被自动执行，运行结果如图 5.9 所示。

```
INSERT gradeinfo VALUES('201409010100005','0020',85,'2016-1-10')
GO
```

由于在 studentinfo 学生信息表中不存在学生 ID 为 201409010100005 的学生或者在 courseinfo 课程信息表中不存在课程 ID 为 0020 的课程，所以显示错误提示信息。

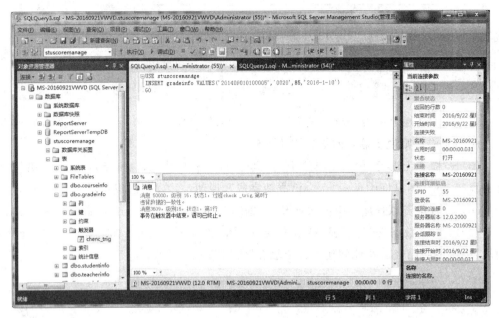

图 5.9　触发器激活提示

三、关键知识点讲解

1. 存储过程的概念

存储过程就是在 SQL Server 数据库中存放的查询,是存储在服务器中的一组预编译过的 T-SQL 语句,而不是在客户机上的前端代码中存放的查询。存储过程除减少网络通信流之外,还有如下优点。

(1) 存储过程在服务器端运行,执行速度快。存储过程是预编译过的,当第一次调用以后,就驻留在内存中,以后调用时不必再进行编译,因此,它的运行速度比独立运行同样的程序要快。

(2) 简化数据库管理。例如,如果需要修改现有查询,而查询存放在用户机器上,则要在所有的用户机器上进行修改。如果在服务器中集中存放查询并作为存储过程,只需在服务器上改变一次即可。

(3) 提供安全机制,增强数据库安全性。通过授予对存储过程的执行权限而不是授予数据库对象的访问权限,可以限制对数据库对象的访问,在保证用户通过存储过程操纵数据库中数据的同时,可以保证用户不能直接访问存储过程中涉及的表及其他数据库对象,从而保证了数据库数据的安全性。另外,由于存储过程的调用过程隐藏了访问数据库的细节,也提高了数据库中的数据安全性。

(4) 减少网络流量。如果直接使用 T-SQL 语句完成一个模块的功能,那么每次执行程序时都需要通过网络传输全部 T-SQL。若将其组织成存储过程,这样用户仅仅发送一个单独的语句就实现了一个复杂的操作,需要通过网络传输的数据量将大大减少。

2. 存储过程的分类

在 SQL Server 中存储过程主要分为两类：系统存储过程和用户自定义存储过程。其中,系统存储过程主要存储在 master 数据库中并以 sp_为前缀,在任何数据库中都可以调用,在调用时不必在存储过程前加上数据库名。然而,用户自定义存储过程由用户自己根据需要而创建,是用来完成某项特定任务的存储过程。

3. 利用 T-SQL 语句创建存储过程的语法格式

简单的存储过程类似于给一组 SQL 语句起个名字,然后就可以在需要时反复调用;复杂一些的则需要输入和输出参数。创建存储过程前,应注意下列几个事项。

(1) 存储过程只能定义在当前数据库中。

(2) 存储过程的名称必须遵循标识符的命名规则。

(3) 不要创建任何使用 sp_作为前缀的存储过程。

语法格式：

```
CREATE PROC[EDURE] procedure_name
[@parameter  data_type [=default][OUTPUT]][,…]
AS sql_statement
```

说明：

(1) procedure_name：存储过程的名称,在当前数据库结构中必须唯一。

(2) @parameter：存储过程的形参名,必须以@开头,参数名必须符合标识符的规则,data_type 用于说明形参的数据类型。

(3) default：存储过程输入参数的默认值。如果定义了 default 值,则无须指定此参数值,即可执行存储过程。默认值必须是常量或 NULL。如果存储过程使用带 LIKE 关键字的参数,则可包含通配符：%、_、[]和[^]。

(4) OUTPUT：指定输出参数。此选项的值可以返回给调用 EXECUTE 的语句。

(5) sql_statement：要包含在存储过程中的任意数量的 T-SQL 语句。

4. 执行存储过程

存储过程创建成功后,保存在数据库中。在 SQL Server 中可以使用 EXECUTE 命令来直接执行存储过程。

语法格式：

```
[EXEC[UTE]] procedure_name  [value|@variable OUTPUT][,…]
```

说明：

(1) EXECUTE：执行存储过程的命令关键字,如果此语句是批处理的第一条语句,可以省略此关键字。

(2) procedure_name：指定存储过程的名称。

(3) value 为输入参数提供实值,@variable 为一个已定义的变量,OUTPUT 紧跟在变量后,说明该变量用于保存输出参数返回的值。

（4）当有多个参数时,彼此用逗号分隔。

5. 修改存储过程

存储过程的修改是由 ALTER 语句来完成的。

语法格式：

```
ALTER PROC[EDURE] procedure_name
[@parameter  data_type [=default][OUTPUT]][,…]
AS sql_statement
```

6. 删除存储过程

当不再使用某个存储过程时,就需要把它从数据库中删除。删除存储过程可以使用 T-SQL 中的 DROP 命令,DROP 命令可以将一个或多个存储过程从当前数据库中删除。

语法格式：

```
DROP PROC[EDURE] procedure_name [,…]
```

7. 触发器的概念

触发器是一类特殊的存储过程,它作为一个对象存储在数据库中。触发器为数据库管理人员和程序开发人员提供了一种保证数据完整性的方法。触发器是定义在特定的表或视图上的。当有操作影响到触发器保护的数据时,例如,数据表发生了 INSERT、UPDATE 或 DELETE 操作时,如果该表有对应的触发器,这个触发器就会自动激活执行。

8. 触发器的功能

SQL Server 2014 提供了两种方法来保证数据的有效性和完整性：约束和触发器。触发器是针对数据库和数据表的特殊存储过程,它在指定的表中的数据发生改变时自动生效,并可以包含复杂的 T-SQL 语句,用于处理各种复杂的操作。SQL Server 将触发器和触发它的语句作为可在触发器内回滚的单个事务对待,如果检测到严重错误,则整个事务即自动回滚,恢复到原来的状态。

9. 触发器的类型

在 SQL Server 2014 中,根据激活触发器执行的 T-SQL 语句类型,可以把触发器分为两类：一类是 DML 触发器,另一类是 DDL 触发器。

1）DML 触发器

DML 触发器是当数据库服务器中发生数据操作语言 DML 事件时执行的特殊存储过程,如 INSERT、UPDATE 或 DELETE 等。DML 触发器根据其引发的时机不同又可以分为 AFTER 触发器和 INSTEAD OF 触发器两种类型。

（1）AFTER 触发器。在执行了 INSERT、UPDATE 或 DELETE 语句操作之后执行 AFTER 触发器。它主要用于记录变更后的处理或检查，一旦发现错误，也可以使用 ROLLBACK TRANSACTION 语句来回滚本次的操作。

（2）INSTEAD OF 触发器。这类触发器一般是用来取代原本要进行的操作，是在记录变更之前发生的，它并不去执行原来的 SQL 语句里的操作，而是去执行触发器本身所定义的操作。

2）DDL 触发器

DDL 触发器是当数据库服务器中发生数据定义语言 DDL 事件时执行的特殊存储过程，如 CREATE、ALTER 等。DDL 触发器一般用于执行数据库中的管理任务，如审核和规范数据库操作，防止数据库表结构被修改等。

10. inserted 表和 deleted 表

每个触发器有两个特殊的表：inserted 表和 deleted 表。这两个表建在数据库服务器的内存中，是由系统管理的逻辑表，而不是真正存储在数据库中的物理表。对于这两个表，用户只有读取的权限，没有修改的权限。

这两个表的结构与触发器所在数据表的结构是完全一致的，当触发器的工作完成之后，这两个表也将从内存中删除。

（1）inserted 表里存放的是更新前的记录：对于插入记录操作来说，inserted 表里存储的是要插入的数据；对于更新记录操作来说，inserted 表里存放的是要更新的记录。

（2）deleted 表里存放的是更新后的记录：对于更新记录操作来说，deleted 表里存放的是更新前的记录；对于删除记录操作来说，deleted 表里存放的是被删除的旧记录。

由此可见，在进行 INSERT 操作时，只影响 inserted 表；进行删除操作时，只影响 deleted 表；进行 UPDATE 操作时，既影响 inserted 表也影响 deleted 表。

11. 利用 T-SQL 语句创建触发器的语法格式

```
CREATE TRIGGER trigger_name
ON  { table | view }
{[FOR|AFTER]|INSTEAD OF}
{[INSERT ][,][UPDATE][,][DELETE]}
[WITH ENCRYPTION]
AS
[IF UPDATE(cotumn_name)[{AND|OR} UPDATE(cotumn_name)][…n]]
SQL_statement
```

说明：

（1）trigger_name：触发器的名称。每个 trigger_name 必须遵循标识符规则，但 trigger_name 不能以 ♯ 或 ♯♯ 开头，不与其他数据库对象同名。

（2）table|view：触发器表（或触发器视图）的名称，指出触发器何处触发。

（3）FOR|AFTER|INSTEAD OF：FOR 与 AFTER 均指定为 AFTER 触发器，INSTEAD OF 指定为 INSTEAD OF 触发器。该项指出了何时触发。

（4）INSERT 指定了为 INSERT 触发器，UPDATE 指定为 UPDATE 触发器，DELETE 指定为 DELETE 触发器。该项指出了何种操作触发。可以为多种操作（如INSERT 和 UPDATE）定义相同的触发器操作。

（5）WITH ENCRYPTION：对 CREATE TRIGGER 语句的文本进行加密。使用WITH ENCRYPTION 可以防止将触发器作为 SQL Server 复制的一部分进行发布。

（6）AS 引导触发器的主体，SQL_statement 为一条或多条 SQL 语句，指出触发器完成的功能。当触发器为 INSERT 或 UPDATE 时，还可以通过 IF UPDATE（列名 1）[{AND|OR} UPDATE（列名 2）]进一步确定由哪些列的数据修改时触发。

注意：创建触发器有下列限制。

（1）CREATE TRIGGER 必须是批处理中的第一条语句，并且只能应用于一个表（视图）。

（2）触发器只能在当前的数据库中创建，但触发器可以引用当前数据库的外部对象。

（3）不能在视图上定义 AFTER 触发器。在表或视图上，每个 INSERT、UPDATE 或 DELETE 语句最多可以定义一个 INSTEAD OF 触发器。

（4）创建 DML 触发器的权限默认分配给表的所有者，且不能将该权限转给其他用户。

（5）在触发器内可以指定任意的 SET 语句。选择的 SET 选项在触发器执行期间保持有效，然后恢复为原来的设置。

12. 利用 T-SQL 语句修改触发器的语法格式

```
ALTER   TRIGGER trigger_name
ON   { table | view }
{[FOR|AFTER]|INSTEAD OF}
{[INSERT ][,][UPDATE][,][DELETE]}
[WITH ENCRYPTION]
AS
[IF UPDATE(cotumn_name)[{AND|OR} UPDATE(cotumn_name)][…n]]
SQL_statement
```

其中，trigger_name：为要修改的已存在于数据库中的一个触发器的名称。

13. 利用 T-SQL 语句删除触发器的语法格式

```
DROP TRIGGER trigger_name[,…]
```

说明：trigger_name 为需要删除的触发器名称，当一次删除多个触发器时，各个触发器名称之间用逗号隔开。

四、项目拓展训练

（1）使用 T-SQL 语句创建存储过程 studentinfo_xm，从 studentinfo 表中查询所有姓"张"的学生的姓名、性别和专业。其操作步骤如下。

① 启动 SQL Server Management Studio 之后，在"对象资源管理器"中依次展开 stuscoremanage 数据库节点、"可编程性"节点、"存储过程"节点。

② 单击工具栏上的"新建查询"按钮 新建查询(N)，打开 T-SQL 语句编辑器，在此输入如下 T-SQL 代码：

```
CREATE PROCEDURE studentinfo_xm
AS
SELECT S_ID,S_sex,S_special
FROM studentinfo
WHERE S_name LIKE '张%'
GO
```

③ 在工具栏上单击"分析"按钮 ，对 SQL 语句进行语法检查。

④ 经检查无误后，单击工具栏上的"执行"按钮 执行(X)，执行指定的 SQL 语句，完成创建存储过程 studentinfo_xm 的操作。

⑤ 在"对象资源管理器"中依次打开树形目录，查看建立的存储过程，如图 5.10 所示。

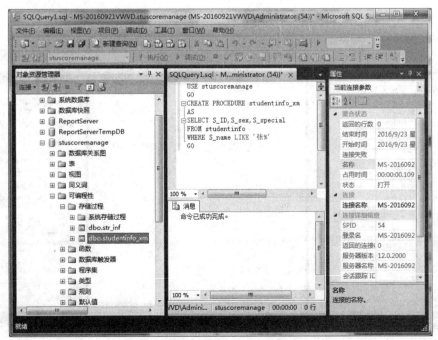

图 5.10　创建存储过程 studentinfo_xm 成功

（2）使用 T-SQL 语句创建并执行带有输入参数的存储过程 p_CourseName，能根据用户给定的课程名称显示所有学习这门课程的学生姓名及所在专业。其操作步骤如下。

① 启动 SQL Server Management Studio 之后，在"对象资源管理器"中依次展开 stuscoremanage 数据库节点、"可编程性"节点、"存储过程"节点。

② 单击工具栏上的"新建查询"按钮 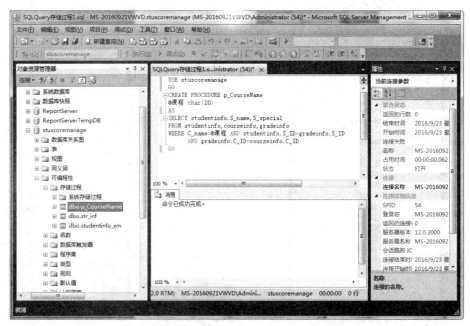 新建查询(N)，打开 T-SQL 语句编辑器，在此输入如下 T-SQL 代码：

```
CREATE PROCEDURE p_CourseName
@课程 char(20)
AS
SELECT studentinfo.S_name,S_special
FROM studentinfo,courseinfo,gradeinfo
WHERE C_name=@课程 AND studentinfo.S_ID=gradeinfo.S_ID
    AND gradeinfo.C_ID=courseinfo.C_ID
GO
```

③ 在工具栏上单击"分析"按钮 ✓，对 SQL 语句进行语法检查。

④ 经检查无误后，单击工具栏上的"执行"按钮 ! 执行(X)，执行指定的 SQL 语句，完成创建存储过程 p_CourseName 的操作。

⑤ 在"对象资源管理器"中依次打开树形目录，查看建立的存储过程，如图 5.11所示。

图 5.11　创建存储过程 p_CourseName 成功

⑥ 执行存储过程,单击工具栏上的"新建查询"按钮 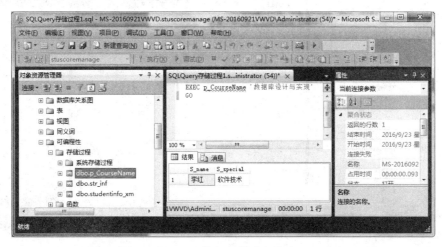新建查询(N),打开 T-SQL 语句编辑器,在此输入如下 T-SQL 代码:

```
EXEC p_CourseName '数据库设计与实现'
GO
```

⑦ 在工具栏上单击"分析"按钮 ✓ ,对 SQL 语句进行语法检查。

⑧ 经检查无误后,单击工具栏上的"执行"按钮 ！ 执行(X),执行指定的 SQL 语句,完成执行存储过程 p_CourseName 的操作,执行结果如图 5.12 所示。

图 5.12　执行存储过程成功

(3) 使用 T-SQL 语句创建并执行带有输入输出参数的存储过程 p_CourseNum,能根据用户给定的课程名称统计学习这门课程的人数。

① 启动 SQL Server Management Studio 之后,在"对象资源管理器"中依次展开 stuscoremanage 数据库节点、"可编程性"节点、"存储过程"节点。

② 单击工具栏上的"新建查询"按钮 新建查询(N),打开 T-SQL 语句编辑器,在此输入如下 T-SQL 代码:

```
CREATE PROCEDURE p_CourseNum
@课程 char(20),@kccou int   output
AS
SELECT @kccou=COUNT(studentinfo.S_name)
FROM studentinfo,courseinfo,gradeinfo
WHERE C_name=@课程 AND studentinfo.S_ID=gradeinfo.S_ID
AND courseinfo.C_ID=gradeinfo.C_ID
GROUP BY gradeinfo.C_ID
GO
```

③ 在工具栏上单击"分析"按钮 ✓，对 SQL 语句进行语法检查。

④ 经检查无误后，单击工具栏上的"执行"按钮 ❗ 执行(X)，执行指定的 SQL 语句，完成创建存储过程 p_CourseNum 的操作。

⑤ 在"对象资源管理器"中依次打开树形目录，查看建立的存储过程，如图 5.13 所示。

图 5.13　创建存储过程 p_CourseNum 成功

⑥ 执行存储过程，单击工具栏上的"新建查询"按钮 ⬛ 新建查询(N)，打开 T-SQL 语句编辑器，在此输入如下 T-SQL 代码：

```
DECLARE @kccou int
EXEC p_CourseNum '数据库设计与实现',@kccou OUTPUT
SELECT @kccou AS '学习课程人数'
GO
```

⑦ 在工具栏上单击"分析"按钮 ✓，对 SQL 语句进行语法检查。

⑧ 经检查无误后，单击工具栏上的"执行"按钮 ❗ 执行(X)，执行指定的 SQL 语句，完成执行存储过程 p_CourseNum 的操作，执行结果如图 5.14 所示。

（4）利用 T-SQL 语句定义一个触发器 studentinfo_update，一旦对 studentinfo 表进行任何更新操作，这个触发器都将显示一个语句"Stop update xsda，now!"，并取消所做修改。

① 启动 SQL Server Management Studio 之后，在"对象资源管理器"中依次展开 stuscoremanage 数据库节点、"表"节点、studentinfo 数据表节点、"触发器"选项。

图 5.14 创建存储过程成功

② 单击工具栏上的"新建查询"按钮 新建查询(N)，打开 T-SQL 语句编辑器，在此输入如下 T-SQL 代码：

```
CREATE TRIGGER studentinfo_update
ON studentinfo
INSTEAD OF UPDATE
AS
    PRINT 'Stop update studentinfo,now!'
GO
```

③ 在工具栏上单击"分析"按钮 ✓，对 SQL 语句进行语法检查。

④ 经检查无误后，单击工具栏上的"执行"按钮 执行(X)，执行指定的 SQL 语句，完成创建触发器 studentinfo_update 的操作。

⑤ 在"对象资源管理器"中依次打开树形目录，查看建立的触发器，如图 5.15 所示。

⑥ 执行存储过程，当对 studentinfo 表进行更新操作时，触发器自动执行。

（5）利用 T-SQL 语句在数据库中创建一个触发器 courseinfo_delete，当从 courseinfo 表中删除一条记录时，检查该记录的课程编码在 gradeinfo 表中是否存在，若该记录的课程编码在 gradeinfo 表中存在，则不允许删除操作，并提示"错误代码 2，违背数据的一致性，不允许删除！"。

① 启动 SQL Server Management Studio 之后，在"对象资源管理器"中依次展开 stuscoremanage 数据库节点、"表"节点、courseinfo 数据表节点、"触发器"选项。

图 5.15　创建触发器成功

② 单击工具栏上的"新建查询"按钮 新建查询(N)，打开 T-SQL 语句编辑器，在此输入如下 T-SQL 代码：

```
CREATE TRIGGER courseinfo_delete
ON courseinfo
FOR DELETE
AS
    IF EXISTS(SELECT * FROM deleted
    WHERE C_ID IN (SELECT C_ID FROM gradeinfo))
    BEGIN
        RAISERROR('错误代码 2,违背数据的一致性,不允许删除!',16,1)
        ROLLBACK TRANSACTION
    END
GO
```

③ 在工具栏上单击"分析"按钮 ✓ ，对 SQL 语句进行语法检查。

④ 经检查无误后，单击工具栏上的"执行"按钮 执行 (X) ，执行指定的 SQL 语句，完成创建触发器 studentinfo_update 的操作。

⑤ 在"对象资源管理器"中依次打开树形目录，查看建立的触发器，如图 5.16 所示。

⑥ 执行存储过程，当对 courseinfo 表进行删除操作时，触发器自动执行。

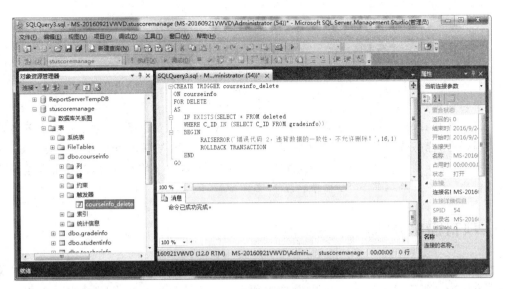

图 5.16　创建触发器成功

五、项目总结

本项目主要介绍了存储过程和触发器的使用。存储过程是存储在服务器上的一组预编译的 SQL 语句的集合,而触发器可以看成是特殊的存储过程。触发器在数据库开发过程中,在对数据库的维护和管理等任务中,特别是在维护数据完整性等方面具有不可替代的作用。应当熟练地掌握有关存储过程的创建、执行、修改与删除等操作;以及触发器的创建、修改与删除等操作。

项目六　体验 SQL 深度编程

学习目标：

通过本项目的理论学习与实践训练使读者能够理解、掌握 T-SQL 的表达式和基本流程控制语句，能够使用各种常用的系统内置函数，能够定义与调用用户自定义的函数，了解游标、事务和锁的创建与使用方法，本项目是学习 SQL 语言的基础，只有理解和掌握它们的用法，才能正确编写 SQL 程序和深入理解 SQL 语言。

一、项目需求分析

SQL(Structure Query Language)语言是用于数据库查询的结构化语言。1982 年美国国家标准化组织 ANSI 确认 SQL 为数据库系统的工业标准。目前，许多关系型数据库管理系统都支持 SQL 语言，如 Access、Orcal、Sybase、DB2 等。

T-SQL(Transact-SQL)在支持标准 SQL 的同时，还对其进行了扩充，引入了变量定义、流程控制和自定义存储过程等语句，极大地扩展了 SQL Server 2014 的功能。

使用数据库的客户或应用程序都是通过 T-SQL 语言来操作数据库的，本项目主要介绍如何利用 T-SQL 程序设计完成学生成绩管理系统的相关操作。

二、项目操作步骤

1. 设计与应用自定义函数

创建一个自定义函数 average(@num char(20))，利用该函数计算某门课程的平均分，并试用这个函数计算出 0004 号课程平均分。

（1）启动 SQL Server Management Studio 之后，在标准工具栏上选择"新建查询"按钮 ，打开"新建查询"对话框，在窗口的编辑区输入创建自定义函数的语句。

（2）在语句编辑窗口中输入如下 T-SQL 代码：

```
CREATE FUNCTION average(@num char(20)) RETURNS int
AS
BEGIN
        DECLARE @aver int
        SELECT @aver=( SELECT avg(G_score) FROM gradeinfo
        WHERE   C_ID=@num)
RETURN @aver
END
GO
```

（3）在工具栏上单击"分析"按钮 ✓ ，检查 SQL 语句的语法，若在消息框中显示"命令已成功完成"，则说明输入的信息语法正确。

（4）经检查无误后，单击工具栏上的"执行"按钮 ❗执行(X)，执行指定的 SQL 语句，该命令执行完毕，消息框中显示"命令已成功完成。"，说明该自定义函数已成功建立。

（5）在对象资源管理器中依次展开"数据库"节点、stuscoremanage 数据库节点、"可编程性"节点、"函数"节点，在"标量值函数"节点下有一个名为 average 的自定义函数，说明已经成功地创建了一个自定义函数，如图 6.1 所示。

图 6.1　成功创建自定义函数

（6）在新建查询窗口中输入如下 T-SQL 语句，调用自定义函数 average，计算出 0004号课程平均分，运行结果如图 6.2 所示。

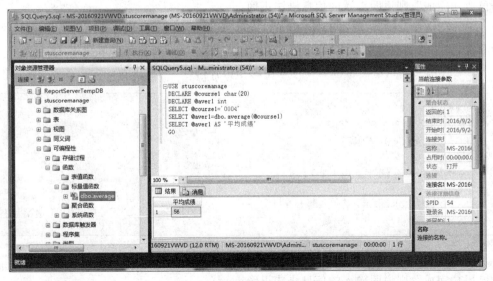

图 6.2　成功调用自定义函数

```
USE stuscoremanage
DECLARE @course1 char(20)
DECLARE @aver1 int
SELECT @course1='0004'
SELECT @aver1=dbo.average(@course1)
SELECT @aver1 AS '平均成绩'
GO
```

2. 设定与应用游标

声明一个名为 STU_CUR1 的动态游标,可前后滚动,使用该游标实现对课程学分列进行修改。

(1)启动 SQL Server Management Studio 之后,在标准工具栏上单击"新建查询"按钮 ⬜ 新建查询(N),打开"新建查询"对话框,在窗口的编辑区输入创建游标的语句。

(2)在语句编辑窗口中输入如下声明游标的 T-SQL 代码:

```
DECLARE STU_CUR1 CURSOR
    DYNAMIC
    FOR
    SELECT C_name,C_period,C_credit
        FROM courseinfo
        WHERE T_ID='0013'
    FOR UPDATE OF C_credit
GO
```

(3)在工具栏上单击"分析"按钮 ✓,检查 SQL 语句的语法,若在消息框中显示"命令已成功完成",则说明输入的信息语法正确。

(4)经检查无误后,单击工具栏上的"执行"按钮 ❗ 执行(X),执行指定的 SQL 语句,该命令执行完毕,消息框中显示"命令已成功完成",说明该动态游标已成功建立。

(5)在语句编辑窗口中继续输入如下应用游标的 T-SQL 代码:

```
OPEN STU_CUR1
FETCH NEXT FROM STU_CUR1
WHILE @@FETCH_STATUS =0
BEGIN
    FETCH NEXT FROM STU_CUR1
END
CLOSE STU_CUR1
GO
```

(6)在工具栏上单击"分析"按钮 ✓,检查 SQL 语句的语法,若在消息框中显示"命令已成功完成",则说明输入的信息语法正确。

（7）经检查无误后，单击工具栏上的"执行"按钮 ! 执行(X)，执行指定的 SQL 语句，该命令执行完毕，消息框中显示"命令已成功完成"，说明该动态游标已成功应用，结果框中显示运行结果如图 6.3 所示。

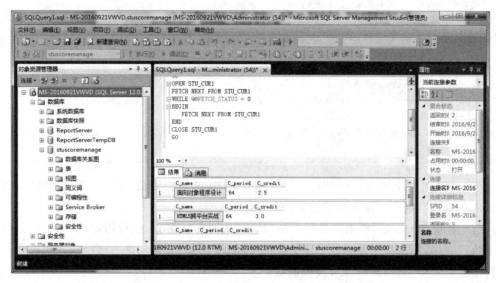

图 6.3 成功应用游标

3. 创建与使用事务

为了确保信息处理的一致性，需要应用事务，当删除用户信息表中的一条数据记录时，学生信息表和教师信息表也要随之更新。

（1）启动 SQL Server Management Studio 之后，在标准工具栏上单击"新建查询"按钮 新建查询(N)，打开"新建查询"对话框，在窗口的编辑区输入创建与使用事务的语句。

（2）在语句编辑窗口中输入如下创建与使用事务的 T-SQL 代码：

```
SET XACT_ABORT ON
BEGIN TRY
    BEGIN TRANSACTION
        DECLARE @NUM CHAR(15)
        IF (SELECT U_SidentityID FROM userinfo WHERE U_ID='0002')!=NULL
            BEGIN
                SET @NUM= (SELECT U_SidentityID FROM userinfo WHERE U_ID='0002')
                DELETE FROM userinfo
                WHERE U_ID='0002'
                DELETE FROM studentinfo
                WHERE S_ID=@NUM
            END
        ELSE
            BEGIN
                SET @NUM= (SELECT U_TidentityID FROM userinfo WHERE U_ID='0002')
```

```
                    DELETE FROM userinfo
                    WHERE U_ID='0002'
                    DELETE FROM teacherinfo
                    WHERE T_ID=@NUM
            END
        COMMIT TRANSACTION
END TRY
BEGIN CATCH
    DECLARE @error CHAR(1)
    SET @error=ERROR_PROCEDURE()
    RAISERROR(@error,16,1)
    ROLLBACK TRANSACTION
END CATCH
```

（3）在工具栏上单击"分析"按钮 ✓ ，检查 SQL 语句的语法，若在消息框中显示"命令已成功完成"，则说明输入的信息语法正确。

（4）经检查无误后，单击工具栏上的"执行"按钮 ❗ 执行 (X)，执行指定的 SQL 语句，该命令执行完毕，消息框中显示"（1 行受影响）（0 行受影响）"，说明事务已经成功执行，由于运行中没有发生错误，所以没有发生回滚。

4. 创建与应用锁

系统管理员在对课程信息表 courseinfo 执行插入和查询操作时，在程序执行过程中应用锁，以便防止插入数据的不一致性和防止读出脏数据的情况。

（1）启动 SQL Server Management Studio 之后，在标准工具栏上单击"新建查询"按钮 🔲 新建查询(N)，打开"新建查询"对话框，在窗口的编辑区输入创建与应用锁的语句。

（2）在语句编辑窗口中输入如下创建与应用锁的 T-SQL 代码：

```
BEGIN TRANSACTION
SELECT * FROM courseinfo
EXEC SP_LOCK
   INSERT INTO courseinfo VALUES('0012','网页设计与制作',3.0, '0017',
        64,'作品','本课程主要讲述网页设计与制作的过程及实践应用')
SELECT * FROM courseinfo
EXEC SP_LOCK
COMMIT TRANSACTION
GO
```

（3）在工具栏上单击"分析"按钮 ✓ ，检查 SQL 语句的语法，若在消息框中显示"命令已成功完成"，则说明输入的信息语法正确。

（4）经检查无误后，单击工具栏上的"执行"按钮 ❗ 执行 (X)，执行指定的 SQL 语句，该命令执行完毕，说明锁已成功应用，结果框中显示运行结果如图 6.4 所示。

图 6.4　成功应用锁

三、关键知识点讲解

1. 标识符

数据库对象的名称被看成是该对象的标识符。常规标识符应符合如下规则。

（1）第一个字符必须是下列字符之一：ASCII 字符、Unicode 字符、下画线 _ 、@或 ♯。在 SQL Server 中，某些处于标识符开始位置的符号具有特殊意义，以@开始的标识符表示局部变量或参数，以一个数字符号开始的标识符表示临时表或过程，以♯♯开始的标识符表示全局临时对象。

（2）后续字符可以是 ASCII 字符、Unicode 字符、下画线 _ 、@、美元符号 $ 或数字符号。

（3）标识符不能是 T-SQL 的保留字。

（4）不允许嵌入空格或其他特殊字符。

2. 注释

注释是为 SQL 语句加上解释和说明，以说明该代码的含义，增加代码的可读性。T-SQL 支持以下两种类型的注释。

（1）多行注释。使用"/ * "和" * /"将注释括起来可以连续书写多行的注释语句。

（2）单行注释。使用"--"表示书写单行注释语句。

3. 常量

常量是指在程序运行过程中其值不变的量,常量又称为标量值。常量的使用格式取决于它所表示的值的数据类型。

根据常量值的不同类型,常量分为字符串常量、整型常量、实型常量、日期时间常量、货币常量、唯一标识常量。常量的格式取决于它所表示的值的数据类型。

4. 变量

变量是指在程序运行过程中其值可以改变的量。变量有名字和数据类型两个属性,变量名用于标识该变量,必须是合法的标识符。变量的数据类型确定了该变量存放值的格式及允许的运算。变量可分为局部变量和全局变量。

1)局部变量

局部变量是用户定义的变量,用于保存单个数据值。局部变量常用于保存程序运行的中间结果或作为循环变量使用。

局部变量必须用 DECLARE 语句声明后才可以使用,所有局部变量在声明后均初始化为 NULL。

语法格式:

```
DECLARE {@local_variable  data_type} [,…n]
```

说明:

local_variable:局部变量名,应为常规标识符。局部变量名必须以@开头。

data_type:数据类型,用于定义局部变量的类型,可为系统类型或自定义类型。

n:表示可定义多个变量,各变量间用“,”隔开。

局部变量的作用范围从声明该局部变量的地方开始,到声明的批处理或存储过程的结尾。批处理或存储过程结束后,存储在局部变量中的信息将丢失。

当局部变量声明之后,可用 SET 或 SELECT 语句为其赋值。

(1) 用 SET 语句赋值。

语法格式:

```
SET @local_variable=expression
```

说明:

local_variable:是除 cursor、text、ntext、image 外的任何类型变量。

expression:是任何有效的 SQL Server 表达式。

一条 SET 语句一次只能给一个局部变量赋值。

(2) 用 SELECT 语句赋值。

语法格式:

```
SELECT {@local_variable=expression} [,…n]
```

说明:

local_variable：是除 cursor、text、ntext、image 外的任何类型变量。

expression：是任何有效的 SQL Server 表达式。

n：表示可给多个变量赋值。

SELECT 通常用于将单个值返回到变量中，当 expression 为表的列名时，可使用子查询功能从表中一次返回多个值，此时将返回的最后一个值赋给变量。如果子查询没有返回值，则将变量设为 NULL。

如果省略了赋值号及后面的表达式，则可以将局部变量的值显示出来，起到输出显示局部变量值的作用。

2）全局变量

全局变量是由系统提供并赋值，而且预先声明的用来保存 SQL Server 系统运行状态的数据值的变量。用户不能定义全局变量，也不能用 SET 语句和 SELECT 语句修改全局变量的值。通常可以将全局变量的值赋给局部变量，以便保存和处理。全局变量名以 @@ 开头。

5．运算符与表达式

SQL Server 2014 提供的常用运算符有算术运算符、字符串连接运算符、比较运算符、逻辑运算符 4 种，通过运算符连接运算量构成表达式。

1）算术运算符

算术运算符包括＋（加）、－（减）、＊（乘）、/（除）和％（求模），参与运算的数据是数值类型数据，其运算结果也是数值类型数据。加、减运算符也可用于对日期型数据进行运算，还可进行数字字符数据与数值类型数据进行运算。

2）字符串连接运算符

字符串连接运算符用"＋"表示，可以实现字符串之间的连接。参与字符串连接运算的数据只能是字符数据类型 char、varchar、nchar、nvarchar、text、ntext，其运算结果也是字符数据类型。

3）比较运算符

比较运算符（又称为关系运算符）用来对两个相同类型表达式的顺序、大小、相同与否进行比较。除了 text、ntext 或 image 数据类型的表达式外，比较运算符可以用于所有的表达式，即用于数值大小的比较、字符串排列顺序的前后比较、日期数据前后比较等。

比较运算结果有 3 种值：TRUE（正确）、FALSE（错误）、UNKNOWN（未知）。

比较表达式用于 IF 语句和 WHILE 语句的条件、WHERE 子句和 HAVING 子句的条件。

4）逻辑运算符

逻辑运算符用于对某个条件进行测试。逻辑运算符和比较运算符一样，返回带有 TRUE 或 FALSE 值的布尔数据类型。

逻辑表达式用于 IF 语句和 WHILE 语句的条件、WHERE 子句和 HAVING 子句的条件。

5）运算符的优先级

当一个复杂的表达式中包含多个运算符时，运算符优先级将决定执行运算的先后次序,执行的顺序会影响所得到的运算结果。

运算符优先级如表 6.1 所示。在一个表达式中按先高(优先级数字小)后低(优先级数大)的顺序进行运算。

表 6.1　运算符优先级

运　算　符	优先级
＋(正)、−(负)、~(按位 NOT)	1
*(乘)、/(除)、%(模)	2
＋(加)、＋(串联)、−(减)	3
＝、＞、＜、＞＝、＜＝、＜＞、!＝、!＞、!＜	4
^(位异或)、&(位与)、|(位或)	5
NOT	6
AND	7
ALL、ANY、BETWEEN、IN、LIKE、OR、SOME	8
＝(赋值)	9

6. 常用流程控制语句

1) BEGIN…END 语句

BEGIN…END 语句用于将多条 T-SQL 语句组合成一个语句块,并将它们视为一个单一语句使用。多用于条件语句和循环语句中。

语法格式:

```
BEGIN
  sql_statement          /*是任何有效的 T-SQL 语句
  […n]
END
```

说明:BEGIN…END 语句块允许嵌套使用,BEGIN 和 END 语句必须成对使用。

2) PRINT 语句

PRINT 语句将用户定义的消息返回客户端。

语法格式:

```
PRINT 'any ASCII text' | @local_variable | @@FUNCTION | string_expression
```

说明:

(1) 'any ASCII text':一个文本字符串。

(2) @local_variable:任意有效的字符数据类型变量。

(3) @@FUNCTION:返回字符串结果的函数。

(4) string_expression:返回字符串的表达式。

(5) PRINT 语句向客户端返回一个字符类型表达式的值,最长为 255 个字符。

3）IF…ELSE 语句

在程序中如果要对给定的条件进行判定,当条件为真或为假时分别执行不同的 T-SQL 语句,可用 IF…ELSE 语句实现。

语法格式:

```
IF boolean_expression                    /* 条件表达式
  {sql_statement|statement_block}        /* 条件表达式为真时执行 T-SQL 语句或语句块
[ELSE
  {sql_statement|statement_block}]       /* 条件表达式为假时执行 T-SQL 语句或语句块
```

说明:boolean_expression 是条件表达式,运算结果为 TRUE(真)或 FALSE(假)。如果条件表达式中含有 SELECT 语句,必须用圆括号将 SELECT 语句括起来。

4）WHILE 循环语句

如果需要重复执行程序中的一部分语句,可使用 WHILE 循环语句实现。

语法格式:

```
WHILE boolean_expression
  {sql_statement|statement_block}          /* T-SQL 语句或语句块构成的循环体
```

说明:boolean_expression 是条件表达式,运算结果为 TRUE(真)或 FALSE(假)。如果条件表达式中含有 SELECT 语句,必须用圆括号将 SELECT 语句括起来。

5）RETURN 语句

用于从过程、批处理或语句块中无条件退出,不执行位于 RETURN 之后的语句。

语法格式:

```
RETURN [ integer_expression ]
```

说明:

integer_expression 是将整型表达式的值返回。存储过程可以给调用过程或应用程序返回整型值。

除非特别指明,所有系统存储过程返回 0 值表示成功,返回非 0 值则表示失败。当用于存储过程时,RETURN 不能返回空值。

6）WAITFOR 语句

WAITFOR 语句指定触发语句块、存储过程或事务执行的时刻,或需等待的时间间隔。

语法格式:

```
WAITFOR {DELAY 'time'|TIME'time'}
```

说明:

DELAY 'time':用于指定 SQL Server 必须等待的时间,最长可达 24h。time 可以使用 datetime 数据格式指定,用单引号括起来,但在值中不允许有日期部分,也可以用局部变量指定参数。

TIME 'time':指定 SQL Server 等待到某一时刻,time 值的指定同上。

执行 WAITFOR 语句后,在到达指定时间之前将无法启用与 SQL Server 的连接。

7. 定义与调用用户自定义函数

1）定义函数

语法格式：

```
CREATE   FUNCTION [owner_name.]function_name                /*函数名部分
([{@parameter_name [AS] scalar_parameter_data_type [=default]}][,…n]])
                                                           /*形参定义部分
RETURNS scalar_return_data_type                            /*返回值类型
[AS]
BEGIN
  function_body                                            /*函数体部分
  RETURN scalar_expression                                 /*返回语句
END
```

说明：

owner_name：数据库所有者名称。

function_name：用户自定义函数名。函数名必须符合标识符的规则,对其所有者来说,该名在数据库中必须是唯一的。

@parameter_name：用户自定义函数的形参名称。可以声明一个或多个参数,用@符号作为第一个字符来指定形参名称,每个函数的参数局限于该函数。

scalar_parameter_data_type：参数的数据类型。可为系统支持的基本标量类型,不能为 timestamp 类型、用户自定义数据类型、非标量类型（如 cursor 和 table）。

scalar_return_data_type：返回值类型。可以是 SQL Server 支持的基本标量类型,但 text、ntext、image 和 timestamp 除外；函数返回 scalar_expression 表达式的值。

function_body：由 T-SQL 语句序列构成的函数体。

2）调用函数

当调用用户自定义的标量函数时,必须提供至少由两部分组成的名称（所有者名.函数名）。可有以下两种方式调用标量函数：

（1）利用 SELECT 语句调用。

语法格式：

所有者名.函数名(实参 1,…,实参 n)

说明：实参可以是已赋值的局部变量或表达式。

（2）利用 EXECUTE 语句调用。

语法格式：

所有者名.函数名 实参 1,…,实参 n

或

所有者名.函数名 形参名 1=实参 1,…,形参名 n=实参 n

说明：前者实参顺序应与函数定义的形参顺序一致，后者参数顺序可以与函数定义的形参顺序不一致。

3) 使用 SQL Server Management Studio 创建用户自定义函数

用户自定义函数的建立可利用查询编辑器完成，也可以利用 SQL Server Management Studio 完成。

8. 删除用户自定义函数

对于一个已创建的用户自定义函数，可以用两种方法删除。

(1) 使用 SQL Server Management Studio 可视化界面删除用户自定义函数。

(2) 使用 T-SQL 语句删除用户自定义函数。

语法格式：

```
DROP  FUNCTION {[owner_name.]function_name} [,…n]
```

说明：

owner_name：所有者的名称。

function_name：要删除的用户自定义的函数名称。

n：表示可以指定用户定义的多个函数予以删除。

9. 游标功能

(1) 定位在结果集的特定行。

(2) 从结果集的当前位置检索一行或多行。

(3) 支持对结果集中当前位置的行进行数据修改。

(4) 为由其他用户对显示在结果集中的数据库中数据所做的更改提供不同级别的可见性支持。

(5) 提供脚本、存储过程和触发器中使用的访问结果集中的数据的 T-SQL 语句。

为了使用一个游标，需要以下几个步骤：声明游标、打开游标、数据处理、关闭游标、释放游标。

10. 声明游标

在 T-SQL 中声明游标使用 DECLARE CURSOR 语句，语法格式如下。

```
DECLARE cursor_name CURSOR
[LOCAL|GLOBAL]                              /* 游标作用域
[FORWARD_ONLY|SCROLL]                       /* 游标移动方向
[STATIC|KEYSET|DYNAMIC|FAST_FORWARD]        /* 游标类型
[READ_ONLY|SCROLL_LOCKS|OPTIMISTIC]         /* 访问属性
[TYPE_WARNING]                              /* 类型转换警告信息
FOR select_statement                        /* SELECT 查询语句
[FOR UPDATE[OF column_name [,…n]]]          /* 可修改的列
```

说明：

（1）cursor_name：为游标的名称。

（2）LOCAL 和 GLOBAL：说明游标的作用域。LOCAL 说明所声明的游标是局部游标，其作用域为创建它的批处理、存储过程或触发器，该游标名称仅在这个作用域内有效。GLOBAL 说明所声明的游标是全局游标，它在由连接执行的任何存储过程或批处理中都可以使用，在连接释放时游标自动释放。若两者均未指定，则默认值由 default to local cursor 数据库选项的设置控制。

（3）FORWARD_ONLY 和 SCROLL：说明游标的移动方向。FORWARD_ONLY 表示游标只能从第一行滚动到最后一行，即该游标只能支持 FETCH 的 NEXT 提取选项。SCROLL 说明所声明的游标可以前滚、后滚，可使用所有的提取选项（例如 FIRST、LAST、PRIOR、NEXT、RELATIVE、ABSOLUTE）。如果省略 SCROLL，则只能使用 NEXT 提取选项。

（4）STATIC|KEYSET|DYNAMIC|FAST_FORWARD：用于定义游标的类型。

（5）READ_ONLY|SCROLL_LOCKS|OPTIMISTIC：说明游标或基表的访问属性。

READ_ONLY 说明所声明的游标是只读的，不能通过该游标更新数据。SCROLL_LOCKS 说明通过游标完成的定位更新或定位删除可以成功。如果声明中已指定了 FAST_FORWARD，则不能指定 SCROLL_LOCKS。OPTIMISTIC 说明如果行自从被读入游标以来已得到更新，则通过游标进行的定位更新或定位删除不成功。如果声明中已指定了 FAST_FORWARD，则不能指定 OPTIMISTIC。

（6）TYPE_WARNING：指定若游标从所请求的类型隐性转换为另一种类型，则给客户端发送警告消息。

（7）select_statement：SELECT 查询语句，由该查询产生与所声明的游标相关联的结果集。该 SELECT 语句中不能出现 COMPUTE、COMPUTE BY、INTO、FOR BROWSE 关键字。

（8）FOR UPDATE：指出游标中可以更新的列，若有参数 OF column_name[,…n]，则只能修改给出的这些列；若在 UPDATE 中未指出列，则可以修改所有列。

11. T-SQL 扩展游标有 4 种类型

（1）静态游标：关键字 STATIC 指定游标为静态游标。静态游标的完整结果集在游标打开时建立在 tempdb 中，一旦打开后，就不再变化。数据库中所做的任何影响结果集成员的更改都不会反映到游标中，新的数据值不会显示在静态游标中。静态游标只能是只读的。

（2）动态游标：关键字 DYNAMIC 指定游标为动态游标。动态游标能够反映对结果集中所做的更改。结果集中的行数据值、顺序和成员在每次提取时都会改变。所有用户做的全部 UPDATE、INSERT 和 DELETE 语句均通过游标反映出来，并且如果使用 WHERE CURRENT OF 子句通过游标进行更新，则它们也立即在游标中反映出来，而在游标外部所做的更新直到提交时才可见。动态游标不支持 ABSOLUTE 提取选项。

（3）只进游标：关键字 FAST_FORWARD 指定游标为快速只进游标。只进游标只支持游标从头到尾顺序提取数据。对所有由当前用户发出或由其他用户提交、并影响结果集中的行的 INSERT、UPDATE、DELECT 语句对数据的修改在从游标中提取时是可以立即反映出来的。但因只进游标不能向后滚动，所以在行提取后对行所做的更改对游标是不可见的。

（4）键集驱动游标：关键字 KEYSET 指定游标为键集驱动游标。键集驱动游标是由称为键的列或列的组合控制的。打开键集驱动游标时，其中的成员和行顺序是固定的。键集驱动游标中数据行的键值在游标打开时建立在 tempdb 中。可以通过键集驱动游标修改基本表中的非关键字列的值，但不可插入数据。

12. 打开游标

声明游标后，要使用游标提取数据，就必须先打开游标。
语法格式：

```
OPEN {{[GLOBAL]cursor_name}|cursor_variable_name}
```

说明：

（1）cursor_name：要打开的游标名称。

（2）cursor_variable_name：游标变量名。

（3）GLOBAL：说明打开的是全局游标，否则打开局部游标。

（4）OPEN 语句打开游标，然后通过执行在 DECLARE CURSOR（SET cursor_variable）语句中指定的 T-SQL 语句填充游标（即生成与游标相关联的结果集）。

13. 读取游标

游标打开后，就可以使用 FETCH 语句从结果集中读取数据了。
语法格式：

```
FETCH  [[NEXT|PRIOR|FIRST|LAST|ABSOLUTE{n|@nvar}|RELATIVE{n|@nvar}]
FROM] {[GLOBAL] cursor_name}
[INTO @variable_name[,…n]]
```

说明：使用 FETCH 语句从结果集中读取单行数据，并将每列中的数据移至指定的变量中，以便其他 T-SQL 语句引用这些变量来访问读取的数据值，根据需要，可以对游标中当前位置的行执行修改操作（更新或删除）。

其中，各参数含义如下。

（1）cursor_name：要读取数据的游标名称。

（2）NEXT|PRIOR|FIRST|LAST|ABSOLUTE|RELATIVE：用于说明读取数据的位置。

（3）NEXT：说明读取当前行的下一行，并且使其置为当前行。如果 FETCH NEXT 是对游标的第一次提取操作，则读取的是结果集的第一行。NEXT 为默认的游标提取选项。

（4）PRIOR：说明读取当前行的前一行，并且使其置为当前行，如果 FETCH PRIOR 是对游标的第一次提取操作，则无值返回且游标置于第一行之前。

（5）FIRST：读取游标中的第一行并将其作为当前行。

（6）LAST：读取游标中的最后一行并将其作为当前行。

（7）ABSOLUTE{n|@nvar}|RELATIVE{n|@nvar}：给出读取数据的位置与游标头或当前位置的关系，其中 n 必须为整型常量，变量 @nvar 必须为 smallint、tinyint 或 int 类型。

（8）ABSOLUTE{n|@nvar}：若 n 或 @nvar 为正数，则读取从游标头开始的第 n 行并将读取的行变成新的当前行；若 n 或 @nvar 为负数，则读取游标尾之前的第 n 行并将读取的行变成新的当前行；若 n 或 @nvar 为 0，则没有返回行。

（9）RELATIVE{n|@nvar}：若 n 或 @nvar 为正数，则读取当前行之后的第 n 行并将读取的行变成新的当前行；若 n 或 @nvar 为负数，则读取当前行之前的第 n 行并将读取的行变成新的当前行；若 n 或 @nvar 为 0，则读取当前行。如果对游标的第一次读取操作时将 FETCH RELATIVE 中的 n 或 @nvar 指定为负数或 0，则没有返回行。

（10）INTO：说明将读取的游标数据存放到指定的变量中。

（11）GLOBAL：全局游标。

14. 关闭游标

游标使用完以后，要及时关闭。关闭游标使用 CLOSE 语句。
语法格式：

```
CLOSE {[GLOBAL] cursor_name}
```

15. 释放游标

关闭游标后，其定义仍在，需要时可用 OPEN 语句打开它再使用。若确认游标不再需要，就要释放其定义占用的系统空间，即删除游标。游标释放之后不可以用 OPEN 语句重新打开，必须使用 DECLARE 语句重建游标。

释放游标的语法格式：

```
DEALLOCATE {[GLOBAL] cursor_name}
```

16. 事务定义

事务是指作为单个逻辑工作单元执行的一系列操作。具体表现为：可以将几个 SQL 语句作为一个整体来执行，这些 SQL 语句当有一条执行出错时，那么所有的 SQL 语句都将执行失败。也就是这些 SQL 语句作为一个整体，要么全部执行成功，要么全部执行失败。使用事务能及时恢复数据，保证数据的一致性。

17. 事务的属性

事务具有 ACID 属性，即 Atomic（原子性）、Consistent（一致性）、Isolated（隔离性）、

Durable(永久性)。

1) 原子性

就是事务应作为一个工作单元,事务处理完成,所有的工作要么都在数据库中保存下来,要么完全回滚,全部不保留。

2) 一致性

事务完成或者撤销后,都应该处于一致的状态。

3) 隔离性

多个事务同时进行,它们之间应该互不干扰。事务查看数据时数据所处的状态,要么是另一并发事务修改它之前的状态,要么是另一事务修改它之后的状态,事务不会查看中间状态的数据。

4) 永久性

事务提交以后,所做的工作就被永久地保存下来。

18. 事务的分类

(1) 自动提交事务:是 SQL Server 默认的一种事务模式,每条 SQL 语句都被看成一个事务进行处理,你应该没有见过,一条 Update 修改两个字段的语句,只修改了一个字段而另外一个字段没有修改。

(2) 显式事务:T-SQL 标明,由 BEGIN TRANSACTION 开启事务开始,由 COMMIT TRANSACTION 提交事务、ROLLBACK TRANSACTION 回滚事务结束。

(3) 隐式事务:使用 Set IMPLICIT_TRANSACTIONS ON 将隐式事务模式打开,不用 BEGIN TRANSACTION 开启事务,当一个事务结束,这个模式会自动启用下一个事务,只用 COMMIT TRANSACTION 提交事务、ROLLBACK TRANSACTION 回滚事务即可。

19. 事务的语句

开始事务:BEGIN TRANSACTION(简写 tran)。

提交事务:COMMIT TRANSACTION。

回滚事务:ROLLBACK TRANSACTION。

说明,一旦事务提交或回滚,则该事务结束。

20. 引入锁的原因

当多个用户同时对数据库进行并发操作时,会带来以下数据不一致的问题。

1) 丢失更新

A、B 两个用户读取同一数据并进行修改,其中一个用户的修改结果破坏了另一个修改的结果,例如订票系统。

2) 脏读

A 用户修改了数据,随后 B 用户又读出该数据,但 A 用户因为某些原因取消了对数据的修改,数据恢复原值,此时 B 得到的数据就与数据库内的数据产生了不一致。

3）不可重复读

A 用户读取数据，随后 B 用户读出该数据并修改，此时 A 用户再读取数据时发现前后两次的值不一致。

锁就是在一段时间内禁止用户做某些操作以避免产生数据不一致。

21. 锁的分类

1）共享锁

共享(S)锁允许并发事务读取(SELECT)一个资源。资源上存在共享(S)锁时，任何其他事务都不能修改数据。一旦已经读取数据，便立即释放资源上的共享(S)锁，除非将事务隔离级别设置为可重复读或更高级别，或者在事务生存周期内用锁定提示保留共享(S)锁。

2）更新锁

更新(U)锁可以防止通常形式的死锁。一般更新模式由一个事务组成，此事务读取记录，获取资源(页或行)的共享(S)锁，然后修改行，此操作要求锁转换为排他(X)锁。如果两个事务获得了资源上的共享模式锁，然后试图同时更新数据，则一个事务尝试将锁转换为排他(X)锁。共享模式到排他锁的转换必须等待一段时间，因为一个事务的排他锁与其他事务的共享模式锁不兼容；发生锁等待。第二个事务试图获取排他(X)锁以进行更新。由于两个事务都要转换为排他(X)锁，并且每个事务都等待另一个事务释放共享模式锁，因此发生死锁。若要避免这种潜在的死锁问题，请使用更新(U)锁。一次只有一个事务可以获得资源的更新(U)锁。如果事务修改资源，则更新(U)锁转换为排他(X)锁。否则，锁转换为共享锁。

3）排他锁

排他(X)锁可以防止并发事务对资源进行访问。其他事务不能读取或修改排他(X)锁锁定的数据。

四、项目拓展训练

（1）使用 T-SQL 语句创建一个名为 xm 的局部变量，并在 SELECT 语句中使用该局部变量查找学生信息表 studentinfo 中李小文同学的所学专业，并赋值给局部变量 zy。

① 单击工具栏上的"新建查询"按钮 ![新建查询(N)]，打开 T-SQL 语句编辑器，在此输入如下 T-SQL 代码：

```
DECLARE @xm char(20),@zy char(20)
SET @xm='李小文'
SELECT @zy=S_special
FROM studentinfo
WHERE S_name=@xm
PRINT @xm+'所学专业为:'+@zy
GO
```

② 在工具栏上单击"分析"按钮 ，对 SQL 语句进行语法检查。

③ 经检查无误后，单击工具栏上的"执行"按钮 执行(X)，执行指定的 SQL 语句，完成查找操作，执行结果如图 6.5 所示。

图 6.5 执行拓展训练 1 的结果

（2）查询软件技术专业所有学生中年龄最小的学生的学号、姓名及出生日期。

① 单击工具栏上的"新建查询"按钮 新建查询(N)，打开 T-SQL 语句编辑器，在此输入如下 T-SQL 代码：

```
DECLARE @zy char(20)
SET @zy='软件技术'
select S_ID,S_name,S_year
from studentinfo
WHERE S_year>=ALL
(  SELECT S_year
   FROM studentinfo
   WHERE S_special=@zy
)
GO
```

② 在工具栏上单击"分析"按钮 ，对 SQL 语句进行语法检查。

③ 经检查无误后，单击工具栏上的"执行"按钮 执行(X)，执行指定的 SQL 语句，完成查找操作，执行结果如图 6.6 所示。

（3）计算李红的平均成绩，如果平均成绩高于 85 分，则显示"平均成绩优秀"；否则显示"平均成绩非优秀"。

① 单击工具栏上的"新建查询"按钮 新建查询(N)，打开 T-SQL 语句

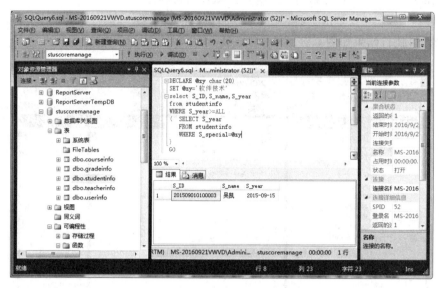

图 6.6　执行拓展训练 2 的结果

编辑器,在此输入如下 T-SQL 代码:

```
DECLARE @avg int
SET @avg= (SELECT AVG(G_score) FROM studentinfo,gradeinfo
          WHERE studentinfo.S_ID=gradeinfo.S_ID
          AND S_name='李红')
IF @avg>85
    PRINT '李红平均成绩为'+STR(@avg)+'分,平均成绩优秀'
ELSE
    PRINT '李红平均成绩为'+STR(@avg)+'分,平均成绩非优秀'
GO
```

② 在工具栏上单击"分析"按钮 ✓,对 SQL 语句进行语法检查。

③ 经检查无误后,单击工具栏上的"执行"按钮 ▌执行(X),执行指定的 SQL 语句,完成查找操作,执行结果如图 6.7 所示。

（4）用循环语句编写程序,计算 s＝2＋4＋6＋8＋…＋100。

① 单击工具栏上的"新建查询"按钮 ▤新建查询(N),打开 T-SQL 语句编辑器,在此输入如下 T-SQL 代码:

```
DECLARE @i int,@s int
SET @i=2
SET @s=0
WHILE @i<=100
```

```
    BEGIN
        SET @s=@s+@i
        SET @i=@i+2
    END
PRINT 's='+STR(@s)
GO
```

② 在工具栏上单击"分析"按钮 ✓ ,对 SQL 语句进行语法检查。

③ 经检查无误后,单击工具栏上的"执行"按钮 ! 执行(X) ,执行指定的 SQL 语句,完成查找操作,执行结果如图 6.8 所示。

图 6.7　执行拓展训练 3 的结果

图 6.8　执行拓展训练 4 的结果

五、项目总结

    本项目主要讲述了 T-SQL 的标识符、常量、变量、运算符和表达式，用户自定义函数，游标，事务，锁的使用。本项目是学习 SQL 语言的基础，只有理解和掌握它们的用法，才能正确编写 SQL 程序和深入理解 SQL 语言。以此为基础才能进行数据库系统的深度程序开发，通过结合不同的开发语言，为应用系统的开发打下坚实的基础。

项目七　设置与管理数据库安全性和健壮性

学习目标：

通过本项目的理论学习与实践训练使读者了解 SQL Server 的安全模型；SQL Server 登录管理；数据库用户管理；角色管理；权限管理以及备份还原数据库的方法。

一、项目需求分析

在学生成绩管理系统中安全性和健壮性操作是日常需要经常做的工作。为了最大程度地减少系统的停机故障时间，减少因为系统故障给生产带来的损失，必须定期备份数据以防数据丢失。如果发生数据丢失或破坏的情况，可以从数据库备份中将数据恢复到原来的状态。

此外，数据库设计与开发人员必须考虑到系统使用的安全性，SQL Server 登录管理、数据库用户管理、角色及权限管理是系统正常使用的保障。在此针对两类使用系统较为频繁的用户：第一类用户是学生，第二类用户是教务教师。因而建立两个不同的数据库用户 teacher 和 student 来满足不同用户对信息访问的要求。teacher 用户可以对学生成绩管理系统中的各种信息进行添、删、查、改等操作，而 student 用户只允许对学生成绩管理系统中的成绩信息进行查询操作。

二、项目操作步骤

1. 创建 SQL Server 登录账户

（1）启动 SQL Server Management Studio 之后，在"服务器"中展开"安全性"节点，找到"登录名"节点，右击，在弹出的菜单中选择"新建登录名"命令，如图 7.1 所示。

（2）打开"登录名-新建"对话框，在"常规"选项卡中，输入登录名 liu，选择"SQL Server 身份验证"，输入密码并确认密码，选择默认数据库为 stuscoremanage，配置信息如图 7.2 所示。

（3）选择完毕单击"确定"按钮，完成新建 SQL Server 登录账户的设置，返回"对象资源管理器"窗口，在"登录名"节点下有一个名为 liu 的登录名，说明已成功地创建了一个 SQL Server 登录账户，如图 7.3 所示。

2. 删除 SQL Server 登录账户

（1）启动 SQL Server Management Studio 之后，在"服务器"中展开"安全性"节点，展开"登录名"节点。

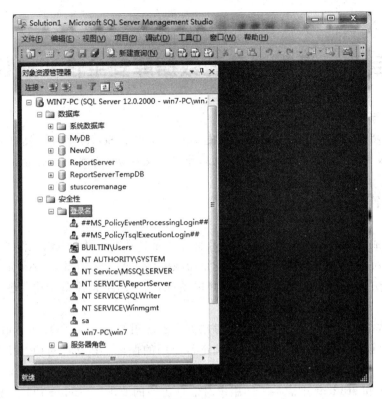

图 7.1 选择"新建登录名"命令

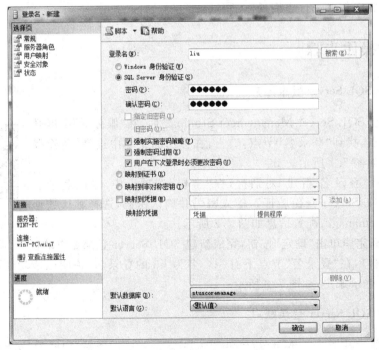

图 7.2 新建登录配置的"常规"选项卡

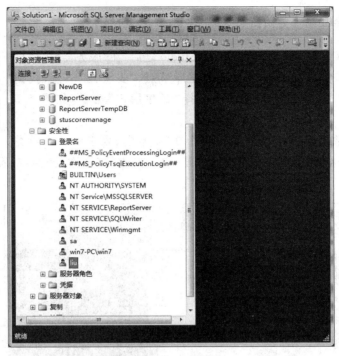

图 7.3 创建登录账户成功

（2）在"登录名"列表中找到要删除的登录账户 liu，右击，在弹出的菜单中选择"删除"命令。在弹出的"删除对象"对话框中，单击"确定"按钮，完成删除 SQL Server 登录账户 liu，如图 7.4 所示。

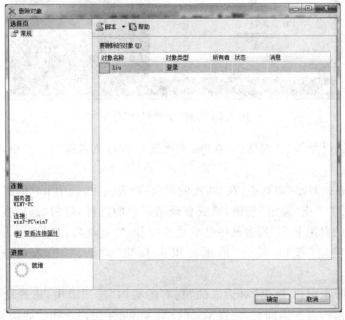

图 7.4 "删除对象"对话框

3. 创建与使用数据库用户

（1）启动 SQL Server Management Studio 之后，在"服务器"中依次展开"数据库"节点、stuscoremanage 数据库节点、"安全性"节点，找到"用户"节点，右击，在弹出的菜单中选择"新建用户"命令，如图 7.5 所示。

（2）打开"数据库用户-新建"对话框，在"常规"选项卡中，"用户类型"选择"带登录名的 SQL 用户"，单击"登录名"右边的"搜索"按钮，配置信息如图 7.6 所示。

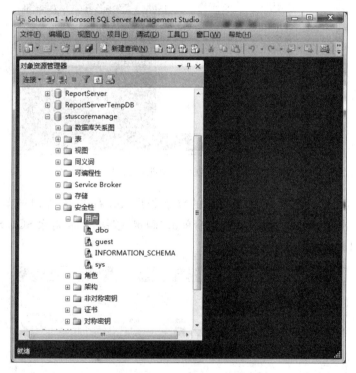

图 7.5　选择"新建用户"命令

（3）打开"选择登录名"对话框，在"输入要选择的对象名称"右边，单击"浏览"按钮，如图 7.7 所示。

（4）打开"查找对象"对话框，在"匹配的对象"列表框中，选中 liu，如图 7.8 所示。

（5）选择完毕单击"确定"按钮，完成登录名对象的选择，返回"选择登录名"对话框，在"输入要选择的对象名称"列表框中已成功添加 liu 的登录名，如图 7.9 所示。

（6）单击"确定"按钮，返回"数据库用户-新建"对话框，输入用户名 teacher，如图 7.10 所示。

（7）在"数据库用户-新建"对话框的"拥有的架构"选项卡中，选择此用户拥有的架构，选中架构名前的复选框即可，注意 teacher 和 student 用户选择的架构不同，如图 7.11 所示。

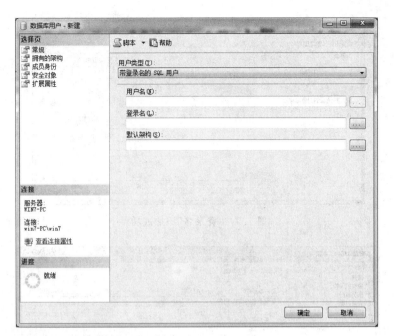

图 7.6 "新建用户"常规选项卡设置

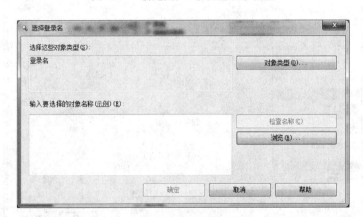

图 7.7 "选择登录名"对话框

图 7.8 "查找对象"对话框

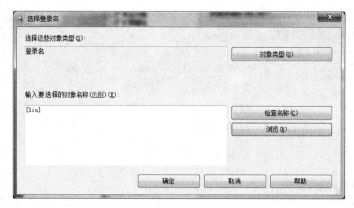

图 7.9 "登录名"添加成功

图 7.10 新建用户名设置

(8) 在"数据库用户-新建"对话框的"成员身份"选项卡中,选择此用户加入的角色,选中角色名前的复选框即可,注意 teacher 和 student 用户选择的角色不同,如图 7.12 所示。

4. 创建与使用角色

(1) 启动 SQL Server Management Studio 之后,在"服务器"中依次展开"数据库"节点、stuscoremanage 数据库节点、"安全性"节点、"角色"节点,找到"数据库角色"节点,右击,在弹出的菜单中选择"新建数据库角色"命令,如图 7.13 所示。

(2) 打开"数据库角色-新建"对话框,在"常规"选项卡中,输入角色

图 7.11　添加用户架构

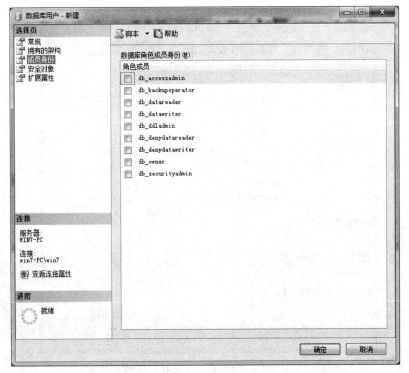

图 7.12　添加用户角色

名称 query，在"此角色拥有的架构"中选中架构名 dbo 前的复选框，指定 dbo 为该角色的所有者，配置信息如图 7.14 所示。

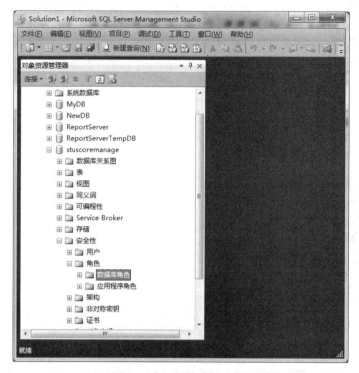

图 7.13　新建数据库角色

图 7.14　添加角色及所有者设置

（3）单击"确定"按钮，返回对象资源管理窗口，在"服务器"中依次展开"数据库"节点、stuscoremanage 数据库节点、"安全性"节点、"角色"节点，展开"数据库角色"节点，可以看到数据库角色 query 已成功添加，如图 7.15 所示。

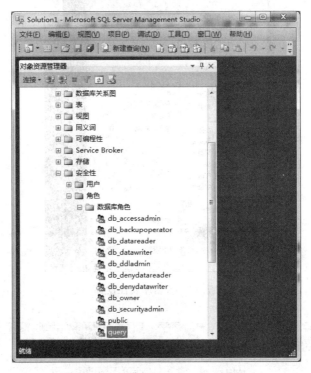

图 7.15　数据库角色添加成功

5. 授权及取消用户权限

（1）启动 SQL Server Management Studio 之后，在"服务器"中依次展开"数据库"节点、stuscoremanage 数据库节点，选中数据库 stuscoremanage，右击，在弹出的菜单中选择"属性"命令，如图 7.16 所示。

（2）在打开的"数据库属性"对话框中，选择"权限"选项卡，可对选中的数据库用户 teacher 进行相应语句权限的设置，如图 7.17 所示。

（3）单击"确定"按钮，即可授权数据库角色 teacher 相应权限。

（4）取消用户权限的方法与授权权限的第（1）、（2）操作步骤一样，只需在选中的数据库用户的权限列表框中选中相应权限那一行中的"拒绝"复选框即可，如图 7.18 所示。

（5）单击"确定"按钮，即可取消数据库角色 teacher 的"备份日志"的权限。

图 7.16　数据库属性设置

图 7.17　授予用户权限设置

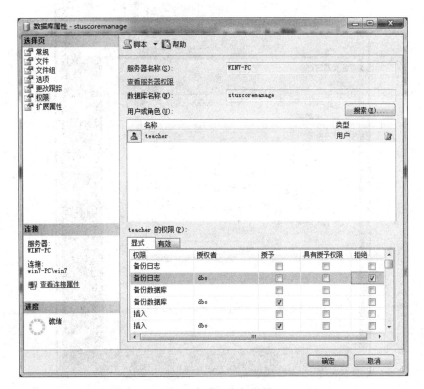

图 7.18　取消用户权限设置

6. 备份数据库

（1）启动 SQL Server Management Studio 之后,在"服务器"中依次展开"服务器对象"节点、"备份设备"节点,右击,在弹出的菜单中选择"新建备份设置"命令,如图 7.19 所示。

（2）在打开的"备份设备"对话框中,在"常规"选项卡的"输入设备"文本框中输入新设备的逻辑名称 stuscoremanage_backup,在"文件"文本框中可以单击右边的搜索按钮修改文件名及路径,如图 7.20 所示。

（3）单击"确定"按钮,即可创建新的备份设备。

（4）返回对象资源管理器窗口,在"服务器"中依次展开"数据库"节点、stuscoremanage 数据库节点,右击,选择"任务"→"备份"命令,如图 7.21 所示。

（5）在打开的"备份数据库"对话框中,可以添加备份设备,还可以选择"备份类型",如图 7.22 所示。

（6）单击"确定"按钮,即可完成对数据库 stuscoremanage 的备份操作。

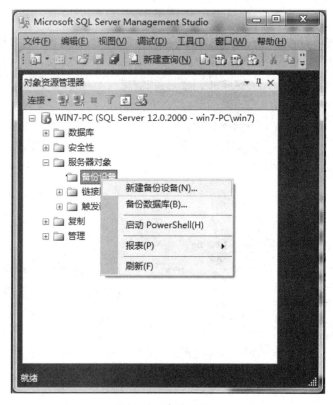

图 7.19　新建备份设备

图 7.20　输入新备份设备的逻辑名称

（5）在打开的"备份数

图 7.21 备份数据库

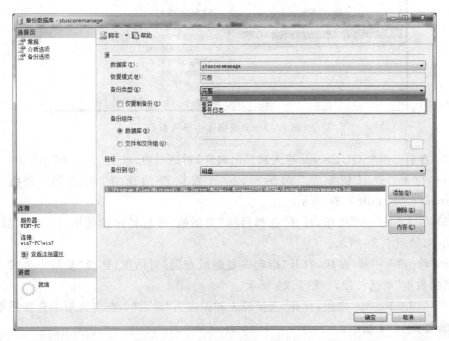

图 7.22 "备份数据库"对话框

7. 数据的导入和导出的方法

（1）启动 SQL Server Management Studio 之后，在"服务器"中选中"数据库"节点，右击并选择"新建数据库"命令，新建一个数据库，其名为 MyDB，向这个新建数据库中导入表数据。

（2）选中 MyDB 数据库，右击并选择"任务"→"导入数据"命令，如图 7.23 所示。

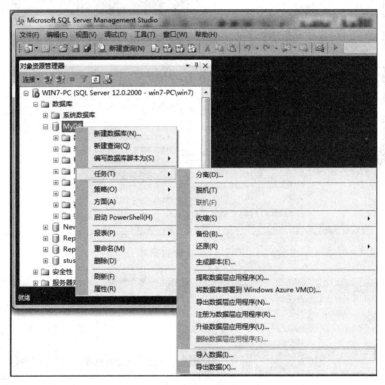

图 7.23　向数据库中导入数据

（3）在打开的"SQL Server 导入和导出向导"对话框中，单击"下一步"按钮。

（4）打开"选择数据源"对话框，进行数据源的选择，再选择"数据库"为 stuscoremanage，如图 7.24 所示。

（5）单击"下一步"按钮，打开"选择目标"对话框，进行目标的选择，再选择"数据库"为 MyDB，如图 7.25 所示。

（6）单击"下一步"按钮，打开"指定表复制或查询"对话框，选择"复制一个或多个表或视图的数据"单选按钮，如图 7.26 所示。

（7）单击"下一步"按钮，打开"选择源表和源视图"对话框，在复选框中选择需要的表和视图，如图 7.27 所示。

（8）单击"下一步"按钮，打开"运行包"对话框，勾选复选框"立即运行"，再单击"下一步"按钮。

图 7.24　选择数据源设置

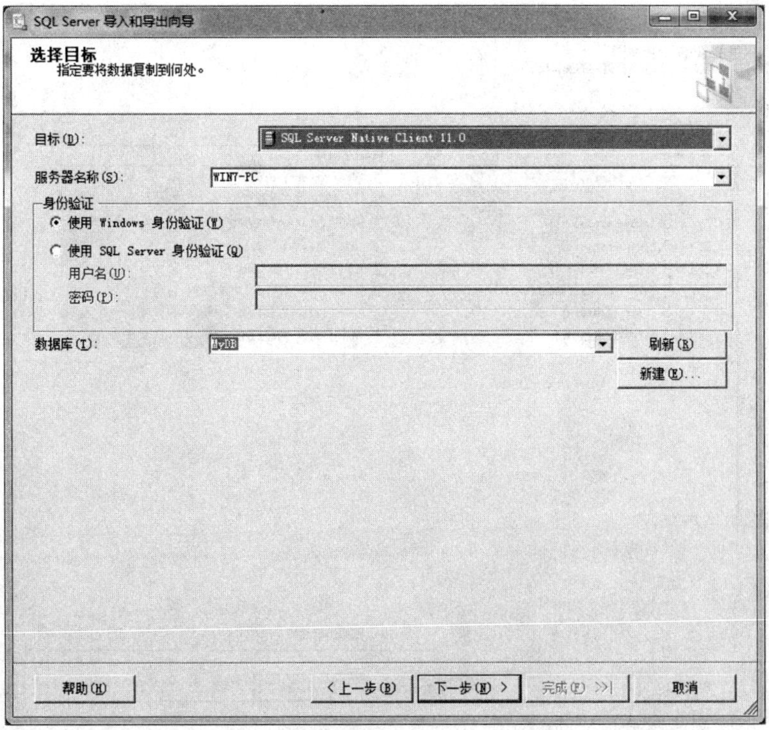

图 7.25　选择目标设置

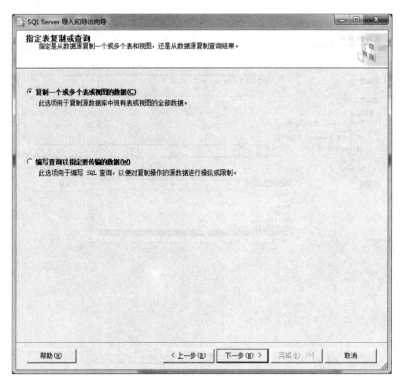

图 7.26　指定表复制或查询设置

图 7.27　选择源表和源视图设置

（9）打开"完成该向导"对话框，单击"完成"按钮，导入数据执行成功，如图7.28所示。

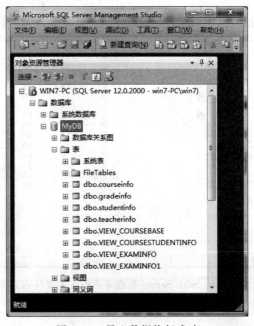

图7.28　导入数据执行成功

（10）返回对象资源管理器，在"服务器"中依次展开"数据库"节点、MyDB数据库节点，可以看到数据已成功导入到表中，如图7.29所示。

图7.29　导入数据执行成功

（11）导出数据方法与导入类似，导出数据执行成功界面，如图 7.30 所示。

图 7.30　SQL Server 数据导出成功界面

（12）完成数据的导出之后，可在所选择的存储文件目标的地方查看到导出的表数据，如图 7.31 所示。

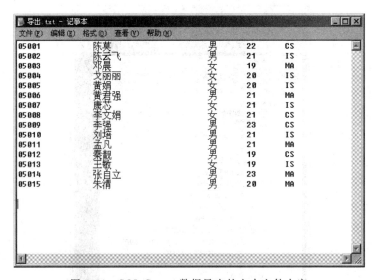

图 7.31　SQL Server 数据导出的文本文件内容

三、关键知识点讲解

1. 创建和删除登录名

服务器级别所包含的安全对象主要有登录名、固定服务器角色等。其中，登录名用于登录数据库服务器，而固定服务器角色用于给登录名赋予相应的服务器权限。数据库级别所包含的安全对象主要有用户、角色、应用程序角色、证书、对称密钥、非对称密钥、程序集、全文目录、DDL 事件、架构等。数据库的安全管理是为了保护数据库，以防止不合法的使用而造成数据的破坏和泄密。DBA 应该定期检查访问过 SQL Server 2014 的用户。访问 SQL Server 2014 服务器的用户可能经常变动，这就说明可能有些 SQL Server 2014 的账户没有人使用了。为了系统的安全，应该把这些账户删除，以防止对 SQL Server 2014 的非法访问。如果是 Windows 身份认证体系，则可以通过 Windows 系统的安全机制来强化口令老化和限制口令的最小长度。当然也可能需要增加 SQL Server 2014 账户。

SQL Server 安全采用两层模式：第一层是访问 SQL Server，涉及验证所连接人员的有效 SQL Server 账号（称为登录）。可以把登录看成是进入办公大楼向门卫签到。门卫验证你在大楼中有公务，让你到电梯口。第二层是访问数据库。由于 SQL Server 支持多个数据库，因此每个数据库都有自己的安全层，通过用户账号提供对数据库的访问。然后，这些用户映射服务器登录，提供访问。在各个数据库中建立用户时，可以根据需要限制对一个或多个数据库的访问。如果以到办公室为例，这就像电梯的访问卡，只允许进入某一层楼。

以下是建立 Windows 验证模式的登录名。

（1）创建 Windows 的用户，如图 7.32 所示。

（2）将 Windows 账户加入到 SQL Server 中，如图 7.33 和图 7.34 所示。

图 7.32　创建用户名

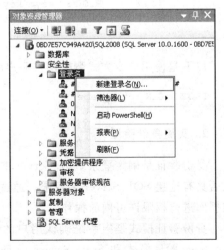

图 7.33　创建登录名

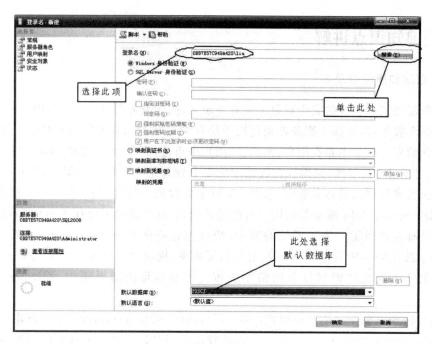

图 7.34　添加登录名到 SQL Server

以下是使用命令方式创建用户账户的语法格式。

```
CREATE LOGIN login_name
{ WITH PASSWORD ='password' [ HASHED ] [ MUST_CHANGE ]
    [ ,<option_list>[ ,… ] ]/ * WITH 子句用于创建 SQL Server 登录名 * /
    | FROM                  / * FROM 子句用于创建其他登录名 * /
    {  WINDOWS [ WITH <windows_options>[ ,… ] ]
        | CERTIFICATE certname
        | ASYMMETRIC KEY asym_key_name
    }
}
```

以下是使用命令方式删除用户账户的语法格式。

```
DROP LOGIN login_name
```

2. 实施身份验证

身份验证是确定登录 SQL Server 的用户的登录账号和密码是否正确，以此来验证其是否具有连接 SQL Server 的权限。通过验证的用户必须获取访问数据库的权限，才能对数据库进行权限许可内的操作。

身份验证模式是指系统确认用户的方式。SQL Server 2014 有两种身份验证模式：Windows 验证模式和 SQL Server 验证模式。图 7.35 所示为这两种方式登录 SQL Server 服务器的情形。

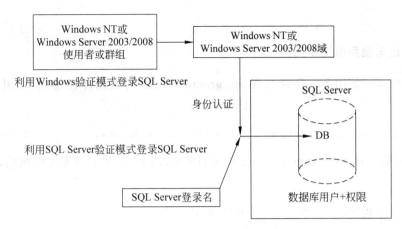

图 7.35 两种身份验证模式示意图

1) Windows 验证模式

必须将 Windows 账户加入到 SQL Server 中，才能采用 Windows 账户登录 SQL Server。

2) SQL Server 验证模式

在 SQL Server 验证模式下，SQL Server 服务器要对登录的用户进行身份验证。当 SQL Server 在 Windows 操作系统上运行时，系统管理员设定登录验证模式的类型可为 Windows 验证模式和混合模式。

通过身份验证并不代表能够访问 SQL Server 中的数据，用户只有在获取访问数据库的权限之后，才能够对服务器上的数据库进行权限许可下的各种操作（主要针对数据库对象，如表、视图、存储过程等），这种用户访问数据库权限的设置是通过用户登录账号来实现的。

SQL Server 2014 对用户的验证分为两个层次。

（1）登录身份验证。

（2）对用户数据库的权限验证。

SQL Server 身份验证有两种模式：一种是 Windows 身份验证模式，另一种是混合身份验证模式。

（1）Windows 身份验证模式。

该模式使用 Windows 操作系统的安全机制验证用户身份，只要用户能够通过 Windows 用户账号验证，即可连接到 SQL Server 而不再进行身份验证。这种模式只适用于能够提供有效身份验证的 Windows 操作系统。

（2）混合身份验证模式。

在该模式下，Windows 身份验证和 SQL Server 验证两种模式都可用。对于可信任连接用户（由 Windows 验证），系统直接采用 Windows 的身份验证机制，否则 SQL Server 将通过账号的存在性和密码的匹配性自行进行验证，即采用 SQL Server 身份验证模式。

在 SQL Server 验证模式下，用户在连接 SQL Server 时必须提供登录名和登录密码，这些登录信息存储在系统表 syslogins 中，与 Windows 的登录账号无关。SQL Server 自己执行认证处理，如果输入的登录信息与系统表 syslogins 中的某条记录相匹配时表明登录成功。

3. 创建与使用数据库用户

SQL Server 使用系统存储过程 sp_grantdbaccess 为数据库添加用户,其语法格式如下:

```
sp_grantdbaccess [@loginame=] 'login'[,[@name_in_db=] 'name_in_db' [OUTPUT]
```

系统存储过程 sp_revokedbaccess 用来将数据库用户从当前数据库中删除,其语法格式如下:

```
sp_revokedbaccess [@name_in_db=]'name'
```

关于数据库用户的几点说明如下。

(1)用户标识符(ID)标识数据库中的用户。

(2)数据库用户账户专用于一个数据库。

(3)用户 ID 由 db_owner 固定数据库角色的成员定义。

(4)数据库中的用户是用他们的用户 ID,而不是登录 ID 标识的。

(5)登录 ID 本身并不赋予用户访问数据库对象的权限。

4. 创建与使用角色

SQL Server 2014 为用户提供了两类角色:服务器角色和数据库角色。其中,服务器角色是服务器这一级别的,它包含的成员都是登录账户,安装 SQL Server 2014 之后,系统会自动创建一些固定的服务器角色。另外,利用固定数据库角色可以实现对验证用户的数据库范围内的权限进行分配。固定数据库角色是固定的,用户不可能对固定的数据库进行修改,也不可能将它们删除。如果想授予用户这些权限,可以将该用户加入到合适的数据库角色中。

创建用户自定义数据库角色可以使用 CREATE ROLE 语句,具体语法格式如下:

```
CREATE ROLE role_name [ AUTHORIZATION owner_name ]
```

5. 授权及取消用户权限

用户若要进行任何涉及更改数据库定义或访问数据的活动,必须有相应的权限。权限包括授予或废除执行以下活动的用户权限,其中"对象权限"控制哪些用户可以访问和操纵表中和视图中的数据,以及哪些用户可以运行存储过程;"语句权限"控制哪些用户可以在数据库中删除和创建对象。

(1)处理数据和执行过程称为对象权限,处理数据或执行过程时的需要称为对象权限的权限类别。其中,对象权限包括 SELECT、INSERT、UPDATE 和 DELETE 语句权限,它们可以应用到整个表或视图中。SELECT 和 UPDATE 语句权限,它们可以有选择性地应用到表或视图中的单个列上。SELECT 权限,它们可以应用到用户定义的函数中。INSERT 和 DELETE 语句权限,它们会影响整行,因此只可以应用到表或视图中,而不能应用到单个列上。EXECUTE 语句权限,它们可以影响存储过程和函数。

(2) 创建数据库或数据库中的项目称为语句权限,数据库或数据库中的项(如表或存储过程)所涉及的活动要求另一类称为语句权限的权限。其中,语句权限包括 BACKUP DATABASE 、BACKUP LOG、CREATE DATABASE 、CREATE DEFAULT、CREATE FUNCTION、CREATE PROCEDURE、CREATE RULE、CREATE TABLE、CREATE VIEW。

(3) 在 SQL Server Management Studio 中授权的步骤如下。

① 找到对象所属的数据库。

② 展开对象所属的数据库。

③ 根据对象类型,单击对象表、视图、存储过程之一,在"详细信息"窗口中,右击授予权限所在的对象,指向"所有任务",然后单击"管理权限"。

④ 单击"列出全部用户/用户定义的数据库角色/public",然后选择授予每位用户的权限。

(4) 利用 GRANT 语句可以给数据库用户或数据库角色授予数据库级别或对象级别的权限,具体语法格式如下:

```
GRANT { ALL [ PRIVILEGES ] } | permission [ ( column [ ,…n ] ) ] [ ,…n ] [ ON
securable ] TO principal [ …n ] [ WITH GRANT OPTION ] [ AS principal ]
```

(5) 删除以前在当前数据库内的用户上授予或拒绝的权限使用 REVOKE 语句,具体语法格式如下:

```
REVOKE [ GRANT OPTION FOR ]ALL [ PRIVILEGES ] | 权限 [ ,…n ]
    [ ( 列 [ ,…n ] ) ] ON 表 | 视图 | ON 表 | 视图 [ ( 列 [ ,…n ] ) ]
    | ON 存储过程 | 扩展存储过程 | ON 用户自定义类型
FROM 用户 [ ,…n ] [ CASCADE ] [ AS 组 | 角色 ]
```

其中,CASCADE 是指应用在授予许可时使用 WITH GRANT OPTION 的情况。如果该用户又将被授予的许可授予了其他用户,则使用 CASCADE 关键字将撤销所有这些已经授予的许可。

REVOKE 只适用于当前数据库内的权限。废除的权限只在被废除权限的级别(用户、组或角色)上删除授予或拒绝的权限。

6. 备份还原数据库

备份是指对 SQL Server 数据库事务日志进行复制,数据库备份记录了在进行备份操作时数据库中所有数据的状态。如果数据库因意外而损坏,这些备份文件在数据库恢复时被用来还原数据库。制定一个良好的备份策略,定期对数据库进行备份是保护数据库的一项重要措施。如果发生数据丢失或破坏的情况,可以从数据库备份中将数据恢复到原来的状态。另外,除了保护数据库安全,在制作数据库副本和在不同服务器之间移动数据库时也要用到数据库备份。

进行备份和恢复的工作主要是由数据库管理员来完成的。实际上数据库管理员日常比较重要、比较频繁的工作就是对数据库进行备份和恢复。自上次备份后所做的所有数据更改都是可替代的,或是可重做的。记录开销最小,但不能恢复自上次备份结束后的内容。

数据库中数据的重要程度决定了数据恢复的必要性与重要性,也就决定了数据是否备份及如何备份。

(1) 系统数据库。当系统数据库 master、msdb 和 model 中的任何一个被修改以后,都要将其备份。

(2) 用户数据库。当创建数据库或加载数据库时,应备份数据库。当为数据库创建索引时,应备份数据库,以便恢复时大大节省时间。

SQL Server 2014 使用物理设备名称或逻辑设备名称标识备份设备。物理备份设备是操作系统用来标识备份设备的名称,如 C:\Backups\Accounting\Full. bak。逻辑备份设备是用来标识物理备份设备的别名或公用名称。逻辑设备名称永久地存储在 SQL Server 内的系统表中。使用逻辑备份设备的优点是引用它比引用物理设备名称简单。例如,逻辑设备名称可以是 Accounting_Backup,而物理设备名称则是 C:\Backups\Accoun- ting\Full. bak。备份或恢复数据库时,可以交替使用物理或逻辑备份设备名称。

备份和还原数据库的具体方法:在备份一个数据库之前,需要先创建一个备份设备,例如磁带、硬盘等,然后再去复制有备份的数据库、事务日志、文件/文件组。SQL Server 2014 可以将本地主机或者远端主机上的硬盘作为备份设备,数据备份在硬盘是以文件的方式被存储的。还原一个数据库时,既可以使用 SQL Server Management Studio 还原,还可以使用备份设备还原。

7. 数据的导入和导出

导出表里的数据到文本文件的步骤如下。

(1) 在 SQL Server Management Studio 中选择要导出的数据库,右击,在弹出的菜单中选择"任务"→"导出数据"命令。

(2) 进入"欢迎使用 SQL Server 导入和导出向导"界面,单击"下一步"按钮。

(3) 进入"选择数据源"界面,数据源选择 Microsoft OLE DB Provide for SQL Server,身份验证选择"使用 Windows 身份验证",数据库选择"即将导出的数据库",单击"下一步"按钮。

(4) 进入"选择目标"界面,写入即将导出的文本文件的名称,并通过"浏览"按钮选择好文本文件存放的位置,单击"下一步"按钮。

(5) 进入"指定表复制或查询"界面,选择"复制一个或多个表或视图的数据"的选项,单击"下一步"按钮。

(6) 进入"配置平面文件目标"界面,选择好要导出的数据表,单击"下一步"按钮。

(7) 进入"保存并执行包"界面,选择"立即执行"复选框,单击"完成"按钮。

(8) 进入"完成该向导"界面,再次单击"完成"命令。

(9) 进入"执行成功"界面,单击"关闭"按钮,即可实现数据导出到文本文件的操作。

四、项目拓展训练

1. 使用命令方式创建 Windows 登录名 tao

具体而言,假设 Windows 用户 tao 已经创建,本地计算机名为 0BD7E57C949A420,默认数据库设为 stuscoremanage。

(1) 启动 SQL Server Management Studio 之后,在"对象资源管理器"中展开"服务器"节点。

(2) 单击工具栏上的"新建查询"按钮 新建查询(N),打开 T-SQL 语句编辑器,建立一个新的查询。

(3) 在语句编辑窗口中输入如下 T-SQL 代码:

```
USE master
GO
CREATE LOGIN [0BD7E57C949A420\tao]
FROM WINDOWS
WITH DEFAULT_DATABASE=stuscoremanage
```

(4) 在工具栏上单击"分析"按钮 ✓,检查 SQL 语句的语法,若在消息框中显示"命令已成功完成",则说明输入的信息语法正确。

(5) 经检查无误后,单击工具栏上的"执行"按钮 执行(X),执行指定的 SQL 语句,该命令执行完毕,Windows 登录名 tao 创建成功。

2. 删除 Windows 登录名 tao

(1) 启动 SQL Server Management Studio 之后,在"对象资源管理器"中展开"服务器"节点。

(2) 单击工具栏上的"新建查询"按钮 新建查询(N),打开 T-SQL 语句编辑器,建立一个新的查询。

(3) 在语句编辑窗口中输入如下 T-SQL 代码:

```
DROP LOGIN [0BD7E57C949A420\tao]
```

(4) 在工具栏上单击"分析"按钮 ✓,检查 SQL 语句的语法,若在消息框中显示"命令已成功完成",则说明输入的信息语法正确。

(5) 经检查无误后,单击工具栏上的"执行"按钮 执行(X),执行指定的 SQL 语句,该命令执行完毕,Windows 登录名 tao 已被成功删除。

3. 使用系统存储过程在当前数据库 stuscoremanage 中增加一个用户 student

(1) 启动 SQL Server Management Studio 之后,在"对象资源管理器"中依次展开"数

据库"节点、stuscoremanage 数据库节点。

（2）单击工具栏上的"新建查询"按钮 ，打开 T-SQL 语句编辑器，建立一个新的查询。

（3）在语句编辑窗口中输入如下 T-SQL 代码：

```
EXEC sp_grantdbaccess 'student'
```

（4）在工具栏上单击"分析"按钮 ，检查 SQL 语句的语法，若在消息框中显示"命令已成功完成"，则说明输入的信息语法正确。

（5）经检查无误后，单击工具栏上的"执行"按钮 执行(X)，执行指定的 SQL 语句，该命令执行完毕，已成功创建数据库用户 student。

4. 使用系统存储过程在当前数据库中删除指定的用户 student

（1）启动 SQL Server Management Studio 之后，在"对象资源管理器"中依次展开"数据库"节点、stuscoremanage 数据库节点。

（2）单击工具栏上的"新建查询"按钮 ，打开 T-SQL 语句编辑器，建立一个新的查询。

（3）在语句编辑窗口中输入如下 T-SQL 代码：

```
EXEC  sp_revokedbaccess 'student'
```

（4）在工具栏上单击"分析"按钮 ，检查 SQL 语句的语法，若在消息框中显示"命令已成功完成"，则说明输入的信息语法正确。

（5）经检查无误后，单击工具栏上的"执行"按钮 执行(X)，执行指定的 SQL 语句，该命令执行完毕，数据库用户 student 已被成功删除。

5. 在当前数据库中创建名为 ROLE2 的新角色，并指定 dbo 为该角色的所有者

（1）启动 SQL Server Management Studio 之后，在"对象资源管理器"中依次展开"数据库"节点、stuscoremanage 数据库节点。

（2）单击工具栏上的"新建查询"按钮 ，打开 T-SQL 语句编辑器，建立一个新的查询。

（3）在语句编辑窗口中输入如下 T-SQL 代码：

```
USE stuscoremanage
GO
CREATE ROLE ROLE2
    AUTHORIZATION dbo
```

（4）在工具栏上单击"分析"按钮 ，检查 SQL 语句的语法，若在消息框中显示"命令已成功完成",则说明输入的信息语法正确。

（5）经检查无误后,单击工具栏上的"执行"按钮 **执行(X)**,执行指定的 SQL 语句,该命令执行完毕,已成功创建数据库角色 ROLE2。

6. 使用登录名创建数据库的用户并将其添加到对应的数据库角色中

具体而言,使用 Windows 身份验证模式的登录名（如 0BD7E57C949A420\liu）创建数据库 stuscoremanage 的用户（如 0BD7E57C949A420\liu）,并将该数据库用户添加到 ROLE1 数据库角色中。

（1）启动 SQL Server Management Studio 之后,在"对象资源管理器"中依次展开"数据库"节点、stuscoremanage 数据库节点。

（2）单击工具栏上的"新建查询"按钮 **新建查询(N)**,打开 T-SQL 语句编辑器,建立一个新的查询。

（3）在语句编辑窗口中输入如下 T-SQL 代码:

```
USE stuscoremanage
GO
CREATE USER  [0BD7E57C949A420\liu]
FROM LOGIN [0BD7E57C949A420\liu]
GO
EXEC sp_addrolemember 'ROLE1', '0BD7E57C949A420\liu'
```

（4）在工具栏上单击"分析"按钮 ,检查 SQL 语句的语法,若在消息框中显示"命令已成功完成",则说明输入的信息语法正确。

（5）经检查无误后,单击工具栏上的"执行"按钮 **执行(X)**,执行指定的 SQL 语句,该命令执行完毕,已成功创建数据库 stuscoremanage 的用户 liu 并将该数据库用户添加到 ROLE1 数据库角色中。

7. 给 stuscoremanage 数据库上的用户 david 和 wang 授予创建表的权限

（1）启动 SQL Server Management Studio 之后,在"对象资源管理器"中依次展开"数据库"节点、stuscoremanage 数据库节点。

（2）单击工具栏上的"新建查询"按钮 **新建查询(N)**,打开 T-SQL 语句编辑器,建立一个新的查询。

（3）在语句编辑窗口中输入如下 T-SQL 代码:

```
USE stuscoremanage
GO
GRANT CREATE TABLE
    TO david, wang
GO
```

（4）在工具栏上单击"分析"按钮 ,检查 SQL 语句的语法,若在消息框中显示"命令已成功完成",则说明输入的信息语法正确。

(5)经检查无误后,单击工具栏上的"执行"按钮 执行(X),执行指定的 SQL 语句,该命令执行完毕,已成功授予当前数据库用户 david 和 wang 创建表的权限。

8. 取消已授予用户 david 和 wang 的 CREATE TABLE 权限

具体而言,本例删除了允许 david 和 wang 创建表的权限。不过,如果已将 CREATE TABLE 权限授予给了包含 david 和 wang 成员的任何角色,那么 david 和 wang 仍可创建表。

(1)启动 SQL Server Management Studio 之后,在"对象资源管理器"中依次展开"数据库"节点、stuscoremanage 数据库节点。

(2)单击工具栏上的"新建查询"按钮 新建查询(N),打开 T-SQL 语句编辑器,建立一个新的查询。

(3)在语句编辑窗口中输入如下 T-SQL 代码:

```
revoke create table from david, wang
```

(4)在工具栏上单击"分析"按钮 ✓,检查 SQL 语句的语法,若在消息框中显示"命令已成功完成",则说明输入的信息语法正确。

(5)经检查无误后,单击工具栏上的"执行"按钮 执行(X),执行指定的 SQL 语句,该命令执行完毕,已成功取消当前数据库用户 david 和 wang 创建表的权限。

五、项目总结

在本项目中学习了设置与管理数据库安全性和健壮性的方法。具体包括:SQL Server 数据库的三层安全模型;SQL Server 对用户的验证,登录身份验证和对用户数据库的权限验证;SQL Server 角色的管理,服务器角色和数据库角色;权限管理,授予权限、取消权限和拒绝权限;备份数据库的两种方法,还原数据库的两种方法。要特别注意两种数据库用户的不同权限的设计,以及对数据库和数据表的管理。

项目八 学生成绩管理系统的设计与实现

学习目标：

通过本项目的理论学习与实践训练使读者掌握数据库系统 SQL Server 2014 与 Visual Studio 2010 集成开发系统之间的连接，理解前台开发环境如何调用数据库的存储过程，掌握通过数据源控件和程序语句的方式实现数据库的连接操作。了解 ASP.NET 应用系统开发的基本流程，参照学生成绩管理系统案例的相关知识，实现该应用系统的完整设计。

一、项目需求分析

以学生成绩管理系统为例，实施系统运行界面设计，数据库系统中数据表、表与表的关系以及存储过程的相关设计与实现，该系统后台程序代码的编辑与实现等。由于书籍编写的篇幅原因，仅对该案例的首页、以教师身份登录的主页、以学生身份登录的主页、课程信息添加页、课程信息删除页、课程信息修改页、课程信息查询页（包括精确查询与模糊查询）、成绩排序页等相关页面进行设计与实现。最后，针对已经实现的页面进行测试运行，在浏览器中展现学生成绩管理系统的运行效果。

二、项目操作步骤

1. 界面设计

1）首页的设计与实现

（1）首页的前台页面设计 HTML 代码。

以下是设计学生成绩管理系统首页的具体 HTML 代码：

```
<% @Page Language="C#" AutoEventWireup="true" CodeFile="Default.aspx.cs"
Inherits="_Default" %>
<!DOCTYPE html PUBLIC "-//W3C//DTD XHTML 1.0 Transitional//EN" "http://www.w3.
org/TR/xhtml1/DTD/xhtml1-transitional.dtd">
<html xmlns="http://www.w3.org/1999/xhtml">
<head runat="server">
    <title>学生成绩管理</title>
    <style type="text/css">
        #form1
        {   height: 465px;
            width: 1156px; }
    </style>
```

```
</head>
<body background="images/background1.jpg">
    <form id="form1" runat="server">
  <div style="text-align: center; font-family: 华文琥珀; font-size: 60px;
color: #0000FF;">
        <asp:Image ID="Image1" runat="server" Height="81px"
            ImageUrl="~/images/标题-1.jpg" style="margin-left: 0px" Width=
"1157px" />
        <br />
  </div>
    
    <asp:Menu ID="Menu1" runat="server" Orientation="Horizontal" Height=
"42px" style="font-weight: 700"  Width="133px">
        <Items>
            <asp:MenuItem Text="用户管理" Value="用户管理">
  <asp:MenuItem NavigateUrl="~/login.aspx" Text="登录系统" Value="登录系统">
            </asp:MenuItem>
            <asp:MenuItem Text="注册用户" Value="注册用户" NavigateUrl=
"~/register.aspx"></asp:MenuItem>
            </asp:MenuItem>
            <asp:MenuItem Text="添加信息" Value="添加信息">
<asp:MenuItem Selectable="False" Text="添加学生信息" Value="添加学生信息"
Enabled="False"  NavigateUrl="~/insertstudent.aspx"></asp:MenuItem>
            <asp:MenuItem NavigateUrl="~/insertcourse.aspx" Selectable="False" Text
="添加课程信息" Value="添加课程信息" Enabled="False"></asp:MenuItem>
            <asp:MenuItem Selectable="False" Text="添加教师信息" Value="添加教
师信息" Enabled="False" NavigateUrl="~/insertteacher.aspx"></asp:MenuItem>
            </asp:MenuItem>
            <asp:MenuItem Text="删除信息" Value="删除信息">
  <asp:MenuItem Text="删除学生信息" Value="删除学生信息" Enabled="False"
  NavigateUrl="~/deletestudent.aspx"></asp:MenuItem>
  <asp:MenuItem Text="删除课程信息" Value="删除课程信息" Enabled="False"
  NavigateUrl="~/deletecourse.aspx"></asp:MenuItem>
  <asp:MenuItem Text="删除教师信息" Value="删除教师信息" Enabled="False"
  NavigateUrl="~/deleteteacher.aspx"></asp:MenuItem>
            </asp:MenuItem>
            <asp:MenuItem Text="修改信息" Value="修改信息">
  <asp:MenuItem Text="修改学生信息" Value="修改学生信息" Enabled="False"
  NavigateUrl="~/updatestudent.aspx"></asp:MenuItem>
  <asp:MenuItem Text="修改课程信息" Value="修改课程信息" Enabled="False"
  NavigateUrl="~/updatecourse.aspx"></asp:MenuItem>
  <asp:MenuItem Text="修改教师信息" Value="修改教师信息" Enabled="False"
  NavigateUrl="~/updateteacher.aspx"></asp:MenuItem>
            </asp:MenuItem>
```

```
            <asp:MenuItem Text="查询信息" Value="查询信息">
        <asp:MenuItem Text="查询学生信息" Value="查询学生信息" Enabled="False"
        NavigateUrl="~/selectstudent.aspx"></asp:MenuItem>
        <asp:MenuItem Text="查询课程信息" Value="查询课程信息" Enabled="False"
        NavigateUrl="~/selectcourse.aspx"></asp:MenuItem>
        <asp:MenuItem Text="查询教师信息" Value="查询教师信息" Enabled="False"
        NavigateUrl="~/selectteacher.aspx"></asp:MenuItem>
            </asp:MenuItem>
            <asp:MenuItem Text="成绩管理" Value="成绩管理">
        <asp:MenuItem Text="输入成绩" Value="输入成绩" Enabled="False"
        NavigateUrl="~/insertscore.aspx"></asp:MenuItem>
        <asp:MenuItem Text="修改成绩" Value="修改成绩" Enabled="False"
        NavigateUrl="~/updatescore.aspx"></asp:MenuItem>
        <asp:MenuItem Text="删除成绩" Value="删除成绩" Enabled="False"
        NavigateUrl="~/deletescore.aspx"></asp:MenuItem>
        <asp:MenuItem Text="查询成绩" Value="查询成绩" Enabled="False"
        NavigateUrl="~/selectscore.aspx"></asp:MenuItem>
        <asp:MenuItem Enabled="False" Text="排序成绩" Value="排序成绩"
         NavigateUrl="~/sortscore.aspx"></asp:MenuItem>
            </asp:MenuItem>
        <asp:MenuItem Text="系统帮助" Value="系统帮助">
                <asp:MenuItem Text="重新登录" Value="重新登录" NavigateUrl=
"~/login.aspx"></asp:MenuItem>
                <asp:MenuItem Text="修改密码" Value="修改密码" NavigateUrl=
"~/modifyps.aspx"></asp:MenuItem>
                <asp:MenuItem Text="帮助信息" Value="帮助信息" NavigateUrl=
"~/help.aspx"></asp:MenuItem>
                <asp:MenuItem Text="退出系统" Value="退出系统" NavigateUrl=
"javascript:window.close();"></asp:MenuItem>
            </asp:MenuItem>
        </Items>
    </asp:Menu>
    </form>
</body>
</html>
```

（2）首页的前台页面运行效果。

运行上述 HTML 代码在浏览器中查看学生成绩管理系统首页运行界面，如图 8.1 所示。

分别单击上述某一菜单项，均可以显示该菜单的下一级菜单项，具体内容如图 8.2 所示。

2）登录系统页面的设计与实现

（1）登录系统页面设计的 HTML 代码。

图 8.1 首页运行界面

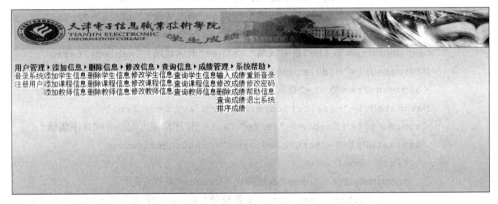

图 8.2 首页子菜单运行界面

以下是设计登录系统页面的具体 HTML 代码：

```
<%@Page Language="C#" AutoEventWireup="true" CodeFile="logintest.aspx.cs
" Inherits="login" %>
<!DOCTYPE html PUBLIC "-//W3C//DTD XHTML 1.0 Transitional//EN" "http://www.w3.
org/TR/xhtml1/DTD/xhtml1-transitional.dtd">
<html xmlns="http://www.w3.org/1999/xhtml">
<head runat="server">
    <title>登录页面</title>
    <style type="text/css">
        .style2
        {   text-align: center;
            width: 1155px; }
        .style3
        {   font-size: xx-large;
            font-weight: bold; }
    </style>
</head>
<body background="images/background1.jpg">
    <form id="form1" runat="server">
        <div class="style2">
```

```
    <asp:Image ID="Image1" runat="server" Height="81px" Width="1157px"
        ImageUrl="~/images/标题-1.jpg" />
    <span class="style2">
    <br />
    <span class="style3">系统登录页面</span>
    <br />
    <br />
用户 ID <asp:TextBox ID="TextBox1" runat="server" Width="150px"></asp:
TextBox>
    <br />
    <br />
            用户密码<asp:TextBox ID="TextBox2" runat="server" TextMode=
"Password" Width="149px"></asp:TextBox>
        <br />
<br /><asp:Button ID="Button1" runat="server" onclick="Button1_Click" Text=
"确定" />
         
<asp:Button ID="Button2" runat="server" Text="取消" onclick="Button2_Click" />
    </div>
    </form>
</body>
</html>
```

（2）登录系统页面运行效果。

运行上述 HTML 代码在浏览器中查看学生成绩管理系统中的登录系统运行界面，如图 8.3 所示。

图 8.3　登录系统运行界面

3）注册用户页面的设计与实现

（1）注册用户页面设计的 HTML 代码。

以下是设计注册用户页面的具体 HTML 代码：

```
<%@Page Language="C#" AutoEventWireup="true" CodeFile="registeruser.aspx.
cs" Inherits="registeruser" %>
<!DOCTYPE html PUBLIC "-//W3C//DTD XHTML 1.0 Transitional//EN" "http://www.w3.
```

```
org/TR/xhtml1/DTD/xhtml1-transitional.dtd">
<html xmlns="http://www.w3.org/1999/xhtml">
<head runat="server">
    <title>用户注册页面</title>
    <style type="text/css">
        .style1
        { font-size: xx-large; }
    </style>
</head>
<body background="images/background1.jpg">
    <form id="form1" runat="server">
    <div style="text-align: center; width: 1158px;">
        <asp:Image ID="Image1" runat="server" Height="81px" Width="1157px"
            ImageUrl="~/images/标题-1.jpg" />
           <br />
         <span class="style1">
        <br />
        用户注册</span><br />
        <br />
用户 ID<asp:TextBox ID="TextBoxID" runat="server" Width="160px"></asp:
TextBox>
        <br />
        <br />
        用户密码<asp:TextBox ID="TextBoxPS" runat="server" TextMode="Password"
            Width="141px"></asp:TextBox>
        <br />
        <br />
        确认密码<asp:TextBox ID="TextBoxPS1" runat="server" TextMode="Password"
            Width="140px"></asp:TextBox>
        <br />
        <br />
    用户角色<asp:DropDownList ID="DropDownListAC" runat="server" Height="23px"
            Width="152px">
            <asp:ListItem>学生</asp:ListItem>
            <asp:ListItem>任课教师</asp:ListItem>
            <asp:ListItem>教务教师</asp:ListItem>
            <asp:ListItem>系主任</asp:ListItem>
        </asp:DropDownList>
        <br />
        <br />
                身份认证码<asp:TextBox ID="TextBoxTS"
                    runat="server" Width="138px"></asp:TextBox>
        <br />
        <br />
```

```
        <asp:Button ID="Button1" runat="server" onclick="Button1_Click" Text=
"确定" />
            
    <asp:Button ID="Button2" runat="server" onclick="Button2_Click" Text="重
置" />
   
        <asp:Button ID="Button3" runat="server" onclick="Button3_Click" Text=
"取消" />
    </div>
    </form>
</body>
</html>
```

（2）注册用户页面运行效果。

运行上述 HTML 代码在浏览器中查看学生成绩管理系统中的注册用户运行界面，如图 8.4 所示。

图 8.4　注册用户运行界面

4）以不同身份登录系统的主页面设计与实现

由于不同身份的用户登录此系统可使用的系统功能是不一样的，以教师身份登录该系统所有一切功能都是可用的，然而以学生身份登录本系统只可以使用查询信息下的所有功能，成绩管理中的查询成绩功能，用户管理以及系统帮助等相关功能。以下分别显示以教师身份和学生身份登录系统的主页面，如图 8.5 和图 8.6 所示。

学生成绩管理系统

当前登录系统的身份：教师
用户管理　　　▶
添加信息　　　▶添加学生信息
　　　　　　　　添加课程信息
删除信息　　　▶添加教师信息
修改信息　　　▶
查询信息　　　▶
成绩管理　　　▶
系统帮助　　　▶

图 8.5　以教师身份登录系统运行界面

图 8.6　以学生身份登录系统运行界面

通过对以上两个运行界面的比较不难看出,以教师身份登录系统后可以对各种信息进行添加、删除、修改与查询等各种操作,但是以学生身份登录系统后,添加、删除、修改等功能均是不可用状态。由于该界面设计与系统首页设计极其类似,HTML 代码不再赘述。

5) 添加课程信息页面的设计与实现

(1) 添加课程信息页面设计的 HTML 代码。

以下是设计添加课程信息页面的具体 HTML 代码:

```
<%@Page Language="C#" AutoEventWireup="true" CodeFile="insert.aspx.cs"
Inherits="insert" %>
<!DOCTYPE html PUBLIC "-//W3C//DTD XHTML 1.0 Transitional//EN" "http://www.w3.
org/TR/xhtml1/DTD/xhtml1-transitional.dtd">
<html xmlns="http://www.w3.org/1999/xhtml">
<head runat="server">
    <title>课程信息添加页面</title>
    <style type="text/css">
        .style2
        {   text-align: center;
            width: 1155px; }
        .style3
        {   font-size: xx-large;
            font-weight: bold; }
    </style>
</head>
<body background="images/background1.jpg">
    <form id="form1" runat="server">
    <div class="style2" style="width: 1160px">
        <asp:Image ID="Image1" runat="server" Height="81px"
            ImageUrl="~/images/标题-1.jpg" Width="1157px" />
          <span class="style3">
        <br />
        <br />
    添加课程信息    <span style="font-family: 宋体; mso-bidi-font-family: &quot;
```

Times New Roman"; color: black; mso-font-kerning: 1.0pt; mso-ansi-language: EN-US; mso-fareast-language: ZH-CN; mso-bidi-language: AR-SA">

    </span></span>   <span style="font-family: 宋体; mso-bidi-font-family: "Times New Roman"; color: black; mso-font-kerning: 1.0pt; mso-ansi-language: EN-US; mso-fareast-language: ZH-CN; mso-bidi-language: AR-SA">

    课程<span lang="EN-US">ID</span></span><span class="style1"><span style="font-size:10.5pt;font-family:宋体; mso-bidi-font-family: "Times New Roman"; color:black;mso-font-kerning:1.0pt;

mso-ansi-language:EN-US;mso-fareast-language:ZH-CN;mso-bidi-language:AR-SA">号</span><asp:TextBox

      ID="TextBox1" runat="server" Width="155px"></asp:TextBox>

    <span style="font-family: 宋体; mso-bidi-font-family: "Times New Roman"; color: black; mso-font-kerning: 1.0pt; mso-ansi-language: EN-US; mso-fareast-language: ZH-CN; mso-bidi-language: AR-SA">

课程名称</span><asp:TextBox ID="TextBox2"

runat="server" Width="150px"></asp:TextBox>

    <span style="font-family: 宋体; mso-bidi-font-family: "Times New Roman"; color: black; mso-font-kerning: 1.0pt; mso-ansi-language: EN-US; mso-fareast-language: ZH-CN; mso-bidi-language: AR-SA">

课程学分</span><asp:TextBox ID="TextBox3"

runat="server" Width="149px"></asp:TextBox>

    <span style="font-family: 宋体; mso-bidi-font-family: "Times New Roman"; color: black; mso-font-kerning: 1.0pt; mso-ansi-language: EN-US; mso-fareast-language: ZH-CN; mso-bidi-language: AR-SA">

教师<span lang="EN-US">ID</span></span><span style="font-size:10.5pt;font-family:宋体; mso-bidi-font-family:"

Times New Roman";color:black;mso-font-kerning:1.0pt;

mso-ansi-language:EN-US;mso-fareast-language:ZH-CN;mso-bidi-language:AR-SA">号<asp:TextBox ID="TextBox4" runat="server" Width="146px"></asp:TextBox>

    </span>

    <span style="font-family: 宋体; mso-bidi-font-family: "Times New

```
Roman&quot;; color: black; mso-font-kerning: 1.0pt; mso-ansi-language: EN-
US; mso-fareast-language: ZH-CN; mso-bidi-language: AR-SA">
课程学时</span><asp:TextBox ID="TextBox5"
runat="server" Width="141px"></asp:TextBox>
        <br />
        <br />
        <span style="font-family: 宋体; mso-bidi-font-family: &quot;Times New
Roman&quot;; color: black; mso-font-kerning: 1.0pt; mso-ansi-language: EN-
US; mso-fareast-language: ZH-CN; mso-bidi-language: AR-SA">
考核方式</span><asp:DropDownList ID="DropDownList1" runat="server" Height=
"21px"
            Width="142px">
            <asp:ListItem>请选择…</asp:ListItem>
            <asp:ListItem>上机 </asp:ListItem>
            <asp:ListItem>报告 </asp:ListItem>
            <asp:ListItem>笔试 </asp:ListItem>
            <asp:ListItem>作品 </asp:ListItem>
        </asp:DropDownList>
        <br />
        <br />
        <span style="font-family: 宋体; mso-bidi-font-family: &quot;Times New
Roman&quot;; color: black; mso-font-kerning: 1.0pt; mso-ansi-language: EN-
US; mso-fareast-language: ZH-CN; mso-bidi-language: AR-SA">
        内容简介<asp:TextBox ID="TextBox7" runat="server" Width="140px"
            TextMode="MultiLine"></asp:TextBox>
        <br />
        </span>
        <br />
        <asp:Button ID="Button1" runat="server" onclick="Button1_Click" Text=
"保存" />
              
        <asp:Button ID="Button2" runat="server" onclick="Button2_Click" Text=
"重置" />
      
        <asp:Button ID="Button3" runat="server" onclick="Button3_Click" Text=
"取消" />
    </div>
    </form>
</body>
</html>
```

（2）添加课程信息页面运行效果。

运行上述 HTML 代码，在浏览器中查看学生成绩管理系统中的添加课程信息运行界面，如图 8.7 所示。

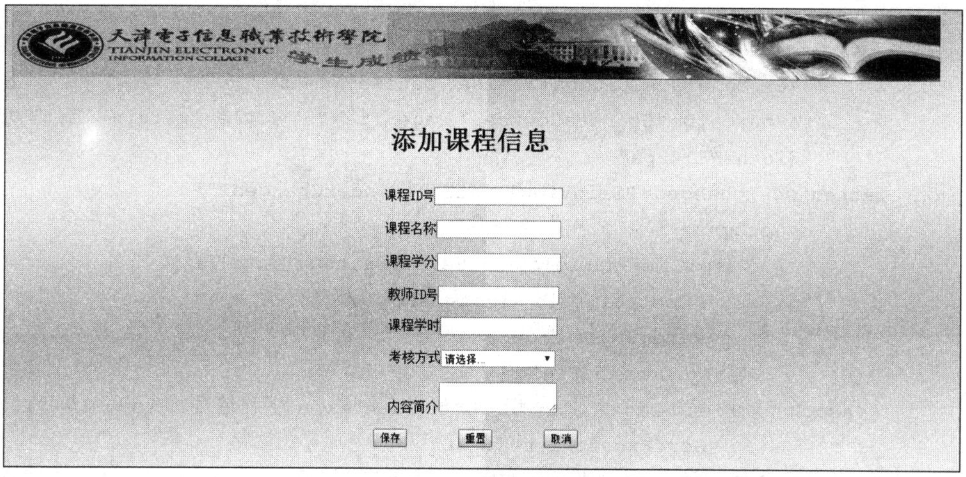

图 8.7　添加课程信息运行界面

6）删除课程信息页面的设计与实现

（1）删除课程信息页面设计的 HTML 代码。

以下是设计删除课程信息页面的具体 HTML 代码：

```
<%@Page Language="C#" AutoEventWireup="true" CodeFile="delete.aspx.cs"
Inherits="delete" %>
<!DOCTYPE html PUBLIC "-//W3C//DTD XHTML 1.0 Transitional//EN" "http://www.w3.
org/TR/xhtml1/DTD/xhtml1-transitional.dtd">
<html xmlns="http://www.w3.org/1999/xhtml">
<head runat="server">
    <title>课程信息删除页面</title>
    <style type="text/css">
        .style1
        { font-size: xx-large; }
        #form1
        { text-align: left; }
    </style>
</head>
<body background="images/background1.jpg">
    <form id="form1" runat="server">
    <div style="text-align: left; width: 1302px;">
        <asp:Image ID="Image1" runat="server" Height="81px" Width="1157px"
            ImageUrl="~/images/标题-1.jpg" />
        <span class="style1">
        <br />
        <br />
            
     
```

```
课程信息列表清单<br />
</span><br />
<asp:GridView ID="GridView1" runat="server" AllowPaging="True"
    AutoGenerateColumns="False" DataKeyNames="C_ID"
 DataSourceID="SqlDataSource1" PageSize="5" style="margin-left: 0px"
    Width="1142px"
onselectedindexchanged="GridView1_SelectedIndexChanged1">
        <Columns>
            <asp:CommandField ShowSelectButton="True" >
                <ControlStyle Width="40px" />
                <ItemStyle Width="40px" />
            </asp:CommandField>
    <asp:BoundField DataField="C_ID" HeaderText="课程编号" ReadOnly="True"
            SortExpression="C_ID" />
<asp:BoundFieldDataField="C_name"HeaderText=
"课程名称"SortExpression="C_name" />
            <asp:BoundField DataField="C_credit" HeaderText="课程学分"
                SortExpression="C_credit" />
    <asp:BoundField DataField="T_ID" HeaderText=
"教师 ID " SortExpression="T_ID" />
            <asp:BoundField DataField="C_period" HeaderText="课程学时数"
                SortExpression="C_period" />
        <asp:BoundField DataField="C_methods" HeaderText="课程考核方式"
                SortExpression="C_methods" />
          <asp:BoundField DataField="C_introduce" HeaderText="课程简介"
                SortExpression="C_introduce" />
        </Columns>
        <SelectedRowStyle BackColor="Yellow" />
    </asp:GridView>
    <asp:SqlDataSource ID="SqlDataSource1" runat="server"

ConnectionString="<%$ConnectionStrings:studentscoreConnectionString2 %>"
        SelectCommand="SELECT [C_ID], [C_name], [C_credit], [T_ID],
[C_period], [C_methods], [C_introduce] FROM [courseinfo]">
    </asp:SqlDataSource>
    </div>
   <br />
  <asp:Button ID="Button1" runat="server" OnClientClick="return confirm
('真的要删除吗？');" onclick="Button1_Click" Text="删除" />
           
<asp:Button ID="Button2" runat="server" onclick="Button2_Click" Text="返回" />
    </form>
  </body>
</html>
```

（2）删除课程信息页面运行效果。

运行上述 HTML 代码，在浏览器中查看学生成绩管理系统中的删除课程信息运行界面，如图 8.8 所示。

	课程编号	课程名称	课程学分	教师ID	课程学时数	课程考核方式	课程简介
选择	0001	数据库设计与实现	3.0	0001	64	上机	本课程是为培养软件开发人员所设置的专业核心课，任务是运用数据库知识创建、管理、使用数据库
选择	0002	Windows应用软件开发	3.5	0002	96	上机	是软件技术专业基于.NET方向的Windows程序开发的一门专业核心课程
选择	0003	软件模型分析与文档编制	2.5	0003	72	报告	课程的主要任务是培养学生在软件开发过程中的建模与分析能力，文档资料的整理与编辑能力
选择	0004	软件测试	2.5	0005	64	笔试	本课程是为培养软件测试员所设置的具有实战性质的专业核心课
选择	0005	网站搭建与维护	3.0	0009	72	上机	本课程主要讲述网站的搭建与维护工作的流程及注意事项

图 8.8　删除课程信息运行界面

7）修改课程信息页面的设计与实现

（1）修改课程信息页面设计的 HTML 代码

以下是设计修改课程信息页面的具体 HTML 代码：

```
<%@Page Language="C#" AutoEventWireup="true" CodeFile="update1.aspx.cs"
Inherits="update1" %>
<!DOCTYPE html PUBLIC "-//W3C//DTD XHTML 1.0 Transitional//EN" "http://www.w3.
org/TR/xhtml1/DTD/xhtml1-transitional.dtd">
<html xmlns="http://www.w3.org/1999/xhtml">
<head runat="server">
    <title>课程信息更新页面</title>
    <style type="text/css">
        .style1
        {   font-size: xx-large;
            text-align: center; }
        .style2
        {   font-size: large;
            text-align: center; }
    </style>
</head>
<body background="images/background1.jpg">
    <form id="form1" runat="server">
    <br />
    <asp:Image ID="Image1" runat="server" Height="81px"
        ImageUrl="~/images/标题-1.jpg" Width="1156px" />
    <br />
    <br />
```

```
<div style="width: 1037px">
< span class="style1">              
                待修改课程详细信息清单<br />
</span><span class="style2"><a href="Default.aspx">首页</a></span>
<br />
    < asp:FormView
        ID="FormView1" runat="server" AllowPaging="True" CellPadding="4"
    DataKeyNames="C_ID"DataSourceID="SqlDataSource1" ForeColor="#333333"
        Width="903px">
    <FooterStyle BackColor="#990000" Font-Bold="True" ForeColor="White" />
        <RowStyle BackColor="#FFFBD6" ForeColor="#333333" />
        <EditItemTemplate>
            C_ID:
        <asp:Label ID="C_IDLabel1" runat="server" Text='<%#Eval("C_ID") %>' />
            <br />
            C_name:
<asp:TextBox ID="C_nameTextBox" runat="server" Text='<%#Bind("C_name") %>' />
            <br />
            C_credit:
            <asp:TextBox ID="C_creditTextBox" runat="server"
                Text='<%#Bind("C_credit") %>' />
            <br />
            T_ID:
    <asp:TextBox ID="T_IDTextBox" runat="server" Text='<%#Bind("T_ID") %>' />
            <br />
            C_period:
            <asp:TextBox ID="C_periodTextBox" runat="server"
                Text='<%#Bind("C_period") %>' />
            <br />
            C_methods:
            <asp:TextBox ID="C_methodsTextBox" runat="server"
                Text='<%#Bind("C_methods") %>' />
            <br />
            C_introduce:
            <asp:TextBox ID="C_introduceTextBox" runat="server"
                Text='<%#Bind("C_introduce") %>' />
            <br />
    <asp:LinkButton ID="UpdateButton" runat="server" CausesValidation=
"True"
                CommandName="Update" Text="更新" />
             <asp:LinkButton ID="UpdateCancelButton" runat="server"
            CausesValidation="False" CommandName="Cancel" Text="取消" />
        </EditItemTemplate>
        <InsertItemTemplate>
```

```
                C_ID:
        <asp:TextBox ID="C_IDTextBox" runat="server" Text='<%#Bind("C_ID") %>' />
                    <br />
                C_name:
<asp:TextBox ID="C_nameTextBox0" runat="server" Text='<%#Bind("C_name") %>' />
                    <br />
                C_credit:
                <asp:TextBox ID="C_creditTextBox0" runat="server"
                    Text='<%#Bind("C_credit") %>' />
                <br />
                T_ID:
        <asp:TextBox ID="T_IDTextBox0" runat="server" Text='<%#Bind("T_ID") %>' />
                <br />
                C_period:
                <asp:TextBox ID="C_periodTextBox0" runat="server"
                    Text='<%#Bind("C_period") %>' />
                <br />
                C_methods:
                <asp:TextBox ID="C_methodsTextBox0" runat="server"
                    Text='<%#Bind("C_methods") %>' />
                <br />
                C_introduce:
                <asp:TextBox ID="C_introduceTextBox0" runat="server"
                    Text='<%#Bind("C_introduce") %>' />
                <br />
        <asp:LinkButton ID="InsertButton" runat="server" CausesValidation=
"True"
                CommandName="Insert" Text="插入" />
                 <asp:LinkButton ID="InsertCancelButton" runat="server"
                CausesValidation="False" CommandName="Cancel" Text="取消" />
            </InsertItemTemplate>
            <ItemTemplate>
                C_ID:
        <asp:Label ID="C_IDLabel" runat="server" Text='<%#Eval("C_ID") %>' />
                <br />
                C_name:
    <asp:Label ID="C_nameLabel" runat="server" Text='<%#Bind("C_name") %>' />
                <br />
                C_credit:
<asp:Label ID="C_creditLabel" runat="server" Text='<%#Bind("C_credit") %>' />
                <br />
                T_ID:
        <asp:Label ID="T_IDLabel" runat="server" Text='<%#Bind("T_ID") %>' />
                <br />
```

```
                        C_period:
<asp:Label ID="C_periodLabel" runat="server" Text='<%#Bind("C_period") %>' />
                        <br />
                        C_methods:
<asp:Label ID="C_methodsLabel" runat="server" Text='<%#Bind("C_methods") %>' />
                        <br />
                        C_introduce:
                        <asp:Label ID="C_introduceLabel" runat="server"
                            Text='<%#Bind("C_introduce") %>' />
                        <br />
        <asp:LinkButton ID="EditButton" runat="server" CausesValidation="False"
                    CommandName="Edit" Text="编辑" />
         <asp:LinkButton ID="DeleteButton"
runat="server" CausesValidation="False"
                    CommandName="Delete" Text="删除" />
         <asp:LinkButton ID="NewButton"
runat="server" CausesValidation="False"
                    CommandName="New" Text="新建" />
            </ItemTemplate>
<PagerStyle BackColor="#FFCC66" ForeColor="#333333" HorizontalAlign=
"Center" />
            <HeaderStyle BackColor="#990000" Font-Bold="True" ForeColor="White" />
            </asp:FormView>
            <asp:SqlDataSource ID="SqlDataSource1" runat="server"

ConnectionString="<%$ConnectionStrings:studentscoreConnectionString6 %>"
            DeleteCommand="DELETE FROM [courseinfo] WHERE [C_ID] =@C_ID"
            InsertCommand="INSERT INTO [courseinfo] ([C_ID], [C_name],
[C_credit], [T_ID], [C_period], [C_methods], [C_introduce]) VALUES (@C_ID,
@C_name, @C_credit, @T_ID, @C_period, @C_methods, @C_introduce)"
            SelectCommand="SELECT [C_ID], [C_name], [C_credit], [T_ID],
[C_period], [C_methods], [C_introduce] FROM [courseinfo]"
            UpdateCommand="UPDATE [courseinfo] SET [C_name] =@C_name,
[C_credit] =@C_credit, [T_ID] =@T_ID, [C_period] =@C_period, [C_methods] =
@C_methods, [C_introduce] =@C_introduce WHERE [C_ID] =@C_ID">
            <DeleteParameters>
                <asp:Parameter Name="C_ID" Type="String" />
            </DeleteParameters>
            <UpdateParameters>
                <asp:Parameter Name="C_name" Type="String" />
                <asp:Parameter Name="C_credit" Type="Decimal" />
                <asp:Parameter Name="T_ID" Type="String" />
                <asp:Parameter Name="C_period" Type="Int32" />
                <asp:Parameter Name="C_methods" Type="String" />
```

```
                <asp:Parameter Name="C_introduce" Type="String" />
                <asp:Parameter Name="C_ID" Type="String" />
            </UpdateParameters>
            <InsertParameters>
                <asp:Parameter Name="C_ID" Type="String" />
                <asp:Parameter Name="C_name" Type="String" />
                <asp:Parameter Name="C_credit" Type="Decimal" />
                <asp:Parameter Name="T_ID" Type="String" />
                <asp:Parameter Name="C_period" Type="Int32" />
                <asp:Parameter Name="C_methods" Type="String" />
                <asp:Parameter Name="C_introduce" Type="String" />
            </InsertParameters>
        </asp:SqlDataSource>
    </div>
    </form>
</body>
</html>
```

（2）修改课程信息页面运行效果。

运行上述 HTML 代码，在浏览器中查看学生成绩管理系统中的修改课程信息运行界面，如图 8.9 所示。

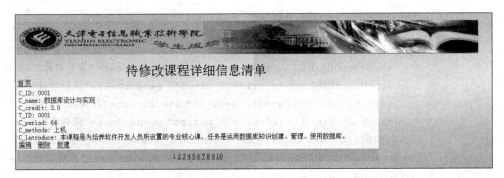

图 8.9　修改课程信息运行界面

8）查询课程信息页面的设计与实现

为了增强系统查询信息的灵活性，该系统将查询功能划分为精确查询与模糊查询，针对每一种查询的设计与实现分别进行如下介绍。

（1）精确查询课程信息页面设计的 HTML 代码。

以下是设计精确查询课程信息页面的具体 HTML 代码：

```
<%@Page Language="C#" AutoEventWireup="true" CodeFile="select2test.aspx.cs"
Inherits="select2" %>
<!DOCTYPE html PUBLIC "-//W3C//DTD XHTML 1.0 Transitional//EN" "http://www.w3.
org/TR/xhtml1/DTD/xhtml1-transitional.dtd">
<html xmlns="http://www.w3.org/1999/xhtml">
```

```
<head runat="server">
    <title>课程信息查询页面</title>
</head>
<body background="images/background1.jpg">
    <form id="form1" runat="server">
    <div style="text-align: center; width: 1157px;">
        <asp:Image ID="Image1" runat="server" Height="81px" Width="1157px"
            ImageUrl="~/images/标题-1.jpg" />
      <br />
      <br />
请输入完整课程的名称:<asp:TextBox ID="TextBox1" runat="server"></asp:TextBox>
    <asp:Button ID="Button1" runat="server" onclick="Button1_Click" Text=
"查询" />
           
  <asp:Button ID="Button3" runat="server"
Text="高级查询" onclick="Button3_Click" />
  
<asp:Button ID="Button2" runat="server" onclick="Button2_Click" Text="返回" />
      <br />
      <br />
      <asp:GridView ID="GridView1" runat="server" Width="837px"
          AutoGenerateColumns="False">
          <Columns>
              <asp:BoundField DataField="C_ID" HeaderText="课程编号" />
              <asp:BoundField DataField="C_name" HeaderText="课程名称" />
             <asp:BoundField DataField="C_credit" HeaderText="课程学分" />
              <asp:BoundField DataField="T_ID" HeaderText="任课教师" />
              <asp:BoundField DataField="C_period" HeaderText="课程学时" />
             <asp:BoundField DataField="C_methods" HeaderText="考核方式" />
              <asp:BoundField DataField="C_introduce" HeaderText="课程简介" />
          </Columns>
      </asp:GridView>
    </div>
    </form>
</body>
</html>
```

（2）精确查询课程信息页面运行效果。

运行上述 HTML 代码,在浏览器中查看学生成绩管理系统中的精确查询课程信息运行界面,如图 8.10 所示。

（3）模糊查询课程信息页面设计的 HTML 代码。

以下是设计模糊查询课程信息页面的具体 HTML 代码:

图 8.10　精确查询课程信息运行界面

```
<%@Page Language="C#" AutoEventWireup="true" CodeFile="select2testgaoji.
aspx.cs" Inherits="select2" %>
<!DOCTYPE html PUBLIC "-//W3C//DTD XHTML 1.0 Transitional//EN" "http://www.w3.
org/TR/xhtml1/DTD/xhtml1-transitional.dtd">
<html xmlns="http://www.w3.org/1999/xhtml">
<head runat="server">
    <title>课程信息查询页面</title>
</head>
<body background="images/background1.jpg">
    <form id="form1" runat="server">
    <div style="width: 1159px; height: 391px">
        <asp:Image ID="Image1" runat="server" Height="81px" Width="1157px"
            ImageUrl="~/images/标题-1.jpg" />
        <br />
        <br />
        <a href="Default.aspx">首页</a>      
        <a href="select2test.aspx">查询主页</a><br />
        <br />
        按课程名称查:<asp:TextBox ID="TextBox1" runat="server"
            ontextchanged="TextBox1_TextChanged" Width="157px"></asp:TextBox>
<asp:Button ID="Button1" runat="server" onclick="Button1_Click" Text="查询" />
           <asp:Button ID="Button2" runat="server"
            onclick="Button2_Click" Text="返回" Visible="False" />
        <br />
        <br />
按课程学时查:<asp:TextBox ID="TextBox2"
runat="server" Width="157px"></asp:TextBox>
        <asp:Button ID="Button3" runat="server" onclick="Button3_Click" Text=
"查询" />
  
<asp:Button ID="Button4" runat="server" onclick="Button4_Click" Text="返回"
            Visible="False" />
        <br />
        <br />
            按课程考核方案查:<asp:TextBox ID="TextBox3" runat="server" Width
="124px"></asp:TextBox>
        <asp:Button ID="Button5" runat="server" onclick="Button5_Click" Text=
"查询" />
```

```
  
<asp:Button ID="Button6" runat="server" onclick="Button6_Click" Text="返回"
        Visible="False" />
    <br />
    <br />
    <asp:GridView ID="GridView1" runat="server" Width="837px"
        AutoGenerateColumns="False">
        <Columns>
            <asp:BoundField DataField="C_ID" HeaderText="课程编号" />
            <asp:BoundField DataField="C_name" HeaderText="课程名称" />
            <asp:BoundField DataField="C_credit" HeaderText="课程学分" />
            <asp:BoundField DataField="T_ID" HeaderText="任课教师" />
            <asp:BoundField DataField="C_period" HeaderText="课程学时" />
            <asp:BoundField DataField="C_methods" HeaderText="考核方式" />
            <asp:BoundField DataField="C_introduce" HeaderText="课程简介" />
        </Columns>
    </asp:GridView>
    </div>
    </form>
</body>
</html>
```

（4）模糊查询课程信息页面运行效果。

运行上述 HTML 代码，在浏览器中查看学生成绩管理系统中的模糊查询课程信息运行界面，如图 8.11 所示。

图 8.11　模糊查询课程信息运行界面

9）考试成绩排序页面的设计与实现

（1）考试成绩排序页面设计的 HTML 代码。

以下是设计考试成绩排序页面的具体 HTML 代码：

```
<%@Page Language="C#" AutoEventWireup="true" CodeFile="sortscore.aspx.cs"
Inherits="sortscore" %>
<!DOCTYPE html PUBLIC "-//W3C//DTD XHTML 1.0 Transitional//EN" "http://www.w3.
org/TR/xhtml1/DTD/xhtml1-transitional.dtd">
<html xmlns="http://www.w3.org/1999/xhtml">
<head runat="server">
```

```
        <title>成绩排序页面</title>
        <style type="text/css">
            #Radio1
            { width: 21px; }
            .style1
            { font-size: xx-large;
                font-weight: bold; }
        </style>
</head>
<body background="images/background1.jpg">
    <form id="form1" runat="server">
    <div style="text-align: center; width: 1166px; height: 479px">
        <br />
        <asp:Image ID="Image1" runat="server" Height="81px" Width="1158px"
            ImageUrl="~/images/标题-1.jpg" />
        <br />
        <br />
        <span class="style1">考试成绩排序</span><br />
        <br />
    请输入课程编号:<asp:TextBox ID="TextBox1" runat="server"></asp:TextBox>
        <br />
        <br />
请选择排序方式:<asp:DropDownList ID="DropDownList1"
runat="server" Height="31px"
        Width="120px">
            <asp:ListItem>升序</asp:ListItem>
            <asp:ListItem>降序</asp:ListItem>
        </asp:DropDownList>
        <br />
            
        <br />
<asp:Button ID="Button1" runat="server" Text="排序 " onclick="Button1_Click" />
            
          
        <asp:Button ID="Button2" runat="server" Text="返回" onclick="Button2_
Click" />
        <br />
        <br />
    <asp:GridView ID="GridView1" runat="server" AutoGenerateColumns="False"
        Width="676px">
        <Columns>
            <asp:BoundField DataField="S_ID" HeaderText="学生学号" />
            <asp:BoundField DataField="C_ID" HeaderText="课程编号" />
            <asp:BoundField DataField="G_score" HeaderText="考试成绩" />
```

```
            <asp:BoundField DataField="G_time" HeaderText="考试时间" />
        </Columns>
    </asp:GridView>
</div>
</form>
</body>
</html>
```

（2）考试成绩排序页面的运行效果。

运行上述 HTML 代码在浏览器中查看学生成绩管理系统中的考试成绩排序运行界面，如图 8.12 所示。

图 8.12 考试成绩排序运行界面

由于书籍篇幅的限制，其他界面的设计在此不再赘述，请读者参考上述内容自行设计。

2. 数据库设计

1) 数据表的设置

学生成绩管理系统数据库一共设计了 5 张数据表，分别为 userinfo（用户信息表）、studentinfo（学生信息表）、teacherinfo（教师信息表）、courseinfo（课程信息表）、gradeinfo（成绩信息表），下面分别列出每张数据表的具体数据列名、数据类型、相关约束及主键设置等内容。具体而言，userinfo 用户信息表的具体设置如图 8.13 所示；studentinfo 学生信息表的具体设置如图 8.14 所示；teacherinfo 教师信息表的具体设置如图 8.15 所示；courseinfo 课程信息表的具体设置如图 8.16 所示；gradeinfo 成绩信息表的具体设置如图 8.17 所示。

列名	数据类型	允许 Null 值
U_ID	nvarchar(15)	☐
U_password	nvarchar(15)	☐
U_actor	varchar(50)	☐
U_SidentityID	nvarchar(15)	☑
U_TidentityID	nvarchar(15)	☑
		☐

图 8.13 userinfo 表结构设置

列名	数据类型	允许 Null 值
S_ID	nvarchar(15)	☐
S_name	varchar(20)	☐
S_sex	char(2)	☑
S_special	varchar(50)	☑
S_year	date	☑
S_fee	money	☑
S_poor	bit	☑
		☐

图 8.14 studentinfo 表结构设置

列名	数据类型	允许 Null 值
T_ID	nvarchar(15)	☐
T_name	nvarchar(20)	☐
T_identity	varchar(30)	☑
T_department	varchar(50)	☑
T_contact	varchar(25)	☑
		☐

图 8.15　teacherinfo 表结构设置

列名	数据类型	允许 Null 值
C_ID	nvarchar(8)	☐
C_name	nchar(30)	☐
C_credit	decimal(3, 1)	☑
T_ID	nvarchar(15)	☑
C_period	int	☑
C_methods	char(30)	☑
C_introduce	text	☑
		☐

图 8.16　courseinfo 表结构设置

列名	数据类型	允许 Null 值
S_ID	nvarchar(15)	☐
C_ID	nvarchar(8)	☐
G_score	float	☑
G_time	datetime	☑
		☐

图 8.17　gradeinfo 表结构设置

2）表与表之间关系的设置

管理学生成绩关系如图 8.18 所示，在本关系中涉及课程信息表、学生信息表、教师信息表和成绩信息表。

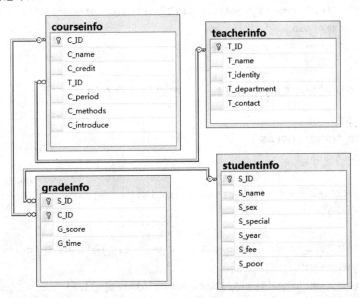

图 8.18　管理学生成绩关系图

管理系统用户关系如图 8.19 所示，在本关系中涉及学生信息表、教师信息表和用户信息表等。

3）存储过程的设计与实现

在本案例中针对信息查询的设计思想是利用存储过程实现对信息的精确查询和模糊

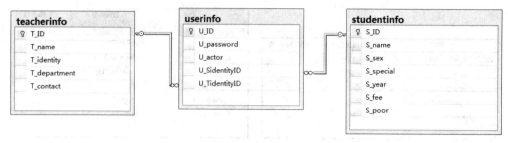

图 8.19 管理系统用户关系图

查询的操作,在此仅介绍有关课程信息查询的存储过程,其他存储过程的内容请读者模仿所讲解的知识点自行完成。

(1) 精确查询课程信息的存储过程。

```
SET ANSI_NULLS ON
SET QUOTED_IDENTIFIER ON
USE stuscoremanage
GO
CREATE PROCEDURE [dbo].[selectcourse]
    (@C_name nchar(30))
AS
    SELECT C_ID,C_name, C_credit,T_ID,C_period,C_methods,C_introduce
    FROM courseinfo
    WHERE (C_name =RTRIM(@C_name))
RETURN
```

(2) 模糊查询课程信息的存储过程——按课程名称查询。

```
SET ANSI_NULLS ON
SET QUOTED_IDENTIFIER ON
USE stuscoremanage
GO
CREATE PROCEDURE [dbo].[selectcoursegaojimc]
    (@C_namegaoji nchar(30))
AS
    SELECT C_ID,C_name, C_credit,T_ID,C_period,C_methods,C_introduce
    FROM courseinfo
    WHERE (C_name Like '%'+RTRIM(@C_namegaoji) +'%')
RETURN
```

(3) 模糊查询课程信息的存储过程——按课程学时查询。

```
SET ANSI_NULLS ON
SET QUOTED_IDENTIFIER ON
USE stuscoremanage
GO
```

```
CREATE PROCEDURE [dbo].[selectcoursegaojixs]
    (@C_periodgaoji  int)
AS
    SELECT C_ID,C_name, C_credit,T_ID,C_period,C_methods,C_introduce
    FROM courseinfo
    WHERE (C_period=@C_periodgaoji)
RETURN
```

（4）模糊查询课程信息的存储过程——按课程考核方案查询。

```
SET ANSI_NULLS ON
SET QUOTED_IDENTIFIER ON
USE stuscoremanage
GO
CREATE PROCEDURE [dbo].[selectcoursegaojifa]
    (@C_methodsgaoji char(30))
AS
    SELECT C_ID,C_name, C_credit,T_ID,C_period,C_methods,C_introduce
    FROM courseinfo
    WHERE (C_methods Like '%'+RTRIM(@C_methodsgaoji) +'%')
RETURN
```

（5）考试成绩排序的存储过程——按升序排序。

```
SET ANSI_NULLS ON
SET QUOTED_IDENTIFIER ON
USE stuscoremanage
GO
CREATE PROCEDURE [dbo].[sortscoreasc]
    (@C_ID nvarchar(8))
AS
SELECT *  FROM gradeinfo  WHERE (C_ID=RTRIM(@C_ID))
ORDER BY G_score ASC
RETURN
```

（6）考试成绩排序的存储过程——按降序排序。

```
SET ANSI_NULLS ON
SET QUOTED_IDENTIFIER ON
USE stuscoremanage
GO
CREATE PROCEDURE [dbo].[sortscoredesc]
    (@C_ID nvarchar(8))
AS
SELECT *  FROM gradeinfo  WHERE (C_ID=RTRIM(@C_ID))
ORDER BY G_score DESC
RETURN
```

4）在 Visual Studio 2010 中实现数据库的连接

在集成环境中进行软件项目的开发，应将创建完毕的数据库与开发环境进行连接，以便实现对数据库的访问。通常连接数据库有两种方法：一种是通过 Visual Studio 2010 集成开发环境中提供的可视化向导来实现；另一种是通过 ADO. NET 组件利用相应的数据连接对象 Connection、命令对象 Command、数据读取器 DataReader、数据适配器 DataAdapter 及数据集 DataSet 等，编辑相应的程序代码实现与数据库的连接。第二种方法通过案例程序代码的展示，请读者自行学习。在此仅讲解第一种方法，具体操作步骤如下。

（1）启动 Visual Studio 2010 集成开发环境，执行"文件"→"新建"→"网站"命令，在打开的对话框中选择 Visual C♯已安装的模板；选择"ASP. NET 网站"选项；在 Web 位置处输入即将建立的网站存放路径与网站名称"Z:\虚拟盘 01\studentscore"，如图 8.20 所示。

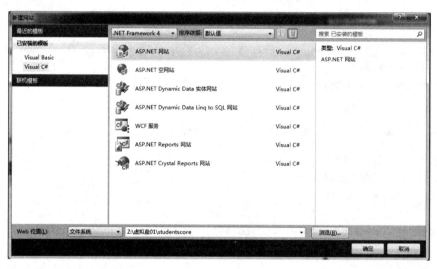

图 8.20　新建网站界面

（2）相关信息设定完毕，单击"确定"按钮，进入 Visual Studio 2010 集成开发环境，调出服务器资源管理器，找到"数据连接"节点，右击，在弹出的菜单中选择"添加连接"命令，如图 8.21 所示。

（3）运行添加数据库连接命令，打开"选择数据源"对话框，如图 8.22 所示。

（4）在数据源列表中选择 Microsoft SQL Server 选项，单击"继续"按钮，进入"添加连接"对话框，在服务器名下拉列表中输入"."表示使用本地服务器；选择"使用 Windows 身份验证（W）"单选按钮；单击"选择或输入一个数据库名（D）"单选按钮，在下拉选项框中选择已经建立完毕的数据库 stuscoremanage 数据库，如图 8.23 所示。

（5）信息添加完毕，单击"测试连接"按钮，对数据库的连接进行测试，测试连接成功界面如图 8.24 所示。

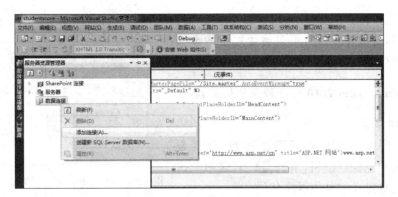

图 8.21 服务器资源管理器窗口

图 8.22 "选择数据源"对话框

图 8.23 添加数据库连接界面

图 8.24 数据库连接成功界面

（6）单击"确定"按钮，返回到"添加连接"对话框，再次单击"确定"按钮，关闭该界面，查看"服务器资源管理器"，可见刚才选定的数据库已经实现成功连接，如图 8.25 所示。

3. Visual Studio 2010 后台程序代码编辑

1）登录系统

在登录系统界面中包括两个按钮，分别是"确定"按钮和"取消"按钮，下面是针对这两个按钮及相关变量定义的具体程序代码。

图 8.25　stuscoremanage 数据库成功连接

（1）相关变量定义程序代码如下：

```
private string strid ="";
private string strps ="";
public   static int i =1;
```

（2）"确定"按钮程序代码如下：

```
protected void Button1_Click(object sender, EventArgs e)
    {    strid =TextBox1.Text;
         strps =TextBox2.Text;
         if (strid =="" || strps =="")
         { ClientScript.RegisterStartupScript(this.GetType(), "InputError",
"alert('用户的 ID 号或密码不能为空!')", true); }
     else { if (i<=3)
         {SqlConnection conn =new SqlConnection("server=.;
database=stuscoremanage;uid=sa;pwd=sa;");
             conn.Open();
             SqlCommand cmd_login =new SqlCommand();
             cmd_login.Connection =conn;
             string selectsql ="select *  from userinfo where U_ID='" +TextBox1.
Text +"' and U_password='" +TextBox2.Text +"'";
             SqlDataAdapter da =new SqlDataAdapter();
             da.SelectCommand =new SqlCommand(selectsql, conn);
             DataSet ds =new DataSet();
             da.Fill(ds);
             conn.Close();
             if (ds.Tables[0].Rows.Count ==0)
             {    i =i +1;
  Response.Write("<script language=javascript>alert('用户 ID 号或密码错误!');
</script>");
                 return; }
             else { DataRow MyRow =ds.Tables[0].Rows[0];
                 if (MyRow[2].ToString().Trim() =="学生")
                 { Response.Redirect("Defaultstudent.aspx"); }
```

```
        else { Response.Redirect("Defaultteacher.aspx"); } } }
        Response.Write("<script language=javascript>alert('输入错误次数超
过3次,系统返回首页重新登录!');</script>");
                i =1;
        Response.End(); }
}
```

（3）"取消"按钮程序代码如下：

```
protected void Button2_Click(object sender, EventArgs e)
    { Response.Redirect("Default.aspx"); }
```

2）用户注册

在用户注册界面中包括 3 个按钮，分别是"确定""重置"和"取消"，下面是针对这 3 个按钮及相关变量定义的具体程序代码。

（1）相关变量定义程序代码如下：

```
private string strid ="";
private string strps ="";
private string strac ="";
private string strts ="";
private string strps1 ="";
```

（2）"确定"按钮程序代码如下：

```
protected void Button1_Click(object sender, EventArgs e)
    { if (TextBoxID.Text =="")
        { ClientScript.RegisterStartupScript(this.GetType(), "InputError",
"alert('用户的 ID 号不能为空!')", true); }
        else { strid =TextBoxID.Text;
            strps =TextBoxPS.Text;
            strac =DropDownListAC.SelectedValue;
            strts =TextBoxTS.Text;
            strps1 =TextBoxPS1.Text;
            if (TextBoxPS.Text !=TextBoxPS1.Text   )
            {ClientScript.RegisterStartupScript(this.GetType(), "InputError",
"alert('两次输入的密码不一致!')", true);}
        else { if (strac =="学生")
        {SqlConnection conn =new SqlConnection("server=.;
                        database=stuscoremanage;uid=sa;pwd=sa;");
            conn.Open();
            SqlCommand cmd_insert =new SqlCommand();
            cmd_insert.Connection =conn;
            cmd_insert.CommandText =
        "insert into userinfo(U_ID,U_password,U_actor,U_SidentityID)";
            cmd_insert.CommandText +=
```

```
                    "values(@U_ID,@U_password,@U_actor,@U_SidentityID)";
                cmd_insert.Parameters.Add("@U_ID", SqlDbType.NVarChar, 15);
            cmd_insert.Parameters.Add("@U_password", SqlDbType.NVarChar, 15);
                cmd_insert.Parameters.Add("@U_actor", SqlDbType.VarChar, 50);
                cmd_insert.Parameters.Add("@U_SidentityID",
                                            SqlDbType.NVarChar, 15);
                cmd_insert.Parameters["@U_ID"].Value =strid;
                cmd_insert.Parameters["@U_password"].Value =strps;
                cmd_insert.Parameters["@U_actor"].Value =strac;
                cmd_insert.Parameters["@U_SidentityID"].Value =strts;
                cmd_insert.ExecuteNonQuery();
                conn.Close();
                ClientScript.RegisterStartupScript(this.GetType(), "InputError",
"alert('新用户已经成功添加!')", true); }
        else {SqlConnection conn =new SqlConnection("server=.;
                        database=stuscoremanage;uid=sa;pwd=sa;");
            conn.Open();
            SqlCommand cmd_insert =new SqlCommand();
            cmd_insert.Connection =conn;
            cmd_insert.CommandText =
            "insert into userinfo(U_ID,U_password,U_actor,U_TidentityID)";
            cmd_insert.CommandText +=
            "values(@U_ID,@U_password,@U_actor,@U_TidentityID)";
            cmd_insert.Parameters.Add("@U_ID", SqlDbType.NVarChar, 15);
        cmd_insert.Parameters.Add("@U_password", SqlDbType.NVarChar, 15);
            cmd_insert.Parameters.Add("@U_actor", SqlDbType.VarChar, 50);
            cmd_insert.Parameters.Add("@U_TidentityID",
                                        SqlDbType.NVarChar, 15);
            cmd_insert.Parameters["@U_ID"].Value =strid;
            cmd_insert.Parameters["@U_password"].Value =strps;
            cmd_insert.Parameters["@U_actor"].Value =strac;
            cmd_insert.Parameters["@U_TidentityID"].Value =strts;
            cmd_insert.ExecuteNonQuery();
            conn.Close();
            ClientScript.RegisterStartupScript(this.GetType(), "InputError",
"alert('新用户已经成功添加!')", true); }
        }
    }
}
```

（3）"重置"按钮程序代码如下：

```
protected void Button2_Click(object sender, EventArgs e)
    {   TextBoxID.Text ="";
        TextBoxPS.Text ="";
```

```
TextBoxPS1.Text ="";
DropDownListAC.SelectedIndex =0;
TextBoxTS.Text =""; }
```

（4）"取消"按钮程序代码如下：

```
protected void Button3_Click(object sender, EventArgs e)
    { Response.Redirect("Default.aspx"); }
```

3）插入课程信息

在插入课程信息的界面中包括 3 个按钮，分别是"保存""重置"和"取消"，下面是针对这 3 个按钮及相关变量定义的具体程序代码。

（1）相关变量定义程序代码如下：

```
private string strid ="";
private string strname ="";
private decimal strcre ;
private string strtid ="";
private int strper =0;
private string strmet ="";
private string strtro ="";
```

（2）"保存"按钮程序代码如下：

```
public   void Button1_Click(object sender, EventArgs e)
{   strid =TextBox1.Text;
    strname =TextBox2.Text;
    strcre =decimal.Parse(TextBox3.Text);
    strtid =TextBox4.Text;
    strper =int.Parse(TextBox5.Text);
    strmet =DropDownList1.SelectedValue;
    strtro =TextBox7.Text;
    SqlConnection conn =new SqlConnection("server=.;
                    database=stuscoremanage;uid=sa;pwd=sa;");
    conn.Open();
    SqlCommand cmd_insert =new SqlCommand();
    cmd_insert.Connection =conn;
    cmd_insert.CommandText ="insert into courseinfo
    (C_ID,C_name,C_credit,T_ID,C_period,C_methods,C_introduce)";
    cmd_insert.CommandText +="values
    (@C_ID,@C_name,@C_credit,@T_ID,@C_period,@C_methods,@C_introduce)";
    cmd_insert .Parameters .Add ("@C_ID",SqlDbType.NVarChar,8);
    cmd_insert.Parameters.Add("@C_name", SqlDbType.NChar,30);
    cmd_insert.Parameters.Add("@C_credit", SqlDbType.Decimal );
    cmd_insert.Parameters.Add("@T_ID", SqlDbType.NVarChar ,15);
    cmd_insert.Parameters.Add("@C_period", SqlDbType.Int );
```

```
cmd_insert.Parameters.Add("@C_methods", SqlDbType.Char , 30);
cmd_insert.Parameters.Add("@C_introduce", SqlDbType.Text);
cmd_insert.Parameters["@C_ID"].Value =strid;
cmd_insert.Parameters["@C_name"].Value =strname ;
cmd_insert.Parameters["@C_credit"].Value =strcre;
cmd_insert.Parameters["@T_ID"].Value =strtid;
cmd_insert.Parameters["@C_period"].Value =strper;
cmd_insert.Parameters["@C_methods"].Value =strmet;
cmd_insert.Parameters["@C_introduce"].Value =strtro;
cmd_insert.ExecuteNonQuery();
conn.Close();
Response.Redirect("showcourse.aspx"); }
```

（3）"重置"按钮程序代码如下：

```
protected void Button2_Click(object sender, EventArgs e)
{   TextBox1.Text ="";
    TextBox2.Text ="";
    TextBox3.Text ="";
    TextBox4.Text ="";
    TextBox5.Text ="";
    DropDownList1.SelectedIndex =0;
    TextBox7 .Text =""; }
```

（4）"取消"按钮程序代码如下：

```
protected void Button3_Click(object sender, EventArgs e)
{ Response.Redirect("Default.aspx"); }
```

4）删除课程信息

在删除课程信息的界面中包括两个按钮，分别是"删除"和"返回"，下面是针对这两个按钮的具体程序代码。

（1）"删除"按钮程序代码如下：

```
protected void Button1_Click(object sender, EventArgs e)
{ SqlConnection conn =
  new SqlConnection("server=.;database=stuscoremanage;uid=sa;pwd=sa;");
    conn.Open();
    SqlCommand cmd_delete =new SqlCommand();
    cmd_delete.Connection =conn;
    cmd_delete.CommandText ="delete from courseinfo where C_ID='" +GridView1.
SelectedValue +"'";
    cmd_delete.ExecuteNonQuery();
    conn.Close();
    Response.Redirect("delete.aspx"); }
```

（2）"返回"按钮程序代码如下：

```
protected void Button2_Click(object sender, EventArgs e)
{ Response.Redirect("Default.aspx"); }
```

5）精确查询课程信息

在精确查询课程信息的界面中包括3个按钮，分别是"查询""高级查询"和"返回"，下面是针对这3个按钮的具体程序代码。

（1）"查询"按钮程序代码如下：

```
protected void Button1_Click(object sender, EventArgs e)
    {string strid =TextBox1.Text;
    if (strid =="") ClientScript.RegisterStartupScript(this.GetType(),
"InputError", "alert('查询信息为空,不能实施查询操作!')", true);
        SqlConnection conn =new SqlConnection("server=.;
                        database=stuscoremanage;uid=sa;pwd=sa;");
        SqlCommand cmd_select =new SqlCommand("selectcourse", conn);
        cmd_select.CommandType =CommandType.StoredProcedure;
cmd_select.Parameters.Add(new SqlParameter("@C_name", SqlDbType.NChar, 30));
        cmd_select.Parameters["@C_name"].Value =TextBox1.Text.Trim();
        conn.Open();
        GridView1.DataSource =cmd_select.ExecuteReader();
        GridView1.DataBind(); }
```

（2）"高级查询"按钮程序代码如下：

```
protected void Button3_Click(object sender, EventArgs e)
    { Response.Redirect("select2testgaoji.aspx"); }
```

（3）"返回"按钮程序代码如下：

```
protected void Button2_Click(object sender, EventArgs e)
    { Response.Redirect("Default.aspx"); }
```

6）模糊查询课程信息

在模糊查询课程信息的界面中包括3个"查询"按钮，下面是针对这3个按钮的具体程序代码。

（1）按课程名称查的"查询"按钮程序代码如下：

```
protected void Button1_Click(object sender, EventArgs e)
    { string strid =TextBox1.Text;
      if (strid =="") ClientScript.RegisterStartupScript(this.GetType(),
"InputError", "alert('查询信息为空,不能实施查询操作!')", true);
        SqlConnection conn =new SqlConnection("server=.;
                        database=stuscoremanage;uid=sa;pwd=sa;");
        SqlCommand cmd_select =new SqlCommand("selectcoursegaojimc ", conn);
        cmd_select.CommandType =CommandType.StoredProcedure;
```

```
cmd_select.Parameters.Add(new SqlParameter("@C_namegaoji", SqlDbType.NChar,
30));
        cmd_select.Parameters["@C_namegaoji"].Value =TextBox1.Text.Trim();
        conn.Open();
        GridView1.DataSource =cmd_select.ExecuteReader();
        GridView1.DataBind(); }
```

（2）按课程学时查的"查询"按钮程序代码如下：

```
protected void Button3_Click(object sender, EventArgs e)
    { string strid =TextBox2.Text;
    if (strid =="") ClientScript.RegisterStartupScript(this.GetType(),
"InputError", "alert('查询信息为空,不能实施查询操作!')", true);
        SqlConnection conn =new SqlConnection("server=.;
                        database=stuscoremanage;uid=sa;pwd=sa;");
        SqlCommand cmd_select =new SqlCommand("selectcoursegaojixs", conn);
        cmd_select.CommandType =CommandType.StoredProcedure;
        cmd_select.Parameters.Add(new SqlParameter
                        ("@C_periodgaoji", SqlDbType.Int ));
        strid =TextBox2.Text.Trim();
    cmd_select.Parameters["@C_periodgaoji"].Value =Int32 .Parse (strid );
        conn.Open();
        GridView1.DataSource =cmd_select.ExecuteReader();
        GridView1.DataBind(); }
```

（3）按课程考核方案查的"查询"按钮程序代码如下：

```
protected void Button5_Click(object sender, EventArgs e)
    {string strid =TextBox3.Text;
    if (strid =="") ClientScript.RegisterStartupScript(this.GetType(),
"InputError", "alert('查询信息为空,不能实施查询操作!')", true);
        SqlConnection conn =new SqlConnection("server=.;
                        database=stuscoremanage;uid=sa;pwd=sa;");
        SqlCommand cmd_select =new SqlCommand("selectcoursegaojifa", conn);
        cmd_select.CommandType =CommandType.StoredProcedure;
cmd_select.Parameters.Add(new SqlParameter
                        ("@C_methodsgaoji", SqlDbType.Char ,30));
        strid =TextBox3.Text.Trim();
        cmd_select.Parameters["@C_methodsgaoji"].Value =strid;
        conn.Open();
        GridView1.DataSource =cmd_select.ExecuteReader();
        GridView1.DataBind(); }
```

7）成绩排序

在考试成绩排序界面中包括两个按钮,分别是"排序"和"返回",下面是针对这两个按钮的具体程序代码。

（1）"排序"按钮程序代码如下：

```
protected void Button1_Click(object sender, EventArgs e)
    {string strid =TextBox1.Text;
    if (strid =="") ClientScript.RegisterStartupScript(this.GetType(),
"InputError", "alert('没有输入课程编号,不能实施排序操作!')", true);
        if (DropDownList1 .Text =="升序")
        {SqlConnection conn =new SqlConnection("server=.;
                        database=stuscoremanage;uid=sa;pwd=sa;");
        SqlCommand cmd_select =new SqlCommand("sortscoreasc", conn);
        cmd_select.CommandType =CommandType.StoredProcedure;
cmd_select.Parameters.Add(new SqlParameter("@C_ID", SqlDbType.NVarChar , 8));
        cmd_select.Parameters["@C_ID"].Value =TextBox1.Text.Trim();
        conn.Open();
        GridView1.DataSource =cmd_select.ExecuteReader();
        GridView1.DataBind(); }
    else {SqlConnection conn =new SqlConnection("server=.;
                        database=stuscoremanage;uid=sa;pwd=sa;");
        SqlCommand cmd_select =new SqlCommand("sortscoredesc", conn);
        cmd_select.CommandType =CommandType.StoredProcedure;
cmd_select.Parameters.Add(new SqlParameter("@C_ID", SqlDbType.NVarChar, 8));
        cmd_select.Parameters["@C_ID"].Value =TextBox1.Text.Trim();
        conn.Open();
        GridView1.DataSource =cmd_select.ExecuteReader();
        GridView1.DataBind(); }
}
```

（2）"返回"按钮程序代码如下：

```
protected void Button2_Click(object sender, EventArgs e)
    { Response.Redirect("Default.aspx"); }
```

由于系统规模与本书篇幅的限制，在此仅给出该系统实现的部分程序代码，其余内容请读者模仿本书已讲授的具体知识或者参考相关书籍自行完成。

4. 系统运行与测试

在本小节中针对用户登录系统、用户注册、成绩排序以及有关课程信息的操作内容进行系统测试，以便为读者展现系统的运行效果，其余功能的系统运行与测试不再赘述。在 Visual Studio 2010 集成开发环境中对相关功能进行系统运行与测试的具体步骤如下。

（1）执行"调试"→"启动调试"命令，如图 8.26

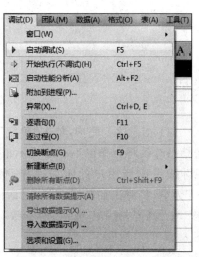

图 8.26 选择系统调试命令

所示。

（2）运行学生成绩管理系统，进入首页，如图 8.27 所示。

图 8.27　进入系统首页

（3）此时的首页中只有"用户管理"的下拉菜单"登录系统""注册用户"；"系统帮助"的下拉菜单"重新登录""修改密码""帮助信息""退出系统"等功能是可以使用的，其余菜单均为不可用状态。为了功能运行与系统测试的方便，在此注册一位教务教师身份的系统用户，用户编号为 0021、用户口令为 0021、用户身份选择"教务教师"；对应的该位教师的 ID 编号为 0010 的网络技术系丁文老师。执行"用户管理"→"注册用户"命令，进入用户注册界面，输入用户注册信息，如图 8.28 所示。

图 8.28　进入用户注册页面

（4）信息输入完毕，单击"确定"按钮，弹出新用户添加成功的提示，如图 8.29 所示。若信息有误将会弹出不同的提示框，修改正确后才能完成新用户的添加操作，例如，"用户 ID"为空，将弹出如图 8.30 的对话框，"用户密码"与"确认密码"输入不一致，将弹出如图 8.31 的对话框。

图 8.29　新用户添加成功

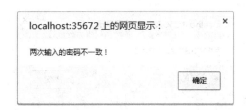

图 8.30 用户的 ID 号为空　　　　　图 8.31 两次输入的密码不一致

（5）如果要清除已经填写的用户信息，单击"重置"按钮，将清空相关文本框及下拉选项框的对应信息。如果新用户添加完毕，单击"取消"按钮，返回系统首页，可以使用新添加的用户登录系统。

（6）执行"用户管理"→"登录系统"命令，进入登录系统界面，输入用户登录系统信息，例如，用户 ID 输入 0021、用户密码输入 0021，如图 8.32 所示。

图 8.32　进入系统登录页面

（7）单击"确定"按钮，如果用户 ID 与密码输入正确，即可进入以教师身份登录的系统主页，如图 8.33 所示。若用户 ID 或密码为空，将会弹出图 8.34。若用户 ID 或密码错误，将会弹出图 8.35。若用户 ID 或密码输入错误超过 3 次，将会弹出图 8.36，单击"确定"按钮，系统自动结束运行。

图 8.33　进入以教师身份登录的系统主页

（8）若登录正确后，进行添加课程信息的操作，执行"添加信息"→"添加课程信息"命令，如图 8.37 所示。

图 8.34 用户的 ID 号或密码为空　　　　　图 8.35 用户 ID 号或密码错误

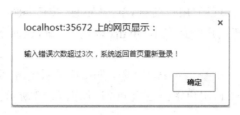

图 8.36 用户 ID 号或密码错误超过 3 次

图 8.37 选择添加课程信息菜单

（9）进入添加课程信息界面,输入相关的课程信息,例如,课程 ID 号输入 0011、课程名称输入"网页设计与制作"、课程学分输入 2、教师 ID 号输入 0007、课程学时输入 72、考核方式选择"上机"、内容简介输入"该课程是专业核心骨干课",如图 8.38 所示。单击"保存"按钮,如果信息输入无误,即可完成课程信息的添加操作,系统将自动跳转到课程信息列表,在此可以看到新添加的课程信息,如图 8.39 所示。单击"插入主页"可以再次返回到课程信息添加页面,继续添加下一门课程信息。

（10）单击"首页"的超级链接,返回系统首页,再次以用户 ID 号与用户密码登录系统,执行"删除信息"→"删除课程信息"命令,如图 8.40 所示。

（11）进入删除课程信息界面,以列表清单的方式显示课程信息,浏览清单找到要删除的课程信息,单击"选择"命令,该课程信息行将以黄色高亮颜色条显示,如图 8.41 所示。

（12）单击"删除"按钮,系统弹出"真的要删除吗?"提示信息,如图 8.42 所示。用户确认要删除该课程信息,单击"确定"按钮即可,否则单击"取消"按钮。删除操作结束后,返回课程信息列表清单页面,该课程信息已经不存在。

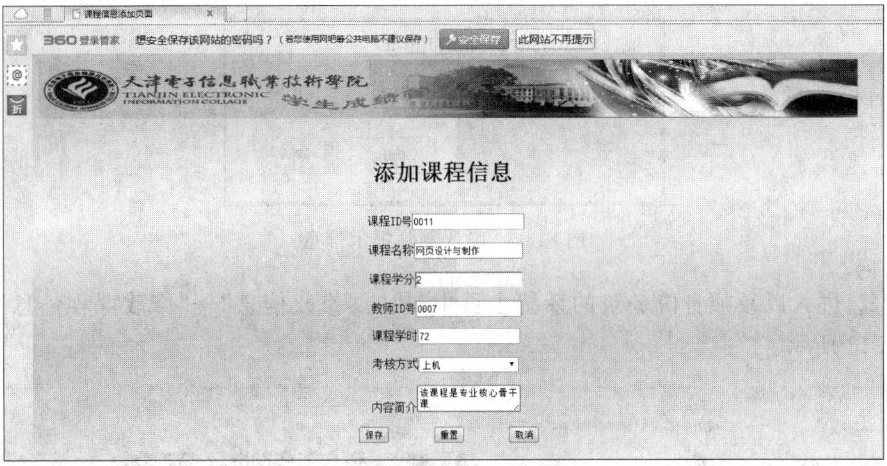

图 8.38 进入添加课程信息界面

图 8.39 课程信息列表界面

图 8.40 选择删除课程信息菜单

图 8.41 以高亮方式选中要删除的课程信息

图 8.42　确认删除提示信息

（13）进入以教师身份登录的系统主页中，执行"修改信息"→"修改课程信息"命令，如图 8.43 所示。

图 8.43　选择修改课程信息菜单

（14）进入修改课程信息界面，在待修改的课程信息清单中找到要修改的课程，例如，将课程"面向对象程序设计"的课时数由 64 修改成 96，此时单击"编辑"命令，进入课程信息修改页面，如图 8.44 所示。

图 8.44　修改课程信息页面

（15）将课时数 64 修改成 96 后，单击"更新"按钮，完成课程信息修改操作，系统返回到待修改课程详细信息清单，此时课时数已经被修改完毕，如图 8.45 所示。若在图 8.44 中单击"取消"按钮，修改信息并不生效，直接返回待修改课程详细信息清单界面。

（16）进入以教师身份登录的系统主页中，执行"查询信息"→"查询课程信息"命令，

图 8.45　课程信息修改完毕页面

如图 8.46 所示。

图 8.46　选择查询课程信息菜单

（17）进入查询课程信息界面，在此页面中可以实施精确查询，例如，输入完整的课程名称"数据库设计与实现"，单击"查询"按钮，以列表的方式将该课程的详细信息显示出来，如图 8.47 所示。

图 8.47　课程信息精确查询页面

（18）若要对课程信息进行模糊查询，单击图 8.47 中的"高级查询"按钮，例如，查询课程学时数为 64 的课程信息，进入课程信息模糊查询界面，在"按课程学时查"的文本框中输入 64，单击其后"查询"按钮，查询结果以列表方式显示在屏幕下方，如图 8.48 所示。

（19）进入以教师身份登录的系统主页中，执行"成绩管理"→"排序成绩"命令，如

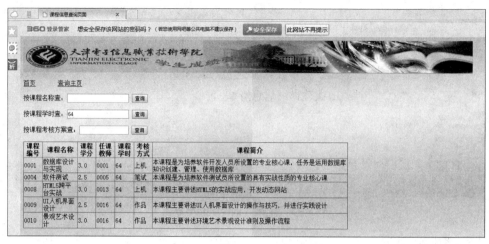

图 8.48　课程信息模糊查询页面

图 8.49 所示。

图 8.49　选择排序成绩菜单

（20）进入考试成绩排序页面，输入待排序的课程编号，如 0004，选择排序方式，如"降序"，单击"排序"按钮，排序完成信息以列表方式显示在屏幕下方，如图 8.50 所示。

图 8.50　考试成绩排序页面

三、关键知识点讲解

1. 数据库连接字符串

为了将前台开发环境与数据库的数据源相互连接,经常需要提供数据库服务器的位置、所应用的特定数据库以及数据库的安全身份验证等相关信息,将其写成连接字符串的方式,放到程序代码中,实现数据库与集成开发环境的连接。在此介绍两种连接到 SQL Server 数据库的连接方式,分别是标准连接与信任连接。

1) 标准连接的语法格式

"`Data Source=服务器名或 IP;Initial Catalog=数据库名;User ID=用户名;Password=密码`"

或者

"`Server=服务器名或 IP;Database=数据库名;Uid=用户名;Pwd=密码;Trusted_Connection=False`"

若连接本地的 SQL Server 服务器,服务器名直接写成 localhost 或“.”即可。

2) 信任连接的语法格式

"`Data Source=服务器名或地址;Initial Catalog=数据库名;Integrated Security=SSPI`"

或者

"`Server=服务器名或地址;Database=数据库名;Trusted_Connection=True`"

2. 连接字符串的位置

1) 将连接字符串写入程序

一般对于初学者而言,多数采取将连接字符串写入程序的方式,该方式简单直观,但要在多个页面中写入连接字符串,如有变动将要逐个修改。

2) 将连接字符串写入 web.config 文件中

web.config 是配置文件,将连接字符串写入其中,可以避免在程序中多次出现,有效减少程序代码的冗余度,降低代码修改的副作用。在 web.config 文件中的具体架构与语法是：在<configuration>元素中创建名为<connectionStrings>的子元素,将连接字符内容写入其中。

```
<connectionStrings >
    <add name="连接字符串名" connectionStrings ="数据库的连接字符串" providerName=
"System.Data.SqlClient 或 System.Data.OldDb 或 System.Data.Odbc"/>
</connectionStrings>
```

在程序中获得连接字符串的具体方法如下:

```
System.Configuration.ConfigurationManager.ConnectionString["连接字符串名"].
ToString();
```

四、项目拓展训练

使用数据控件访问数据库信息：利用数据源控件 SqlDataSource 配合 GridView 控件实现对学生信息表 studentinfo 的浏览、编辑、删除等操作。具体操作步骤如下。

（1）在学生成绩管理系统中添加一个网页，命名为 studentbrowers，用于浏览学生的基本信息。在解决方案资源管理器中选择 studentscore，右击，在弹出的菜单中选择"添加新项"命令，进入添加新项对话框，选择 Web 窗体并输入对应名称，如图 8.51 所示。

图 8.51　新建 studentbrowers.aspx 网页

（2）单击"添加"按钮，返回集成开发界面，打开新添加的 Web 窗体，利用工具箱中的数据子项，将数据源控件 SqlDataSource 和 GridView 控件都添加到网页中，如图 8.52 所示。

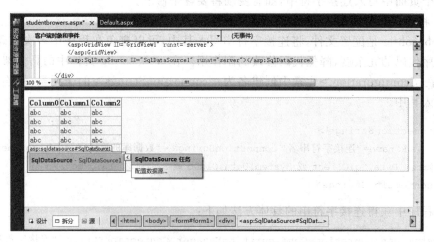

图 8.52　studentbrowers.aspx 设计界面

（3）选择数据源控件 SqlDataSource，在其弹出的任务中单击"配置数据源"命令，进入配置数据源界面，如图 8.53 所示。单击"新建连接"按钮，进入添加连接界面，由于本章前面已经讲解了数据源的添加操作，在此简要介绍即可。将数据源更改成 Microsoft SQL Server（SQL Client）、服务器名写成"."、"选择或输入一个数据库名"选择 stuscoremanage，单击"测试连接"按钮，完成对数据库连接的测试操作，测试成功弹出相应对话框，如图 8.54 所示。

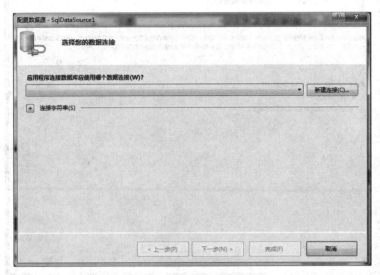

图 8.53　选择您的数据连接界面

图 8.54　数据源连接成功界面

（4）连续两次单击"确定"按钮，返回配置数据源界面，单击"下一步"按钮，进入将连接字符串保存到配置文件中界面，如图 8.55 所示。单击"下一步"按钮，进入"配置 SELECT 语句"界面，名称选择 studentinfo 数据表，列选择该数据表中的所有数据列，如图 8.56 所示。

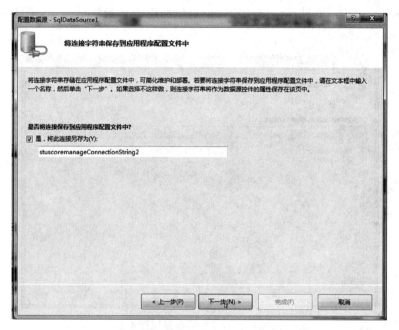

图 8.55　连接字符串保存到配置文件界面

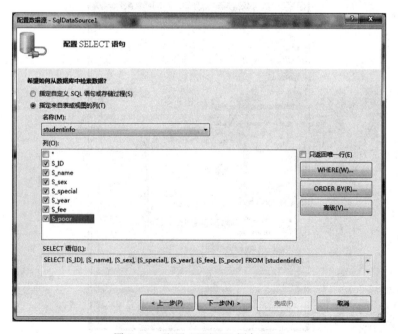

图 8.56　配置 SELECT 语句界面

（5）单击"高级"按钮，进入高级 SQL 生成选项界面，将界面中的两个复选框全部选中，如图 8.57 所示。单击"确定"按钮，然后单击"下一步"按钮，进入测试查询页面，单击"测试查询"按钮，完成查询测试操作，如图 8.58 所示。在测试查询页面中，单击"完成"按钮，完成对数据源的配置操作，返回开发界面。

图 8.57 高级 SQL 生成选项界面

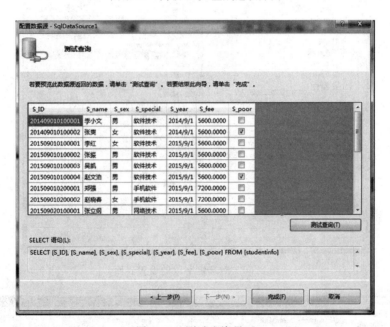

图 8.58 测试查询界面

（6）选择 GridView 控件，单击右上角的小箭头 <，在弹出的 GridView 任务中选择数据源为 sqlDataSource1，并将"启用分页""启用排序""启用编辑""启用删除"等复选框选中，如图 8.59 所示。然后单击"编辑列"命令，进入字段对话框，在选定的字段列表中显示学生信息数据表的字段内容，单击 S_ID 字段，在右侧的属性栏中进行对应属性的设置，HeaderText 设为"学生 ID"，在空白处单击，完成属性的修改操作，如图 8.60 所示。以此类推，将学生信息表中的其他字段进行对应设置，所有信息全部设置完毕，单击"确定"按钮，返回开发界面，如图 8.61 所示。

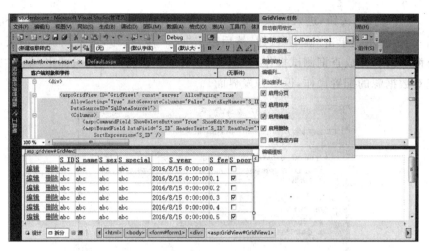

图 8.59 设置 GridView 任务

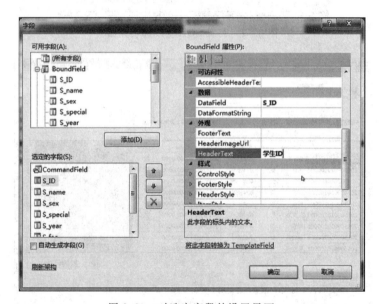

图 8.60 对选定字段的设置界面

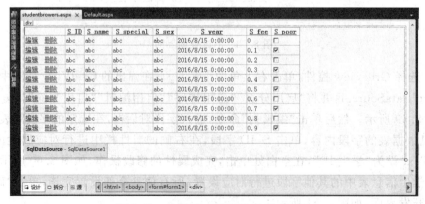

图 8.61 GridView 控件设置完成界面

（7）要在 IE 浏览器中测试该网页设置的效果，将该网页选中，右击，在弹出的菜单中选择"设为起始页"命令，如图 8.62 所示。按 F5 键启动调试命令，在浏览器中运行效果如图 8.63 所示。

图 8.62　选择设为起始页命令

		学生 ID	学生姓名	学生性别	所学专业	入学年份	学费金额	是否贫困生
编辑	删除	201409010100001	李小文	男	软件技术	2014/9/1 0:00:00	5600.0000	☐
编辑	删除	201409010100002	张爽	女	软件技术	2014/9/1 0:00:00	5600.0000	☑
编辑	删除	201509010100001	李红	女	软件技术	2015/9/1 0:00:00	5600.0000	☐
编辑	删除	201509010100002	张振	男	软件技术	2015/9/1 0:00:00	5600.0000	☐
编辑	删除	201509010100003	吴凯	男	软件技术	2015/9/1 0:00:00	5600.0000	☐
编辑	删除	201509010100004	赵文泊	男	软件技术	2015/9/1 0:00:00	5600.0000	☑
编辑	删除	201509010200001	郑强	男	手机软件	2015/9/1 0:00:00	7200.0000	☐
编辑	删除	201509010200002	赵晓春	女	手机软件	2015/9/1 0:00:00	7200.0000	☐
编辑	删除	201509020100001	张立纲	男	网络技术	2015/9/1 0:00:00	5600.0000	☐
编辑	删除	201509020100002	王文静	女	网络技术	2015/9/1 0:00:00	5600.0000	☐
1 2								

图 8.63　浏览学生基本信息页面

五、项目总结

在本项目中学习了集成开发环境 Visual Studio 2010 与数据库系统 SQL Server 2014 之间的连接操作；在前台开发环境中调用数据库存储过程的操作；通过可视化界面或程序代码的方式实现数据源控件与数据库之间连接的操作；ASP.NET 应用项目的基本开发流程等内容。

实践训练篇

项目九　图书管理系统数据库实训

本项目是在前 8 个项目已经学完的基础上,进行数据库系统的综合实训操作。以一个完整的图书管理系统为主线,将数据库系统的众多知识点融会贯通,深化前面已经学习的数据库系统的知识点,通过实训练习提高对数据库系统的实践动手能力。

实训一　创建图书管理系统数据库

一、实训目的

通过本次实训使学生掌握在可视化界面以及利用 T-SQL 语句实现创建数据库的操作。

二、实训内容

创建一个名为 Librarymanage 的数据库,用于存放相关图书信息,数据库文件的初始大小分别设置为:主数据文件 5MB;事务日志文件 2MB。文件的增长方式分别设置为:主文件按 3MB 方式增长,最大文件大小限制为 10MB;事务日志文件按 10%方式增长,最大文件大小限制为 10MB,数据库的存储路径为:C:\data 文件夹中。

三、实训步骤

（1）启动 SQL Server Management Studio 之后,在"对象资源管理器"中选择"数据库"节点,右击,在弹出的菜单中选择"新建数据库"命令,如图 9.1 所示。

（2）打开"新建数据库"对话框,在"数据库名称"文本框中输入新数据库名称:Librarymanage。初始大小分别设置为:主数据文件 5MB,事务日志文件 2MB,如图 9.2 所示。

（3）在"新建数据库"对话框中,通过单击"自动增长/最大大小"后面的按钮,可以更改数据库文件的自动增长方式,分别如图 9.3 和图 9.4 所示,设置完毕,单击"确定"按钮即可。

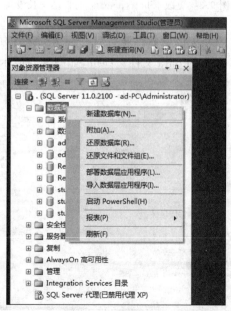

图 9.1　新建数据库

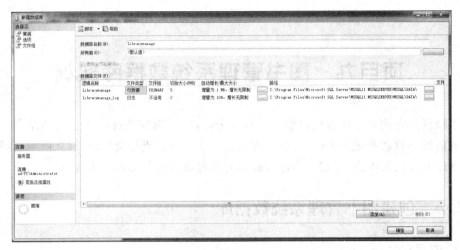

图 9.2 "新建数据库"对话框

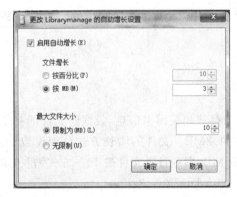

图 9.3 更改 Librarymanage 的自动增长设置

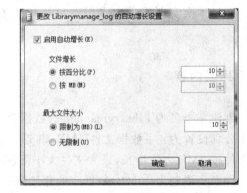

图 9.4 更改 Librarymanage_log 的自动增长设置

（4）改变数据库所对应的系统文件存储路径，通过单击"路径"后面的按钮，选中 C 盘中的 data 文件夹即可，如图 9.5 所示。

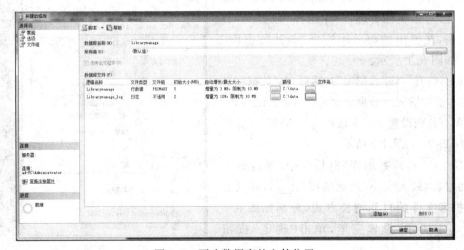

图 9.5 更改数据库的文件位置

（5）单击"确定"按钮，即可创建 Librarymanage 数据库。

（6）使用 T-SQL 语句创建备用数据库 Librarymanage1，所有参数设置同 Librarymanage 数据库，启动 SQL Server Management Studio 之后，执行"文件"→"新建" →"使用当前连接查询"命令，建立一个新的查询，如图 9.6 所示。

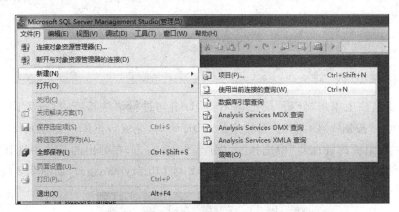

图 9.6　新建查询

（7）在查询窗口中输入如下 T-SQL 语句，如图 9.7 所示。

图 9.7　输入 T-SQL 语句

```
CREATE DATABASE Librarymanage1
ON
(NAME='C:\data\Librarymanage1_DATA',
 FILENAME='C:\data\Librarymanage1.MDF',
 SIZE=5,
 MAXSIZE=UNLIMITED,
 FILEGROWTH=3
```

```
)
LOG ON
(NAME='C:\data\Librarymanage1_LOG',
FILENAME='C:\data\Librarymanage1.LDF',
SIZE=2,
MAXSIZE=10,
FILEGROWTH=10%
)
GO
```

（8）在工具栏上单击"分析"按钮 ✓ 对 SQL 语句进行语法检查，检查无误后，单击工具栏上的"执行"按钮 ❗ 执行(X)，执行指定的 SQL 语句，完成数据库的创建操作。

（9）在"对象资源管理器"中选择"数据库"节点，右击，在弹出的菜单中选择"刷新"命令，即可看到刚刚创建的数据库 Librarymanage 与 Librarymanage1，如图 9.8 所示。

图 9.8　浏览新创建的数据库

实训二　查看图书管理系统数据库

一、实训目的

通过本次实训使学生掌握在可视化界面以及利用 T-SQL 语句的方式查看相关数据库的属性信息。

二、实训内容

通过可视化界面查看 Librarymanage 数据库的属性信息,利用 T-SQL 语句查看系统中所有数据库信息,以及利用 T-SQL 语句查看指定的 Librarymanage 数据库信息。

三、实训步骤

(1) 启动 SQL Server Management Studio 之后,在"对象资源管理器"中展开"数据库"节点,单击 Librarymanage 用户自定义的数据库,将其选中,如图 9.9 所示。

(2) 选中 Librarymanage 数据库之后,右击,在弹出的菜单中选择"属性"命令,如图 9.10 所示。

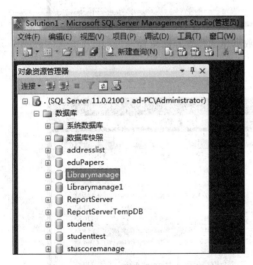

图 9.9　选中 Librarymanage 数据库

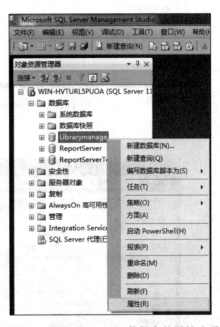

图 9.10　Librarymanage 数据库的属性选项

(3) 打开 Librarymanage 数据库的属性窗口,选择左侧"文件"选项,在屏幕右侧"路径"一栏将显示该 Librarymanage 数据库对应的物理位置,如图 9.11 所示。

(4) 在操作系统下,按照路径指定的位置依次打开文件夹,其中的 Librarymanage.mdf 和 Librarymanage_log 即为 Librarymanage 数据库对应的物理文件,如图 9.12 所示。

(5) 在 SQL Server Management Studio 的窗口中,单击工具栏上的"新建查询"按钮，打开 T-SQL 语句编辑器,如图 9.13 所示。

(6) 在该编辑器中输入如下语句:

```
sp_helpdb
```

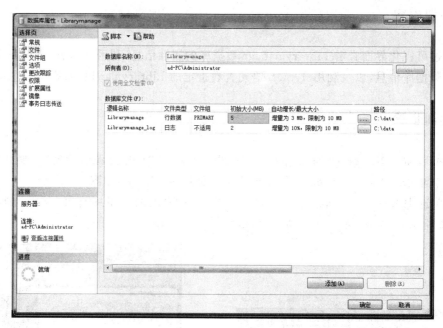

图 9.11　Librarymanage 数据库的物理存储位置

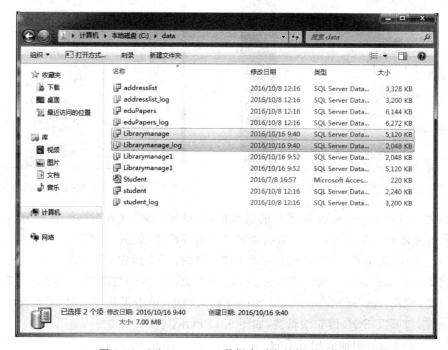

图 9.12　Librarymanage 数据库对应的物理文件名

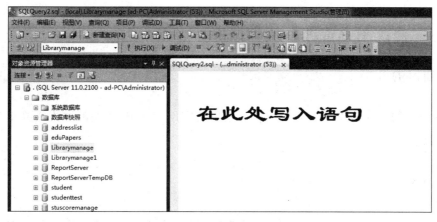

图 9.13 T-SQL 语句的编辑器

(7) 单击工具栏上的“执行”按钮 执行(X) ,其运行结果如图 9.14 所示。

	name	db_size	owner	dbid	created	status	compatibility_level
1	addresslist	6.38 MB	ad-PC\Administrator	11	07 8 2016	Status=ONLINE, Updateability=READ_WRITE, UserAc...	100
2	eduPapers	12.13 MB	ad-PC\Administrator	8	06 27 2016	Status=ONLINE, Updateability=READ_WRITE, UserAc...	90
3	Librarymanage	7.00 MB	ad-PC\Administrator	12	10 16 2016	Status=ONLINE, Updateability=READ_WRITE, UserAc...	110
4	Librarymanage1	7.00 MB	ad-PC\Administrator	13	10 16 2016	Status=ONLINE, Updateability=READ_WRITE, UserAc...	110
5	master	6.63 MB	sa	1	04 8 2003	Status=ONLINE, Updateability=READ_WRITE, UserAc...	110
6	model	5.06 MB	sa	3	04 8 2003	Status=ONLINE, Updateability=READ_WRITE, UserAc...	110
7	msdb	21.25 MB	sa	4	02 10 2012	Status=ONLINE, Updateability=READ_WRITE, UserAc...	110
8	ReportServer	10.94 MB	ad-PC\Administrator	5	05 27 2016	Status=ONLINE, Updateability=READ_WRITE, UserAc...	110
9	ReportServerTempDB	5.08 MB	ad-PC\Administrator	6	05 27 2016	Status=ONLINE, Updateability=READ_WRITE, UserAc...	110
10	student	5.31 MB	ad-PC\Administrator	10	07 8 2016	Status=ONLINE, Updateability=READ_WRITE, UserAc...	90
11	studenttest	5.08 MB	ad-PC\Administrator	9	06 22 2016	Status=ONLINE, Updateability=READ_WRITE, UserAc...	110
12	stuscoremanage	7.00 MB	ad-PC\Administrator	7	05 29 2016	Status=ONLINE, Updateability=READ_WRITE, UserAc...	110
13	tempdb	8.75 MB	sa	2	10 16 2016	Status=ONLINE, Updateability=READ_WRITE, UserAc...	110

图 9.14 所有数据库的信息

(8) 在 SQL Server Management Studio 的窗口中,单击工具栏上的“新建查询”按钮 新建查询(N) ,打开 T-SQL 语句编辑器。

(9) 在该编辑器中输入如下语句:

```
sp_helpdb Librarymanage
```

(10) 单击工具栏上的“执行”按钮 执行(X) ,其运行结果如图 9.15 所示。

	name	db_size	owner	dbid	created	status	compatibility_level
1	Librarymanage	7.00 MB	ad-PC\Administrator	12	10 16 2016	Status=ONLINE, Updateability=READ_WRITE, UserAc...	110

	name	fileid	filename	filegroup	size	maxsize	growth	usage
1	Librarymanage	1	C:\data\Librarymanage.mdf	PRIMARY	5120 KB	10240 KB	3072 KB	data only
2	Librarymanage_log	2	C:\data\Librarymanage_log.ldf	NULL	2048 KB	10240 KB	10%	log only

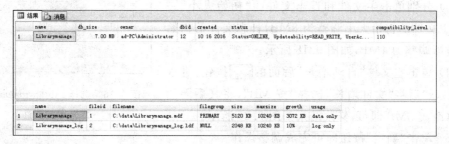

图 9.15 Librarymanage 数据库的信息

实训三 修改图书管理系统数据库

一、实训目的

通过本次实训使学生掌握在可视化界面以及利用 T-SQL 语句的方式修改相关数据库的设置信息。

二、实训内容

通过可视化界面修改 Librarymanage 数据库的设置信息，将主文件的初始大小调整为 8MB，日志文件的初始大小调整为 4MB，主文件的增长率为 2MB。利用 T-SQL 语句实现添加次要数据库文件的操作，该文件的逻辑名称定义为 Librarymanage_DATA2，物理文件名称定义为 Librarymanage_DATA2.ndf，初始大小为 6MB，最大为 100MB，增长为 6MB。利用 T-SQL 语句删除 Librarymanage 数据库中的 Librarymanage_DATA2 这个次要数据库文件。

三、实训步骤

（1）在成功启动 SQL Server Management Studio 之后，在"对象资源管理器"中展开"数据库"节点，在界面左侧的树形目录下，找到 Librarymanage 数据库节点，右击，在弹出的菜单中选择"属性"命令，如图 9.16 所示。

图 9.16 选择 Librarymanage 数据库的属性

（2）运行"属性"命令，在打开的"Librarymanage 数据库属性"对话框中，进行数据库相关属性的修改。进入"数据库属性"对话框，在左侧的"选择页"中，选择"文件"选项，如图 9.17 所示。

（3）分别单击主文件和日志文件的"初始大小"一项，将主文件的初始大小调整为 8MB，日志文件的初始大小应当调整为 4MB，如图 9.18 所示。

（4）单击主文件"自动增长"后面的 按钮，进入图 9.19，然后将"文件增长"选择"按 MB"，将其后面的数值修改成 2MB 即可，修改结果如图 9.20 所示。

（5）单击"确定"按钮即可完成调整操作。

（6）在 SQL Server Management Studio 的窗口中，单击工具栏上的"新建查询"按钮 新建查询(N)，打开 T-SQL 语句编辑器。

图 9.17 "数据库属性"对话框

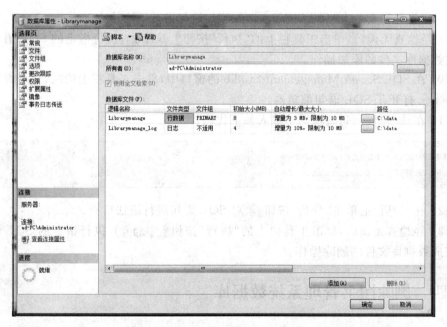

图 9.18 主文件与日志文件的初始大小的调整

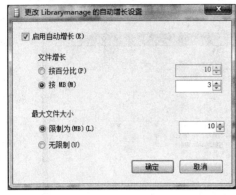
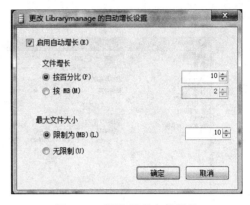

图 9.19　调整前的文件增长　　　　图 9.20　调整后的文件增长

（7）在 T-SQL 语句编辑器中输入如下代码：

```
ALTER DATABASE Librarymanage
ADD  FILE
(NAME=Librarymanage_DATA2,
 FILENAME='C:\data\Librarymanage_DATA2.ndf',
 SIZE=6MB,
 MAXSIZE=100MB,
 FILEGROWTH=6MB)
```

（8）在工具栏上单击"分析"按钮 对 SQL 语句进行语法检查。

（9）经检查无误后，单击工具栏上的"执行"按钮 执行(X)，执行指定的 SQL 语句，即可完成数据库文件的添加操作。

（10）在 SQL Server Management Studio 的窗口中，单击工具栏上的"新建查询"按钮 新建查询(N)，打开 T-SQL 语句编辑器。

（11）在 T-SQL 语句编辑器中输入如下代码：

```
ALTER DATABASE Librarymanage
REMOVE FILE Librarymanage_DATA2
```

（12）在工具栏上单击"分析"按钮 对 SQL 语句进行语法检查。

（13）经检查无误后，单击工具栏上的"执行"按钮 执行(X)，执行指定的 SQL 语句，即可完成数据库文件的删除操作。

实训四　删除图书管理系统数据库

一、实训目的

通过本次实训使学生掌握在可视化界面以及利用 T-SQL 语句的方式删除指定的数据库。

二、实训内容

通过可视化界面以及利用 T-SQL 语句的方式删除 Librarymanage1 备用数据库,不仅避免与正常使用的数据库 Librarymanage 混淆,而且节省相应的存储空间。

三、实训步骤

(1)在成功启动 SQL Server Management Studio 之后,在"对象资源管理器"中展开"数据库"节点,在界面左边的树形目录下,找到 Librarymanage1 数据库节点,右击,在弹出的菜单中选择"删除"命令,如图 9.21 所示。

(2)打开"删除对象"对话框,选中即将删除的对象名称,如图 9.22 所示。

(3)单击"确定"按钮确认删除,即可完成数据库的删除操作。

图 9.21 选择"删除"命令

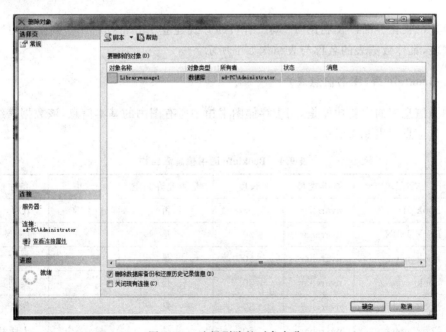

图 9.22 选择删除的对象名称

(4)若在图 9.22 中单击"取消"按钮,即可撤销对数据库 Librarymanage1 的删除操作,返回"对象资源管理器"页面。

（5）利用 T-SQL 语句实现删除 Librarymanage1 数据库的操作。在 SQL Server Management Studio 的窗口中，单击工具栏上的"新建查询"按钮 ⚋ 新建查询(N)，打开 T-SQL 语句编辑器。

（6）在 T-SQL 语句编辑器中输入如下代码：

```
DROP DATABASE Librarymanage1
```

（7）在工具栏上执行"分析"按钮 ✔ 对 SQL 语句进行语法检查。

（8）经检查无误后，单击工具栏上的"执行"按钮 ❗ 执行 (X)，执行指定的 SQL 语句，即可完成数据库的删除操作。

实训五　创建图书管理系统的数据表

一、实训目的

通过本次实训使学生掌握在可视化界面以及利用 T-SQL 语句的方式建立数据库中所需要的数据表。

二、实训内容

通过可视化界面以及利用 T-SQL 语句的方式建立 Librarymanage 数据库中所需要的数据表，具体数据表的名称与表结构如下所示。

1. Bookinfo 表（图书信息表）

图书信息表的主要功能是，用于存储图书馆中所有图书的基本信息，该数据表结构的详细设计信息如表 9.1 所示。

表 9.1　Bookinfo 图书信息表结构

序号	字段名	数据类型	长度	是否允许为空	约束	备注信息
1	Book_ID	nvarchar	8	否	主键	ID 号
2	Book_ISBN	nvarchar	30	是		ISBN 号
3	Book_name	nvarchar	50	是		名字
4	Book_type	nvarchar	30	是		类别
5	Book_author	nvarchar	30	是		作者
6	Book_press	nvarchar	50	是		出版社
7	Book_pressdate	datetime		是		出版日期
8	Book_price	money		是		单价

序号	字段名	数据类型	长度	是否允许为空	约束	备注信息
9	Book_inputdate	datetime		是		入库时间
10	Book_quantity	int		是		库存数量
11	Book_isborrow	nvarchar	1	是		是否可借

2. Readerinfo 表(读者信息表)

读者信息表的主要功能是,用于存储该图书馆的合法读者的基本信息,该数据表结构的详细设计信息如表 9.2 所示。

表 9.2　Readerinfo 读者信息表结构

序号	字 段 名	数据类型	长度	是否允许为空	约束	备注信息
1	Reader_ID	nvarchar	8	否	主键	ID 号
2	Reader_password	nvarchar	20	是		口令
3	Reader_name	nvarchar	30	是		姓名
4	Reader_identitycard	nvarchar	18	是		身份证号
5	Reader_type	nvarchar	40	是		身份类别
6	Reader_telephone	nvarchar	20	是		联系电话
7	Reader_registerdate	datetime		是		注册日期
8	Reader_department	nvarchar	50	是		所在部门
9	Reader_maxborrownum	int		是		最大借书数量
10	Reader_maxborrowday	int		是		最长借书时间
11	Reader_isborrow	nvarchar	1	是		能否借书
12	Reader_borrowednum	int		是		已借本数
13	Reader_overduenum	int		是		逾期本数

3. Clerkinfo 表(职员信息表)

职员信息表的主要功能是,用于存储图书馆系统中工作人员的基本信息,该数据表结构的详细设计信息如表 9.3 所示。

表 9.3　Clerkinfo 职员信息表结构

序号	字 段 名	数据类型	长度	是否允许为空	约束	备注信息
1	Clerk_ID	nvarchar	8	否	主键	ID 号
2	Clerk_password	nvarchar	20	是		口令

序号	字 段 名	数据类型	长度	是否允许为空	约束	备注信息
3	Clerk_name	nvarchar	30	是		姓名
4	Clerk_identitycard	nvarchar	18	是		身份证号
5	Clerk_type	nvarchar	40	是		身份类别

4. Borrowreturninfo 表（借阅归还信息表）

借阅归还信息表的主要功能是,用于存储读者借书和还书的基本信息,该数据表结构的详细设计信息如表 9.4 所示。

表 9.4   Borrowreturninfo 借阅归还信息表结构

序号	字段名	数据类型	长度	是否允许为空	约束	备注信息
1	Borrow_ID	int		否	主键	借阅序列号
2	Book_ID	nvarchar	8	否	外键	图书 ID 号
3	Reader_ID	nvarchar	8	否	外键	读者 ID 号
4	Borrow_Date	datetime		是		借阅时间
5	Borrow_clerk_ID	nvarchar	8	否	外键	借阅职员 ID 号
6	Return_Date	datetime		是		归还时间
7	Return_clerk_ID	nvarchar	8	是	外键	归还职员 ID 号
8	Book_State	nchar	8	是		图书状态

5. Punishinfo 表（罚款信息表）

罚款信息表的主要功能是,用于存储读者逾期未还书,或者丢失损坏图书,需要缴纳罚款的基本信息,该数据表结构的详细设计信息如表 9.5 所示。

表 9.5   Punishinfo 罚款信息表结构

序号	字段名	数据类型	长度	是否允许为空	约束	备注信息
1	Punish_ID	int		否	主键	罚款序列号
2	Reader_ID	nvarchar	8	否	外键	读者 ID 号
3	Book_ID	nvarchar	8	否	外键	图书 ID 号
4	Overdue_days	int		是		逾期天数
5	Punish_amount	money		是		罚款金额
6	Punish_date	datetime		是		罚款日期
7	Punish_Clerk_ID	nvarchar	8	是	外键	罚款职员 ID 号
8	Punish_reason	nchar	8	是		罚款理由
9	Submit_punishdate	datetime		是		实际上交罚款日期
10	Punish_issubmit	nvarchar	1	是		是否已缴纳罚款

三、实训步骤

（1）建立 Clerkinfo 表，启动 SQL Server Management Studio 之后，在"对象资源管理器"中依次展开"数据库"节点、Librarymanage 数据库节点。

（2）在 Librarymanage 数据库节点的下一级节点中选择"表"节点，右击"表"节点，在弹出的菜单中选择"新建"→"表"命令，如图 9.23 所示。

图 9.23 选择"新建"→"表"命令

（3）单击该命令后，即可打开"表结构"设计界面，在打开的窗口里可以输入数据表中每一个字段对应的列名、数据类型、长度和是否为空值等表的基本信息，如图 9.24 所示。

（4）根据表 9.3 给出的 Clerkinfo 表的信息项，在 SQL Server 2014 数据库系统操作平台中输入 Clerkinfo 表结构，在"列名"中输入 Clerk_ID；"数据类型"中选择 nvarchar 并将长度改成 8；此项不允许为空。以此类推，将 Clerkinfo 表结构的其他项依次输入，输入完成的界面如图 9.25 所示。

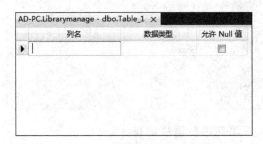
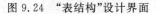

图 9.24 "表结构"设计界面

图 9.25 在"新表"窗口中输入 Clerkinfo 表的
基本结构信息

（5）当 Clerkinfo 表结构的基本信息输入完毕，单击工具栏上的"保存"按钮，打开图 9.26 所示的对话框，输入表名 Clerkinfo，单击"确定"按钮，完成数据表结构的建立操作。

（6）Clerkinfo 数据表创建后，在"对象资源管理器"中依次展开"数据库"节点、Librarymanage 节点、"表"节点，可以查看到新创建的数据表，如图 9.27 所示。利用可视化界面建立图书信息表结构、读者信息表结构、借阅归还信息表结构和罚款信息表结构的方法与职员信息表一样，在此不再赘述。

图 9.26　输入表名称

图 9.27　创建好的 Clerkinfo 表

（7）如果使用 T-SQL 语句创建 Librarymanage 数据库中的图书信息表 Bookinfo，进行如下操作，在 SQL Server Management Studio 的窗口中，单击工具栏上的"新建查询"按钮 新建查询(N)，打开 T-SQL 语句编辑器。

（8）在 T-SQL 语句编辑器中输入如下代码：

```
use [Librarymanage]
create table [dbo].[Bookinfo]
([Book_ID][nvarchar](8) not null,
[Book_ISBN][nvarchar](30) null,
[Book_name][nvarchar](50) null,
[Book_type][nvarchar](30) null,
[Book_author][nvarchar](30) null,
[Book_press][nvarchar](50) null,
[Book_pressdate][datetime] null,
[Book_price][money] null,
[Book_inputdate] [datetime] null,
[Book_quantity] [int] null,
[Book_isborrow][nvarchar](1) null,)
GO
```

（9）在工具栏上单击"分析"按钮 ✓ 对 SQL 语句进行语法检查。

（10）经检查无误后，单击工具栏上的"执行"按钮 执行(X)，执行指定的 SQL 语句，即可完成图书信息表 Bookinfo 的创建操作。

（11）正确执行以上命令，数据库中添加了一张 Bookinfo 数据表，在 SQL Server Management Studio 窗口中可以将该表打开查看相应的定义，如图 9.28 所示。

利用 T-SQL 语句创建其他数据表的操作步骤与 Bookinfo 表一致，在此不再赘述，只

图 9.28 图书信息表 Bookinfo 的结构

将各个表的相关创建语句给出，以供读者参考。

职员信息表 Clerkinfo：

```
use [Librarymanage]
create table [dbo].[Clerkinfo]
([Clerk_ID][nvarchar](8) not null,
[Clerk_password][nvarchar](20) null,
[Clerk_name][nvarchar](30) null,
[Clerk_identitycard][nvarchar](18) null,
[Clerk_type][ nvarchar] (40) null,)
GO
```

读者信息表 Readerinfo：

```
use [Librarymanage]
create table [dbo].[ Readerinfo]
([Reader_ID][nvarchar](8) not null,
[Reader_password][nvarchar](20) null,
[Reader_name][nvarchar](30) null,
[Reader_identitycard][nvarchar](18) null,
[Reader_type][nvarchar](40) null,
[Reader_telephone][nvarchar](20) null,
[Reader_registerdate][datetime] null,
[Reader_department][nvarchar](50) null,
[Reader_maxborrownum][int] null,
[Reader_maxborrowday][int] null,
[Reader_isborrow][nvarchar](1) null,
[Reader_borrowednum][int] null,
[Reader_overduenum][int] null,)
GO
```

借阅归还信息表 Borrowreturninfo：

```
use [Librarymanage]
create table [dbo].[ Borrowreturninfo]
([Borrow_ID][int] not null,
[Book_ID][nvarchar](8) null,
[Reader_ID][nvarchar](8) null,
[Borrow_date][datetime] null,
[Borrow_clerk_ID][nvarchar](8) null,
[Return_date][datetime] null,
[Return_clerk_ID][nvarchar](8) null,
[Book_state] [nchar](8) null,)
GO
```

罚款信息表 Punishinfo：

```
use [Librarymanage]
create table [dbo].[ Punishinfo]
([Punish_ID][int] not null,
[Reader_ID][nvarchar](8) null,
[Book_ID][nvarchar](8) null,
[Overdue_days][int] null,
[Punish_amount][money] null,
[Punish_date][datetime] null,
[Punish_Clerk_ID][nvarchar](8) null,
[Punish_reason][nchar](8) null,
[Submit_punishdate][datetime]null,
[Punish_issubmit][nvarchar](1) null,)
GO
```

实训六　修改图书管理系统的数据表结构

一、实训目的

通过本次实训使学生掌握在可视化界面以及利用 T-SQL 语句的方式修改数据库中相关数据表的结构。

二、实训内容

在本次实训中需要对相关数据表做如下的表结构修改，首先利用可视化界面对表结构进行修改，在职员信息表（Clerkinfo）中添加一个新的"联系电话"字段，该字段的列名为Clerk_ telephone，数据类型为 varchar（11），可以允许为空；将借阅归还信息表（Borrowreturninfo）中的 Book_state 字段的数据类型由 nchar（8）修改成 BIT 类型；将读者信息表（Readerinfo）中的 Reader_department 读者所在部门字段删除。其次利用

T-SQL 语句对表结构进行修改,在读者信息表(Readerinfo)中添加一个新的"性别"字段,其中列名为 sex,数据类型为 bit,取值设置规则为:1 代表男,0 代表女,默认值为 1;向读者信息表(Readerinfo)中增加"学历"一列,其列名定义为 Reader_knowledge,数据类型为 nvarchar(30);在图书信息表(Bookinfo)中将图书是否可借 Book_isborrow 这个字段的数据类型更改为逻辑型 bit;在职员信息表(Clerkinfo)中删除职员的身份证号 Clerk_identitycard 这个字段;在职员信息表(Clerkinfo)中将职员 ID 号 Clerk_ID 字段的数据类型由 nvarchar(8)修改成 nvarchar(15)。

三、实训步骤

(1) 启动 SQL Server Management Studio 之后,在"对象资源管理器"中依次展开"数据库"节点、"Librarymanage"数据库节点、"表"节点。

(2) 选中 Clerkinfo 表,在该表上右击,在弹出的菜单中选择"设计"命令,如图 9.29 所示。

(3) 单击"设计"命令即可打开"设计表结构"设计界面,该界面与新建表设计界面极其相似,在窗口右边面板中的最后一个列名的下一行单击,使其成为可输入状态,此时输入需要添加的列名 Clerk_telephone,在数据类型一栏选择 varchar 类型,并将长度修改成 11,在允许 Null 值一栏将其选中,如图 9.30 所示。

图 9.29　选择"设计"命令

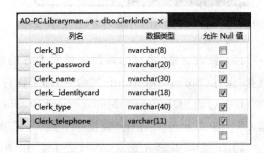

图 9.30　"表结构"修改界面

(4) 当对相应的表结构修改完毕,将鼠标定在修改界面上方的表名处,右击,在弹出的快捷菜单中选择"保存(Clerkinfo)"命令,即可完成保存修改后的数据表结构,如

图 9.31 所示。对数据表中的列进行添加、修改与删除等操作均可以通过此方法进行保存。

（5）启动 SQL Server Management Studio 之后，在"对象资源管理器"中依次展开"数据库"节点、Librarymanage 数据库节点、"表"节点。

（6）选中借阅归还信息表 Borrowreturninfo，右击，在弹出的菜单中选择"设计"命令，如图 9.32 所示。

图 9.31 保持修改的表结构

（7）运行"设计"命令并打开"修改表结构"设计界面，单击 Book_state 列后面的数据类型，在下拉菜单中选择 BIT 类型即可，如图 9.33 所示。

图 9.32 选择 Borrowreturninfo 表的"设计"命令

图 9.33 修改数据类型操作界面

（8）修改完毕，将鼠标移到该界面上方的数据表的名称之处，右击，在弹出的菜单中选择"保存（Borrowreturninfo）"命令，即可保存修改后的数据表结构。

（9）启动 SQL Server Management Studio 之后，在"对象资源管理器"中依次展开"数据库"节点、Librarymanage 数据库节点、"表"节点。

（10）选中 Readerinfo 表，在该表上右击，在弹出的菜单中选择"设计"命令，如图 9.34 所示。

（11）运行"设计"命令并打开"修改表结构"设计界面，选中 Reader_department 字段，右击，在弹出的菜单中选择"删除列"命令，如图 9.35 所示。

图 9.34　选择 Readerinfo 表的"设计"命令　　　　图 9.35　"删除列"操作界面

（12）删除完毕，将鼠标移到该界面上方的数据表的名称之处，右击，在弹出的菜单中选择"保存（Readerinfo）"命令，即可保存删除字段后的数据表结构。

（13）在 SQL Server Management Studio 的窗口中，单击工具栏上的"新建查询"按钮 ，打开 T-SQL 语句编辑器。

（14）在 T-SQL 语句编辑器中输入如下代码：

```
use [Librarymanage]
alter table [dbo].[Readerinfo]
ADD sex bit default 1
GO
```

（15）在工具栏上单击"分析"按钮 ✓ 对 SQL 语句进行语法检查。

（16）经检查无误后，单击工具栏上的"执行"按钮 ❗执行 (X)，执行指定的 SQL 语句，即可完成向读者信息表 Readerinfo 中添加"性别"列的操作。

（17）在 SQL Server Management Studio 的窗口中，单击工具栏上的"新建查询"按钮 新建查询(N)，打开 T-SQL 语句编辑器。

（18）在 T-SQL 语句编辑器中输入如下代码：

```
use [Librarymanage]
alter table Readerinfo
add Reader_knowledge nvarchar(30)
GO
```

（19）在工具栏上单击"分析"按钮 ✓ 对 SQL 语句进行语法检查。

（20）经检查无误后，单击工具栏上的"执行"按钮 ! 执行 (X)，执行指定的 SQL 语句，即可完成向读者信息表 Readerinfo 中添加"学历"列的操作。

（21）在 SQL Server Management Studio 的窗口中，单击工具栏上的"新建查询"按钮 新建查询(N)，打开 T-SQL 语句编辑器。

（22）在 T-SQL 语句编辑器中输入如下代码：

```
use [Librarymanage]
alter table Bookinfo
alter column Book_isborrow bit
GO
```

（23）在工具栏上单击"分析"按钮 ✓ 对 SQL 语句进行语法检查。

（24）经检查无误后，单击工具栏上的"执行"按钮 ! 执行 (X)，执行指定的 SQL 语句，即可完成修改图书信息表 Bookinfo 中 Book_isborrow 列的数据类型的操作。

（25）在 SQL Server Management Studio 的窗口中，单击工具栏上的"新建查询"按钮 新建查询(N)，打开 T-SQL 语句编辑器。

（26）在 T-SQL 语句编辑器中输入如下代码：

```
use [Librarymanage]
alter table [dbo].[Clerkinfo]
drop column Clerk_identitycard
GO
```

（27）在工具栏上单击"分析"按钮 ✓ 对 SQL 语句进行语法检查。

（28）经检查无误后，单击工具栏上的"执行"按钮 ! 执行 (X)，执行指定的 SQL 语句，即可完成删除职员信息表 Clerkinfo 中 Clerk_identitycard 列的操作。

（29）在 SQL Server Management Studio 的窗口中，单击工具栏上的"新建查询"按钮 新建查询(N)，打开 T-SQL 语句编辑器。

（30）在 T-SQL 语句编辑器中输入如下代码：

```
use [Librarymanage]
alter table [dbo].[Clerkinfo]
alter column Clerk_ID nvarchar(15)
GO
```

（31）在工具栏上单击"分析"按钮 ✓ 对 SQL 语句进行语法检查。

（32）经检查无误后，单击工具栏上的"执行"按钮 ! 执行 (X)，执行指定的 SQL 语句，即可完成修改职员信息表 Clerkinfo 中 Clerk_ID 列的数据类型的操作。

实训七　删除图书管理系统的数据表

一、实训目的

通过本次实训使学生掌握在可视化界面以及利用 T-SQL 语句的方式删除数据库中无用的数据表。

二、实训内容

在本次实训中利用可视化界面将罚款明细表（PunishinfoMX）删除，以免与罚款信息表（Punishinfo）发生混淆，而且 PunishinfoMX 与 Punishinfo 两张数据表中还存在大量相同的字段，既不利于管理，又增加了系统的开销，所以，决定删除罚款明细表（PunishinfoMX）。同理，职员明细表（ClerkinfoMX）与职员信息表（Clerkinfo）也有重叠的内容，不利于管理，因而利用 T-SQL 语句的方式将职员明细表（ClerkinfoMX）删除。

三、实训步骤

（1）启动 SQL Server Management Studio 窗口之后，在"对象资源管理器"中依次展开"数据库"节点、Librarymanage 数据库节点、"表"节点。

（2）选中 PunishinfoMX 表，在该表上右击，并且在弹出的菜单中选择"删除"命令，如图 9.36 所示。

（3）运行"删除"命令并进入"删除对象"界面，如果确实要删除此表，单击界面右下角的"确定"按钮，即可完成数据表的删除操作，如果此时反悔，不想删除此表，或者误击了"删除"命令，只需单击"取消"按钮即可取消删除操作，如图 9.37 所示。

（4）在 SQL Server Management Studio 的窗口中，单击工具栏上的"新建查询"按钮 新建查询(N)，打开 T-SQL 语句编辑器。

（5）在 T-SQL 语句编辑器中输入如下代码：

图 9.36　选择"删除"命令

图 9.37 "删除对象"界面

```
use [Librarymanage]
drop table ClerkinfoMX
GO
```

（6）在工具栏上单击"分析"按钮 ✓ 对 SQL 语句进行语法检查。

（7）经检查无误后，单击工具栏上的"执行"按钮 ❗执行(X)，执行指定的 SQL 语句，即可完成删除职员明细数据表 ClerkinfoMX 的操作。

实训八　管理图书管理系统的数据表

一、实训目的

通过本次实训使学生掌握在可视化界面中以及利用 T-SQL 语句的方式重命名数据库中相关数据表的名称，并查看所选定的数据表的信息。

二、实训内容

在本次实训中利用可视化界面查看数据表 Punishinfo 的信息并更名为 Punish；另外，利用 T-SQL 语句的方式查看数据表 Clerkinfo 的信息并更名为 Clerk。

三、实训步骤

（1）启动 SQL Server Management Studio 窗口之后，在"对象资源管理器"中依次展开"数据库"节点、Librarymanage 数据库节点、"表"节点。

（2）选中 Punishinfo 表，右击，并且在弹出的菜单中选择"属性"命令，如图 9.38 所示。

（3）执行"属性"命令后打开"属性"对话框，如图 9.39 所示，左边的"选项页"中有 5 个选项，分别是常规、权限、更改跟踪、存储、扩展属性，分别单击不同的选项，在窗口的右侧会出现该选项对应的相关属性信息，以便查看该表的属性值。查看完毕单击"确定"按钮返回。

图 9.38　选择"属性"命令

（4）返回当前界面后再次选中 Punishinfo 表，右击，并且在弹出的菜单中选择"重命名"命令，如图 9.40 所示，此时可以直接输入新表的名称，输入完毕在空白处单击即可。

图 9.39　选择"属性"对话框

图 9.40 选择"重命名"命令

（5）在 SQL Server Management Studio 窗口中，单击工具栏上的"新建查询"按钮
🔲 新建查询(N)，打开 T-SQL 语句编辑器。

（6）在 T-SQL 语句编辑器中输入如下代码：

```
use [Librarymanage]
sp_help Clerkinfo
GO
```

（7）在工具栏上单击"分析"按钮 ✔ 对 SQL 语句进行语法检查。

（8）经检查无误后，单击工具栏上的"执行"按钮 ❗ 执行(X)，执行指定的 SQL 语句，即
可完成对职员信息表 Clerkinfo 的查看操作，其运行结果如图 9.41 所示。

（9）在 SQL Server Management Studio 窗口中，单击工具栏上的"新建查询"按钮
🔲 新建查询(N)，打开 T-SQL 语句编辑器。

（10）在 T-SQL 语句编辑器中输入如下代码：

```
use [Librarymanage]
sp_rename Clerkinfo, Clerk
GO
```

（11）在工具栏上单击"分析"按钮 ✔ 对 SQL 语句进行语法检查。

（12）经检查无误后，单击工具栏上的"执行"按钮 ❗ 执行(X)，执行指定的 SQL 语句，

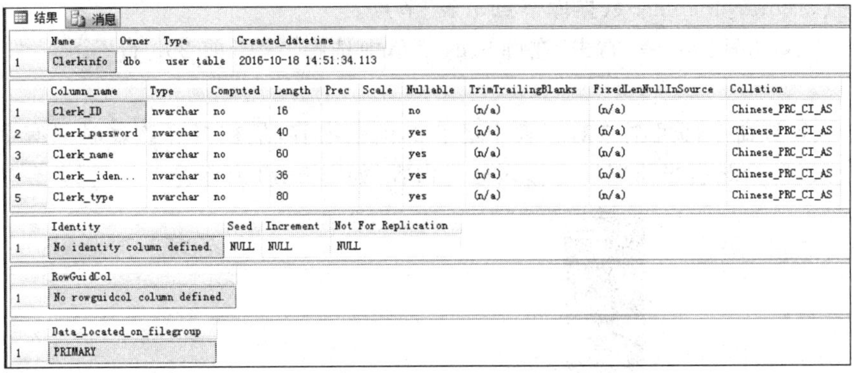

图 9.41　查看表信息

即可完成对职员信息表 Clerkinfo 的更名操作。

实训九　操作图书管理系统数据表中的记录信息

一、实训目的

通过本次实训使学生掌握在可视化界面中以及利用 T-SQL 语句的方式对所选定的数据表的具体数据记录信息进行添加、更新、删除等操作。

二、实训内容

在本次实训中利用可视化界面向职员信息表(Clerkinfo)中添加相关的职员信息,具体内容为职员 ID 号:C0011;职员口令:344467;职员姓名:孙玲;职员身份证号:120101198409071238;职员身份类别:职员。操作完毕浏览已经添加的记录信息;根据工作的需要将"吴蓉琳"的岗位由"职员"更改成"系统管理员";随后,副馆长"张强"已调走,将其记录删除。另外,利用 T-SQL 语句的方式对图书管理系统中的图书信息表(Bookinfo)进行添加图书信息的操作,具体内容为图书编号:10201008;图书 ISBN 号:9784633120128;图书名称:网络数据库高级教程;图书类型:数据库设计;图书作者:李文;图书出版社:人民邮电出版社;图书出版日期:2010 年 1 月 2 日;图书价格:39 元、图书入库时间:2012 年 3 月 17 日;图书数量:2;图书是否可借:可以。对图书管理系统中的图书信息表(Bookinfo)进行相关图书信息的修改操作,具体内容为:将科学出版社出版的图书的价格提高 10 元;对图书管理系统中的图书信息表(Bookinfo)进行相关图书信息的删除操作,具体内容为:将北京大学出版社出版的图书全部删除。

三、实训步骤

(1) 启动 SQL Server Management Studio 之后,在"对象资源管理器"中依次展开"数

据库"节点、Librarymanage 数据库节点、"表"节点。

（2）选中 Clerkinfo 表，右击，在弹出的菜单中选择"编辑前 200 行"命令，如图 9.42 所示。

（3）执行该命令即可浏览对应表中已有的记录内容，最初打开该表时只有字段名和一条空记录，因为此表当前还没有输入任何内容，如图 9.43 所示。

图 9.42　选择"编辑"表命令

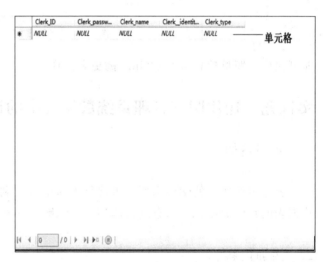

图 9.43　打开空表界面

（4）此时，可以单击空记录的单元格，根据每一个字段所设定的数据类型，对应输入具体的记录内容，记录添加完毕后的显示界面如图 9.44 所示。

Clerk_ID	Clerk_passw...	Clerk_name	Clerk_identit...	Clerk_type
C0001	123456	王宏锦	12010119800...	馆长
C0002	234567	张强	12010219850...	副馆长
C0003	565677	刘晓梅	12010319790...	职员
C0004	378992	赵海新	12010119750...	职员
C0005	128999	吴蓉琳	12010119831...	职员
C0006	782333	丁灵	12010619770...	职员
C0007	123890	罗一明	12010519891...	职员
C0008	191919	张曼雨	12010319900...	系统管理员
C0009	874555	王桂华	12010319870...	职员
C0010	128965	贾文娜	12010419820...	系统管理员
C0011	344467	孙玲	12010119840...	职员
NULL	NULL	NULL	NULL	NULL

图 9.44　在 SQL Server Management Studio 窗口中添加记录

（5）修改数据表中的记录内容，将"吴蓉琳"的身份类别由"职员"更改成"系统管理员"，单击"吴蓉琳"记录对应的 Clerk_type 字段的单元格，该单元格被激活成为输入状态，如图 9.45 所示。此时直接按 Delete 键，将原有内容删除，然后利用中文输入法输入

"系统管理员",即可将"职员"修改成"系统管理员"。

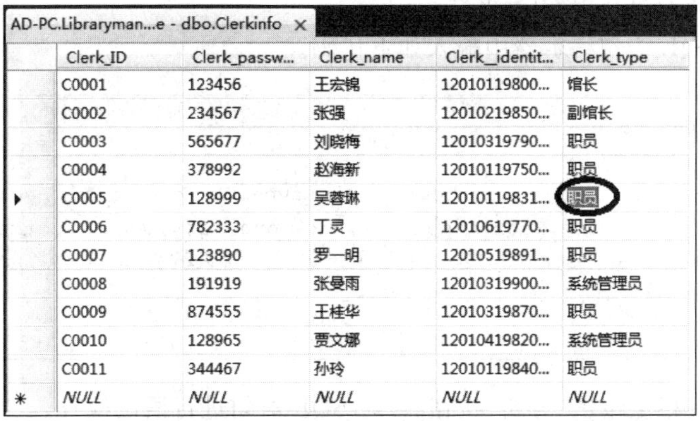

图 9.45　在 SQL Server Management Studio 窗口中修改记录

(6) 删除数据表中的记录内容,将副馆长"张强"的记录删除,在"张强"记录的左侧单击,将该条记录选中,在选定的记录上右击,在弹出的快捷菜单中选择"删除"命令,如图 9.46 所示。

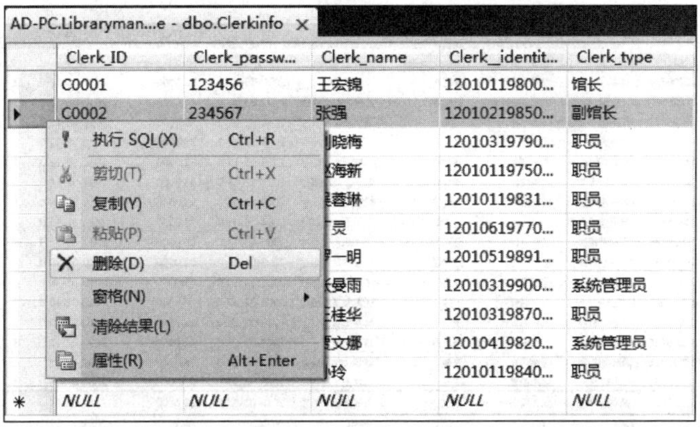

图 9.46　在 SQL Server Management Studio 窗口中删除记录

(7) 单击"删除"命令后便执行删除操作,系统会弹出一个"确认删除"对话框,如图 9.47 所示,如果单击"是"按钮,完成删除操作,单击"否"按钮取消此次删除操作。

图 9.47　"确认删除"对话框

（8）在 SQL Server Management Studio 窗口中，单击工具栏上的"新建查询"按钮 新建查询(N)，打开 T-SQL 语句编辑器。

（9）在 T-SQL 语句编辑器中输入如下代码。

```
use [Librarymanage]
insert into Bookinfo
(Book_ID, Book_ISBN, Book_name, Book_type, Book_author, Book_press, Book_
pressdate,Book_price,Book_inputdate,Book_quantity,Book_isborrow)
VALUES('10201008','9784633120128','网络数据库高级教程','数据库设计','李文','人
民邮电出版社','2010-1-2',39,'2012-3-17',2,'1')
GO
```

（10）在工具栏上单击"分析"按钮 ✓ 对 SQL 语句进行语法检查。

（11）经检查无误后，单击工具栏上的"执行"按钮 执行(X)，执行指定的 SQL 语句，即可完成对图书信息表 Bookinfo 插入新图书信息的操作。

（12）进行验证，选中 Bookinfo 数据表节点，右击，在弹出的菜单中选择"编辑前 200 行"命令，将 Bookinfo 数据表打开，查看已经成功添加的新记录，其运行结果如图 9.48 所示。

Book_ID	Book_ISBN	Book_name	Book_type	Book_author	Book_press	Book_pressd	Book_price	Book_inputd	Book_quantity	Book_isborr...
00000001	9781111206677	数据库	数据库设计	李红	科学出版社	2009-09-02 0...	58.0000	2010-08-12 0...	2	1
10037974	9781111216560	SQL SERVER2...	数据库设计	张翰宇	北京大学出版社	2007-08-06 0...	45.0000	2010-08-12 0...	2	1
10201001	9781349207867	FLASH程序设计	动画设计	吴刚	清华大学出版社	2008-02-04 0...	26.0000	2010-08-12 0...	2	1
10201005	9782894578444	操作系统	系统设计	吴玉华	科学出版社	2009-11-05 0...	25.0000	2010-08-12 0...	1	1
10201067	9787379543373	JAVA程序设计	程序语言	马文爽	机械工业出版社	2009-05-12 0...	32.0000	2010-08-12 0...	1	1
10301004	9784008324766	多媒体应用与...	动画设计	李明	电子工业出版社	2007-12-06 0...	38.0000	2011-02-18 0...	1	1
10301012	9787322209502	计算机应用基础	基础教程	马玉兰	机械工业出版社	2010-10-29 0...	35.0000	2011-02-18 0...	1	0
10301022	9781129848558	计算机组成原理	系统设计	吴进军	电子工业出版社	2004-10-01 0...	33.0000	2011-02-18 0...	1	1
10302001	9783773620649	计算机网络集...	网络设计	赵建军	中国水利出版社	2007-07-19 0...	39.0000	2011-02-18 0...	3	1
10303010	9782289885985	软件人机界面...	基础教程	陈康建	高等教育出版社	2008-06-21 0...	21.0000	2010-05-30 0...	1	1
10305010	9781000858595	UML及基础	程序语言	郭雯	清华大学出版社	2009-08-13 0...	45.0000	2010-05-30 0...	1	1
10305011	9789947967302	UML使用手册	程序语言	刘强	天津大学出版社	2005-05-30 0...	38.0000	2010-05-30 0...	3	1
10401022	9782947057205	SQL基础教程	数据库设计	曹煜	科学出版社	2010-01-25 0...	38.0000	2010-05-30 0...	1	1
10411001	9783758275966	计算机原理与...	系统设计	徐晓勇	科学出版社	2009-03-11 0...	42.0000	2009-07-25 0...	3	1
13020289	9781174777495	C语言程序设计	程序语言	李敬	清华大学出版社	2007-08-09 0...	36.0000	2009-07-25 0...	1	1
13332223	9788836502201	VB程序设计	程序语言	王强	科学出版社	2008-04-07 0...	27.0000	2009-07-25 0...	1	1
10201008	9784633120128	网络数据库高...	数据库设计	李文	人民邮电出版社	2010-01-02 0...	39.0000	2012-03-17 0...	2	1
NULL	NULL	NULL	NULL	NULL	NULL	NULL	NULL	NULL	NULL	NULL

图 9.48　查看已经成功添加的新记录信息

（13）选中 Bookinfo 数据表节点，右击，在弹出的菜单中选择"编辑前 200 行"命令，将 Bookinfo 数据表打开，记录下修改之前科学出版社出版的图书的价格，如图 9.49 所示。

（14）在 SQL Server Management Studio 窗口中，单击工具栏上的"新建查询"按钮 新建查询(N)，打开 T-SQL 语句编辑器。

（15）在 T-SQL 语句编辑器中输入如下代码：

```
use [Librarymanage]
update Bookinfo
set Book_price=Book_price+10
where Book_press='科学出版社'
GO
```

图 9.49　修改之前的图书价格

（16）在工具栏上单击"分析"按钮 ✓ 对 SQL 语句进行语法检查。

（17）经检查无误后，单击工具栏上的"执行"按钮 ▌ 执行(X)，执行指定的 SQL 语句，即可完成对图书信息表 Bookinfo 中图书信息的修改操作。

（18）进行验证，选中 Bookinfo 数据表节点，右击，在弹出的菜单中选择"编辑前 200 行"命令，将 Bookinfo 数据表打开，记录下有关科学出版社出版的图书价格，与图 9.49 中显示的图书价格信息进行对比，如图 9.50 所示，看到数据已经被成功修改。

图 9.50　成功修改之后的图书价格

（19）选中 Bookinfo 数据表节点，右击，在弹出的菜单中选择"编辑前 200 行"命令，将 Bookinfo 数据表打开，记录下删除之前北京大学出版社出版的图书信息，如图 9.51 所示。

（20）在 SQL Server Management Studio 窗口中，单击工具栏上的"新建查询"按钮 📄 新建查询(N)，打开 T-SQL 语句编辑器。

（21）在 T-SQL 语句编辑器中输入如下代码：

```
use [Librarymanage]
delete from Bookinfo
where Book_press='北京大学出版社'
GO
```

图 9.51　删除操作之前的图书信息

（22）在工具栏上单击"分析"按钮 ✓ 对 SQL 语句进行语法检查。

（23）经检查无误后，单击工具栏上的"执行"按钮 ❗ 执行(X)，执行指定的 SQL 语句，即可完成对图书信息表 Bookinfo 中图书信息的删除操作。

（24）进行验证，选中 Bookinfo 数据表节点，右击，在弹出的菜单中选择"编辑前 200 行"命令，将 Bookinfo 数据表打开，与图 9.51 中显示的图书信息进行对比，如图 9.52 所示，看到北京大学出版社出版的图书信息已经被成功删除。

图 9.52　成功删除之后的图书信息

实训十　设置图书管理系统数据的完整性

一、实训目的

通过本次实训使学生掌握在可视化界面中以及利用 T-SQL 语句的方式对数据表中相关的字段及数据表与数据表之间的完整性进行设置。

二、实训内容

在本次实训中利用可视化界面设置如下数据表的数据完整性，以便增强数据库系统中数据信息的安全性。

（1）修改读者信息表（Readerinfo），将姓名字段（Reader_name）列设置为不允许为空。

（2）修改职员信息表（Clerkinfo），将职员身份类别字段（Clerk_type）增加默认值为"职员"。

（3）修改图书信息表（Bookinfo），将图书单价字段（Book_price）设置约束，其取值在0～10 000 元之间。

（4）将职员信息表（Clerkinfo）中的职员 ID 号字段（Clerk_ID）设置成该表的主键。

（5）为了保证书名不重复，给图书信息表（Bookinfo）的图书名字字段（Book_name）设置唯一性约束。

（6）为了保证在借阅归还信息表（Borrowreturninfo）中输入的读者信息是读者信息表中的合法读者，因此，增加借阅归还信息表中读者 ID 号（Reader_ID）外键约束。

另外，利用 T-SQL 语句的方式实现对如下数据表的数据完整性的设置。

（1）设置职员信息表（Clerkinfo）中的职员姓名字段（Clerk_name）不允许为空。

（2）创建罚款信息明细表（PunishinfoMX），其中包括两个字段：罚款明细编号（Punish_ID），数据类型是 int，且不允许为空；罚款理由（Punish_reason），数据类型是 nchar(8)，设置默认值为"丢失"。

（3）创建日期默认值对象 MR_TODAY，取系统的当前日期，并绑定到借阅归还信息表（Borrowreturninfo）中的借阅时间（Borrow_date）和归还时间（Return_date）字段上。

（4）为图书信息表（Bookinfo）中的图书出版日期字段（Book_pressdate）添加一个检查约束 YS_pressdate，以便保证输入的出版日期大于 1950 年 1 月 1 日，并且小于当前的系统日期。

（5）为罚款信息表（Punishinfo）中的罚款金额（Punish_amount）字段创建规则 GZ_amount，设定罚款金额的取值范围是 1～1000 元之间。

（6）将 GZ_amount 的绑定取消，并删除该规则。

（7）修改罚款信息明细表（PunishinfoMX），将罚款明细编号（Punish_ID）字段设置为主键。

（8）删除罚款信息明细表（PunishinfoMX）中的罚款明细编号（Punish_ID）字段的主键设置。

（9）创建图书明细表 BookinfoMX，其中包括 3 个字段，分别是：图书编号（Book_ID），数据类型是 nvarchar(8)，该字段设置为主键；图书名称（Book_name），数据类型是 nvarchar(50)，该字段设置为唯一约束，不允许有重复的书名；图书简介（BOOK_resume），数据类型是 nvarchar(100)。

（10）修改借阅归还信息表（Borrowreturninfo），为该表的读者 ID 号字段添加外键约束。

三、实训步骤

（1）启动 SQL Server Management Studio 之后，在"对象资源管理器"中依次展开"数据库"节点、Librarymanage 数据库节点、"表"节点。

（2）选中 Readerinfo 表，右击，在弹出的菜单中选择"设计"命令，如图 9.53 所示。

（3）执行该命令，打开 Readerinfo 表结构，将读者姓名字段（Reader_name）选中，在界面下方列出该字段相关的属性值，如图 9.54 所示。

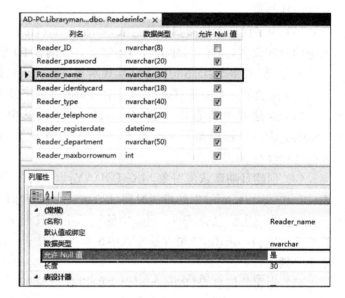

图 9.53　选择 Readerinfo 表的
　　　　　设计命令

图 9.54　创建 Not Null 约束之前

（4）在表设计器的"允许 Null 值"选项中，将 Reader_name 列的"√"去掉，或者在"列属性"界面中，将指定属性"允许 Null 值"区域中的数值更改成"否"，单击"关闭"按钮，即可完成将姓名字段（Reader_name）列设置为不允许为空的操作，如图 9.55 所示。

（5）在对象资源管理器中，选择 Clerkinfo 表，右击，在弹出的菜单中选择"设计"命令，如图 9.56 所示。

（6）执行该命令，打开 Clerkinfo 表结构，将职员身份类别字段（Clerk_type）选中，在界面下方列出该字段相关的属性值，如图 9.57 所示。

（7）在"列属性"界面中，将指定属性"默认值或绑定"区域中的数值设置成"职员"，单击"关闭"按钮，即可完成将职员身份类别字段（Clerk_type）增加默认值为"职员"的操作，如图 9.58 所示。

（8）向 Clerkinfo 表输入数据信息，如果不指定 Clerk_type 字段的具体数值信息，该字段的默认值为"职员"，如图 9.59 所示。

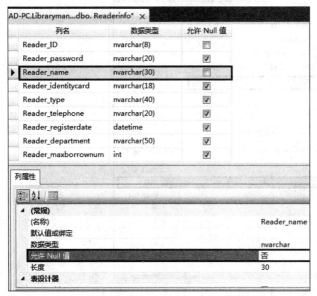

图 9.55 创建 Not Null 约束之后　　　　图 9.56 选择 Clerkinfo 表的"设计"命令

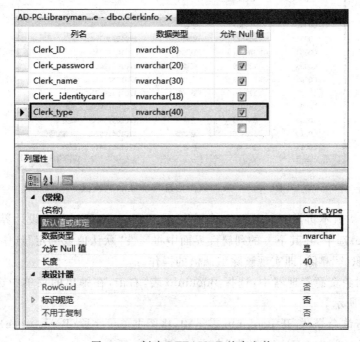

图 9.57 创建 DEFAULT 约束之前

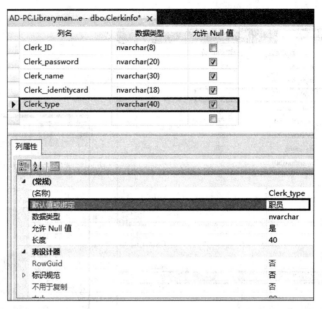

图 9.58 创建 DEFAULT 约束之后

AD-PC.Libraryman...e - dbo.Clerkinfo

Clerk_ID	Clerk_passw...	Clerk_name	Clerk_identit...	Clerk_type
C0001	123456	王宏锦	12010119800...	馆长
C0002	234567	张强	12010219850...	副馆长
C0003	565677	刘晓梅	12010319790...	职员
C0004	378992	赵海新	12010119750...	职员
C0005	128999	吴蓉琳	12010119831...	职员
C0006	782333	丁灵	12010619770...	职员
C0007	123890	罗一明	12010519891...	职员
C0008	191919	张曼雨	12010319900...	系统管理员
C0009	874555	王桂华	12010319870...	职员
C0010	128965	贾文娜	12010419820...	系统管理员
C0011	344467	孙玲	12010119840...	职员
C0012	NULL	NULL	NULL	职员

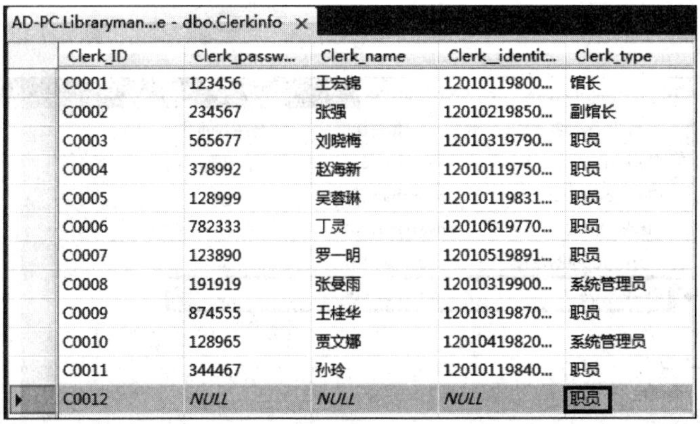

图 9.59 添加数据信息自动显示默认值

(9) 当默认值不再需要时可以将其删除，打开图 9.58 所示的表设计界面，将指定字段(Clerk_type)选中，在其下方的列属性界面中将属性“默认值或绑定”选中，并且将属性的具体数值“职员”删除，即实现删除默认值的操作。

(10) 在对象资源管理器中，选择 Bookinfo 表，右击，在弹出的菜单中选择“设计”命令，如图 9.60 所示。

(11) 执行该命令，打开 Bookinfo 表结构，将图书单价字段(Book_price)选中，右击并在弹出的菜单中选择“CHECK 约束”命令，如图 9.61 所示。

(12) 执行该命令，打开“CHECK 约束”对话框，如图 9.62 所示。

(13) 在图 9.62 对话框中添加 CHECK 约束，单击“添加”按钮，即可进入约束条件的编辑状态，如图 9.63 所示。

图 9.60 选择 Bookinfo 表的"设计"命令

图 9.61 选择"CHECK 约束"命令

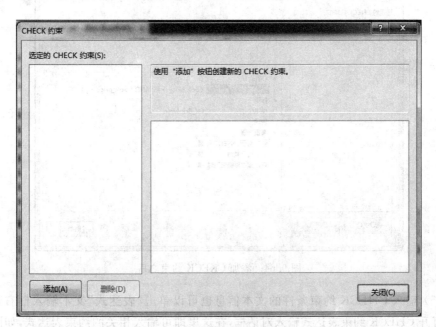

图 9.62 "CHECK 约束"对话框

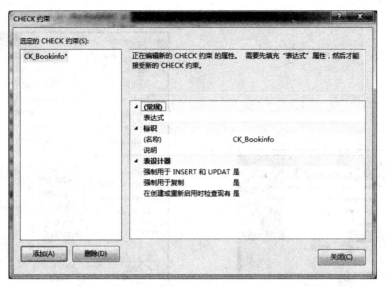

图 9.63 添加 CKECK 约束之前

（14）在界面右侧"表达式"后面的文本框中单击，即可输入 CHECK 约束条件的文本信息，例如，Book_price ＞＝0 AND Book_price ＜＝10000，如图 9.64 所示。

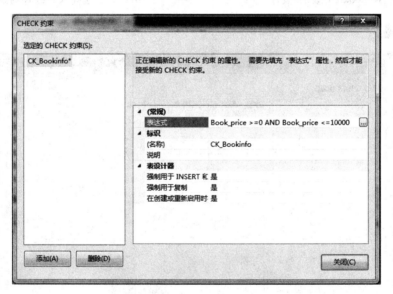

图 9.64 添加 CKECK 约束之后

（15）输入 CHECK 约束条件的文本信息也可以单击"表达式"文本输入框右边的按钮，打开 CHECK 约束表达式输入对话框，在这里即可输入相关的约束表达式，如图 9.65 所示，输入完毕单击"确定"按钮即可。

（16）单击"关闭"按钮即可完成图书单价字段（Book_price）的检查约束创建的操作。

（17）在对象资源管理器中，选择 Clerkinfo 表，右击，在弹出的菜单中选择"设计"命令,在表设计器中选择 Clerk_ID 字段,右击并在弹出的菜单中选择"设置主键"命令,如图 9.66 所示。

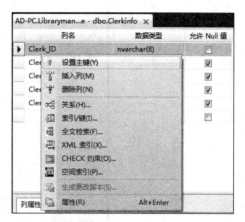

图 9.65 输入 CHECK 约束表达式对话框　　　　图 9.66 选择"设置主键"命令

(18) 执行该命令即可创建主键,也可以通过单击工具栏上的 按钮,实现主键约束的创建工作。

(19) 主键被创建之后再次浏览该表结构,在对应的字段名前有一个形如 的标志,表明该列为主键列,如果此列之前的"允许 Null 值"选项是有"√"的,此时该"√"被自动取消,即被设置为主键的列是不允许为空的,如图 9.67 所示。

(20) 单击"关闭"按钮即可实现把职员信息表(Clerkinfo)中的职员 ID 号字段(Clerk_ID)设置为主键的操作。

(21) 如果主键设置有问题可以将其删除,选择对应的主键列(Clerk_ID),右击并在弹出的菜单中选择"删除主键"命令,即可完成对主键的移除操作,如图 9.68 所示。

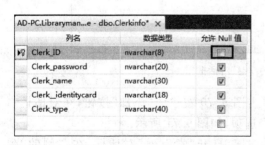

图 9.67 创建 PRIMARY KEY 约束之后　　　　图 9.68 选择"删除主键"命令

(22) 在对象资源管理器中,选择 Bookinfo 表,右击,在弹出的菜单中选择"设计"命令,在表设计器中选择 Book_name 字段,在该字段上右击,从弹出的菜单中选择"索引/键"命令,如图 9.69 所示。

图 9.69　选择"索引/键"命令

（23）执行该命令后打开对话框，如图 9.70 所示。

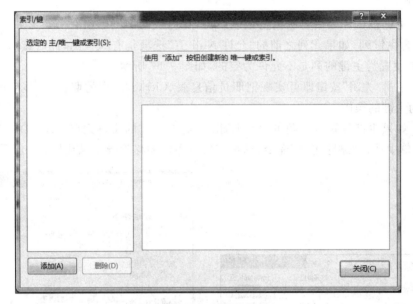

图 9.70　"索引/键"对话框

（24）为字段 Book_name 设置唯一性，单击图 9.70 左边的"添加"按钮，在对话框右侧的"常规"→"类型"一栏，选择"唯一键"这个选项，如图 9.71 所示。

（25）单击"常规"→"列"一栏后面的〖...〗按钮，打开"索引列"对话框，在左侧的"列名"下方选择 Book_name 字段，在右侧的"排序顺序"下方请选择"升序"，如图 9.72 所示。

（26）在"索引列"对话框中将相关信息设置完毕，单击"确定"按钮，即可保存设置并退出该界面。

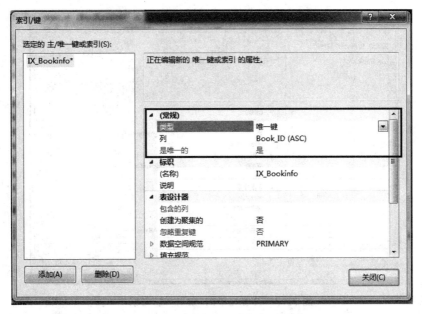

图 9.71　类型选择"唯一值"约束

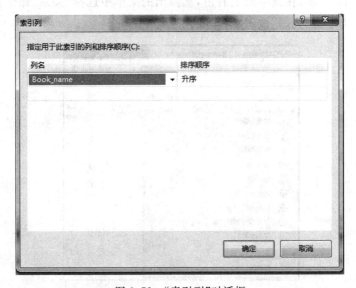

图 9.72　"索引列"对话框

　　(27) 设置完毕的"索引/键"对话框如图 9.73 所示,单击"关闭"按钮即可完成对 Book_name 字段唯一性的设置操作并且退出该设置界面。

　　(28) 在对象资源管理器中,选择 Readerinfo 表,右击,在弹出的菜单中选择"设计"命令,在表设计器中选择 Reader_ID 字段,右击并在弹出的菜单中选择"设置主键"命令,因为要在借阅归还信息表 Borrowreturninfo 中增加读者 ID 号 Reader_ID 的外键约束,必须将 Reader_ID 字段在其主键表 Readerinfo 中设置为主键。

　　(29) 选中 Borrowreturninfo 表,右击,在弹出的菜单中选择"设计"命令,在表设计器

图 9.73　设置完毕的"索引/键"对话框

中选择 Reader_ID 字段,在该字段上右击,从弹出的菜单中选择"关系"命令,如图 9.74 所示,或在工具栏中单击"关系"按钮  即可。

图 9.74　选择"关系"命令

（30）执行该命令,打开外键关系对话框,如图 9.75 所示。

（31）为字段 Reader_ID 添加外键约束,单击图 9.75 左边的"添加"按钮,在对话框右侧的"标识"→"名称"一栏,输入关系的名字 FK_ Borrowreturninfo_ Readerinfo,如图 9.76 所示。

（32）在图 9.76 中单击"常规"→"表和列规范"一栏后面的 按钮,进入"表和列"设置界面,在"主键表"下选择 Readerinfo 数据表,在下面对应的列选择 Reader_ID,在"外键表"下选择 Borrowreturninfo 数据表,在下面对应的列选择 Reader_ID,如图 9.77 所示。信息设置完毕单击"确定"按钮,即可退出该界面,设置完毕的"外键关系"界面如图 9.78 所示。

图 9.75　"外键关系"对话框

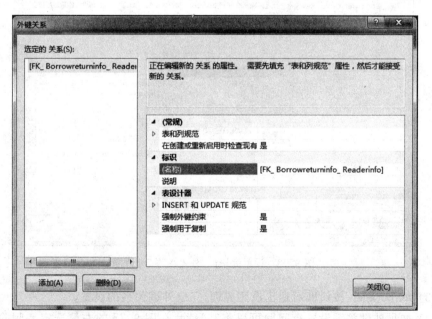

图 9.76　输入"外键关系"名称

图 9.77 "表和列"对话框

图 9.78 设置完毕的"外键关系"对话框

（33）单击"关闭"按钮即可退出设置界面，完成外键关系的设置。

（34）如果外键关系设置有问题可以将其删除，在图 9.78 的左侧选定要删除的外键关系，单击下方的"删除"按钮，即可删除已经创建的外键关系。

（35）在 SQL Server Management Studio 窗口中，单击工具栏上的"新建查询"按钮 新建查询(N)，打开 T-SQL 语句编辑器。

（36）在 T-SQL 语句编辑器中输入如下代码：

```
USE Librarymanage
ALTER TABLE Clerkinfo
ALTER COLUMN Clerk_name nvarchar(30) NOT NULL
```

（37）在工具栏上单击"分析"按钮 ✓ 对 SQL 语句进行语法检查。

（38）经检查无误后，单击工具栏上的"执行"按钮 ! 执行(X)，执行指定的 SQL 语句，即可完成对职员信息表 Clerkinfo 中职员姓名字段 Clerk_name 不能为空值的设置。

（39）利用 T-SQL 语句完成数据表中数据完整性设置的基本操作步骤比较相似，请参考步骤（35）～（38），以下操作仅给出具体的 T-SQL 语句，操作过程不再赘述。

（40）创建罚款信息明细表 PunishinfoMX 的具体 T-SQL 语句如下：

```
USE Librarymanage
CREATE TABLE PunishinfoMX(
Punish_ID int NOT NULL,
Punish_reason nchar(8) NULL DEFAULT '丢失')
```

（41）创建日期默认值对象 MR_TODAY 并进行绑定的具体 T-SQL 语句如下：

```
CREATE DEFAULT MR_TODAY
AS GETDATE()
GO
EXEC SP_BINDEFAULT MR_TODAY,'Borrowreturninfo.Borrow_date'
GO
EXEC SP_BINDEFAULT MR_TODAY,'Borrowreturninfo.Return_date'
```

（42）为 Bookinfo 表的 Book_pressdate 字段添加检查约束 YS_pressdate 的具体 T-SQL 语句如下：

```
USE Librarymanage
ALTER TABLE  Bookinfo
ADD CONSTRAINT YS_pressdate
CHECK(Book_pressdate>'1950-1-1' AND Book_pressdate<GETDATE())
```

（43）为 Punishinfo 表的 Punish_amount 字段创建规则 GZ_amount 的具体 T-SQL 语句如下：

```
CREATE RULE GZ_amount
AS
@Punish_amount>1 AND @Punish_amount< 1000
GO
EXEC SP_BINDRULE GZ_amount,'Punishinfo.Punish_amount'
GO
```

（44）将 GZ_amount 的绑定取消，并删除该规则的具体 T-SQL 语句如下：

```
sp_unbindrule 'Punishinfo.GZ_amount'
drop rule Punishinfo.GZ_amount
```

（45）修改罚款信息明细表 PunishinfoMX 的具体 T-SQL 语句如下：

```
USE Librarymanage
ALTER TABLE PunishinfoMX
ADD CONSTRAINT PK_PunishinfoMX
PRIMARY KEY CLUSTERED
(Punish_ID ASC)
```

（46）删除数据表 PunishinfoMX 中的 Punish_ID 字段的主键设置的具体 T-SQL 语句如下：

```
USE Librarymanage
ALTER TABLE PunishinfoMX
DROP CONSTRAINT PK_PunishinfoMX
```

（47）创建图书明细表 BookinfoMX 的具体 T-SQL 语句如下：

```
USE Librarymanage
CREATE TABLE BookinfoMX(
Book_ID NVARCHAR(8) PRIMARY KEY,
Book_name NVARCHAR(50) UNIQUE,
BOOK_resume NVARCHAR(100))
```

（48）为数据表 Borrowreturninfo 添加外键约束的具体 T-SQL 语句如下：

```
USE Librarymanage
GO
IF EXISTS (SELECT * FROM SYS.FOREIGN_KEYS
        WHERE OBJECT_ID=OBJECT_ID(N'[DBO].[FK_Borrowreturninfo_Readerinfo]')
        AND PARENT_OBJECT_ID=OBJECT_ID(N'[DBO].[Borrowreturninfo]'))
        ALTER TABLE [DBO].Borrowreturninfo
        DROP CONSTRAINT FK_Borrowreturninfo_Readerinfo
GO
ALTER TABLE Borrowreturninfo
ADD CONSTRAINT FK_Borrowreturninfo_Readerinfo
FOREIGN KEY (Reader_ID)
REFERENCES Readerinfo(Reader_ID)
```

实训十一　SELECT 语句的具体应用

一、实训目的

通过本次实训使学生掌握 SELECT 语句的语法，以及根据具体案例的要求，编写相应的 SELECT 语句实现对数据信息的各种查询操作。

二、实训内容

在本次实训中要求学生完成如下数据信息检索操作。

（1）检索数据表中的全部信息。

（2）查询数据表中指定列的信息。

（3）查询数据表信息的计算结果。

（4）使用关键字 AS 对字段名进行重命名的查询操作。

（5）在查询结果中添加说明列。

（6）利用函数查询数据表信息。

（7）使用字符串函数实现查询操作。

（8）使用统计函数完成查询操作。

（9）使用最大值、最小值、求和及求平均值函数完成查询操作。

（10）查询符合单一条件的数据表信息。

（11）查询符合多条件的数据表信息。

（12）查询模糊条件的数据表信息。

（13）利用谓词条件查询数据表信息。

（14）利用查询排序检索数据表信息。

（15）利用汇总查询检索数据表信息。

（16）利用多表连接查询检索数据表信息。

（17）利用子查询检索数据表信息。

三、实训步骤

1. 检索数据表中的全部信息

例如，查询 Bookinfo 数据表中所有图书的全部信息。

（1）启动 SQL Server Management Studio 之后，单击工具栏上的"新建查询"按钮 新建查询(N)，打开 T-SQL 语句编辑器，建立一个新的查询，如图 9.79 所示。

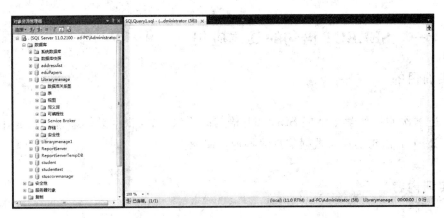

图 9.79 新建查询编辑窗口

（2）在查询窗口中输入如下 T-SQL 语句：

```
USE Librarymanage
SELECT Book_ID, Book_ISBN, Book_name, Book_type, Book_author, Book_press,
Book_pressdate,Book_price,Book_inputdate,Book_quantity,Book_isborrow
FROM Bookinfo
```

（3）在工具栏上单击"分析"按钮 ✓ 对 SQL 语句进行语法检查。

（4）经检查无误后，单击工具栏上的"执行"按钮 ❗ 执行(X)，执行指定的 SQL 语句，完成查询 Bookinfo 数据表中所有图书信息的操作，查询结果如图 9.80 所示。

	Book_ID	Book_ISBN	Book_name	Book_type	Book_author	Book_press	Book_pressdate	Book_price	Book_inputdate	Book_quantity	Book_isborrow
1	00000001	9781111206677	数据库	数据库设计	李红	科学出版社	2009-09-02 00:00:00.000	68.00	2010-08-12 00:00:00.000	2	1
2	10201001	9781349207867	FLASH程序设计	动画设计	吴刚	清华大学出版社	2008-02-04 00:00:00.000	26.00	2010-08-12 00:00:00.000	2	1
3	10201005	9782894578444	操作系统	系统设计	吴玉华	科学出版社	2009-11-05 00:00:00.000	35.00	2010-08-12 00:00:00.000	1	1
4	10201067	9787379543373	JAVA程序设计	程序语言	马文霞	机械工业出版社	2009-05-12 00:00:00.000	32.00	2010-08-12 00:00:00.000	1	1
5	10301004	9784008324766	多媒体技术与应用	动画设计	李红	电子工业出版社	2007-12-06 00:00:00.000	38.00	2011-02-18 00:00:00.000	1	1
6	10301012	9787322209502	计算机组成原理	基础教程	马玉兰	清华大学出版社	2010-10-29 00:00:00.000	35.00	2011-02-18 00:00:00.000	1	0
7	10301022	9781129848558	计算机原理	系统设计	吴进军	电子工业出版社	2004-10-01 00:00:00.000	33.00	2011-02-18 00:00:00.000	1	1
8	10302001	9783773620649	计算机网络实训教程	网络设计	赵建军	中国水利出版社	2009-07-19 00:00:00.000	39.00	2011-02-18 00:00:00.000	3	1
9	10303010	9782289885985	软件人机界面设计	基础教程	陈建盛	高等教育出版社	2008-06-21 00:00:00.000	21.00	2010-05-30 00:00:00.000	2	1
10	10305010	9781000858595	UML及建模	程序语言	郭豐	清华大学出版社	2009-08-13 00:00:00.000	45.00	2010-05-30 00:00:00.000	1	1
11	10305011	9789947967302	UML使用手册	程序语言	刘强	天津大学出版社	2009-11-09 00:00:00.000	25.00	2010-05-30 00:00:00.000	3	1
12	10401022	9782947057205	SQL基础教程	数据库设计	董璺	科学出版社	2010-01-25 00:00:00.000	48.00	2010-05-30 00:00:00.000	1	1
13	10411001	9783758275966	计算机原理与实验	系统设计	徐颖勇	科学出版社	2009-03-11 00:00:00.000	30.00	2009-07-25 00:00:00.000	3	1
14	13020889	9781174777495	C语言程序设计	程序语言	李敏	清华大学出版社	2008-07-09 00:00:00.000	36.00	2009-07-25 00:00:00.000	1	1
15	13332223	9788836502201	VB程序设计	程序语言	王强	科学出版社	2008-04-07 00:00:00.000	37.00	2009-07-25 00:00:00.000	1	1
16	10201008	9784633120128	网络数据库高级教程	数据库设计	李文	人民邮电出版社	2010-01-02 00:00:00.000	39.00	2012-03-17 00:00:00.000	2	1

图 9.80 查询 Bookinfo 数据表中所有图书的信息

2. 查询数据表中指定列的信息

例如，查询图书信息表 Bookinfo 中的图书名称、作者、出版社以及图书价格等信息，由于查询的操作步骤与上述步骤基本一致，因此，以下的所有实训题目仅给出查询的 T-SQL 代码，基本操作步骤请参考上述案例中的步骤，自行完成。在查询窗口中输入如下 T-SQL 语句，执行指定的 T-SQL 语句，完成查询操作，查询结果如图 9.81 所示。

```
USE Librarymanage
SELECT Book_name, Book_author, Book_press, Book_price
FROM Bookinfo
```

3. 查询数据表信息的计算结果

例如,计算并查询图书的新价格与原价格,新价格是在原价格的基础上下调15%得到的,因此在查询窗口中输入如下的 T-SQL 语句,执行指定的 T-SQL 语句,完成查询操作,查询结果如图9.82所示。

```
USE Librarymanage
SELECT Book_name, Book_price, Book_price * (1-0.15) AS NEW_PRICE
FROM Bookinfo
```

	Book_name	Book_author	Book_press	Book_price
1	数据库	李红	科学出版社	68.00
2	FLASH程序设计	吴刚	清华大学出版社	26.00
3	操作系统	吴玉华	科学出版社	35.00
4	JAVA程序设计	马文霞	机械工业出版社	32.00
5	多媒体技术与应用	李红	电子工业出版社	38.00
6	计算机应用基础	马玉兰	机械工业出版社	35.00
7	计算机组成原理	吴进军	电子工业出版社	33.00
8	计算机网络实训教程	赵建军	中国水利出版社	39.00
9	软件人机界面设计	陈康建	高等教育出版社	21.00
10	UML及建模	郭雯	清华大学出版社	45.00
11	UML使用手册	刘强	天津大学出版社	25.00
12	SQL基础教程	董煜	科学出版社	48.00
13	计算机原理与实验	徐晓勇	科学出版社	52.00
14	C语言程序设计	李敏	清华大学出版社	36.00
15	VB程序设计	王强	科学出版社	37.00
16	网络数据库高级教程	李文	人民邮电出版社	39.00

图9.81 查询图书表中指定列的信息

	Book_name	Book_price	NEW_PRICE
1	数据库	68.00	57.800000
2	FLASH程序设计	26.00	22.100000
3	操作系统	35.00	29.750000
4	JAVA程序设计	32.00	27.200000
5	多媒体技术与应用	38.00	32.300000
6	计算机应用基础	35.00	29.750000
7	计算机组成原理	33.00	28.050000
8	计算机网络实训教程	39.00	33.150000
9	软件人机界面设计	21.00	17.850000
10	UML及建模	45.00	38.250000
11	UML使用手册	25.00	21.250000
12	SQL基础教程	48.00	40.800000
13	计算机原理与实验	52.00	44.200000
14	C语言程序设计	36.00	30.600000
15	VB程序设计	37.00	31.450000
16	网络数据库高级教程	39.00	33.150000

图9.82 使用列计算表达式的查询

4. 使用关键字 AS 对字段名进行重命名的查询操作

例如,以 Book_name、Book_price 等字段名显示,用户阅读起来极不直观,如果用"图书名称"代替 Book_name、用"图书价格"代替 Book_price 等进行显示,更易被用户理解,因此在查询窗口中输入如下 T-SQL 语句,执行指定的 T-SQL 语句,完成查询操作,查询结果如图9.83所示。

```
USE Librarymanage
SELECT Book_name AS 图书名称, Book_price AS 图书价格
FROM Bookinfo
```

5. 在查询结果中添加说明列

例如,为了增加查询结果的可读性,可以在"图书名称"与"图书价格"的前面加上"书名"与"单价"等相关的说明信息列,因此在查询窗口中输入如下 T-SQL 语句,执行指定的 T-SQL 语句,完成查询操作,查询结果如图 9.84 所示。

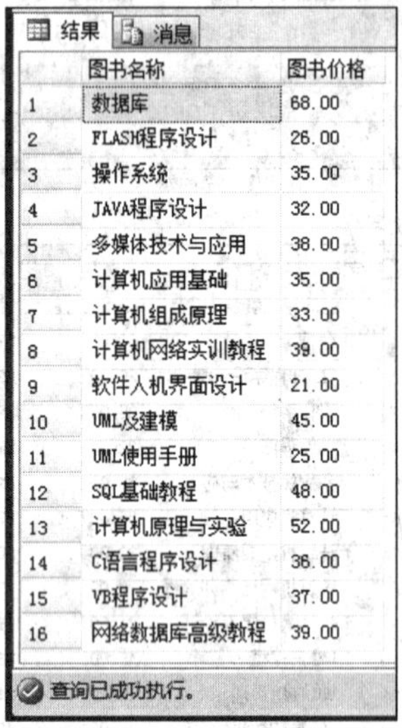

```
USE Librarymanage
SELECT '书名: ', Book_name AS 图书名称, '单价: ', Book_price AS 图书价格
FROM Bookinfo
```

图 9.83　使用 AS 关键字重命名列名　　　图 9.84　查询结果中添加说明信息列

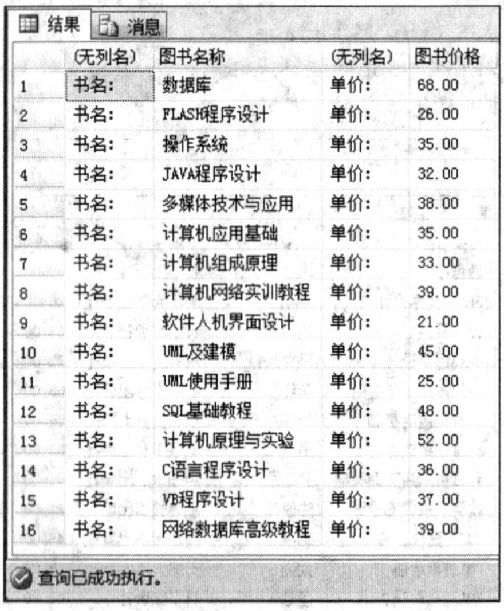

6. 利用函数查询数据表信息

例如,查询图书信息表中前 10 本图书的出版年份,因此在查询窗口中输入如下 T-SQL 语句,执行指定的 T-SQL 语句,完成查询操作,查询结果如图 9.85 所示。

```
USE Librarymanage
SELECT TOP 10 Book_name, Book_press,
DATEPART(YY,Book_pressdate) AS PRESS_YEAR
FROM Bookinfo
```

7. 使用字符串函数实现查询操作

例如,对图书信息表 Bookinfo 中的图书信息汇总分类,图书 ID 号的后四位才是图书的具体编号,前四位代表图书分类信息的编码,任务只需要了解图书编号即可,显示时可以省略前四位的编码,因此在查询窗口中输入如下 T-SQL 语句,执行指定的 T-SQL 语句,完成查询操作,查询结果如图 9.86 所示。

```
USE Librarymanage
SELECT RIGHT(Book_ID,4),Book_name, Book_press
FROM Bookinfo
```

	Book_name	Book_press	PRESS_YEAR
1	数据库	科学出版社	2009
2	FLASH程序设计	清华大学出版社	2008
3	操作系统	科学出版社	2009
4	JAVA程序设计	机械工业出版社	2009
5	多媒体技术与应用	电子工业出版社	2007
6	计算机应用基础	机械工业出版社	2010
7	计算机组成原理	电子工业出版社	2004
8	计算机网络实训教程	中国水利出版社	2009
9	软件人机界面设计	高等教育出版社	2008
10	UML及建模	清华大学出版社	2009

图 9.85　查询列中应用日期函数

	(无列名)	Book_name	Book_press
1	0001	数据库	科学出版社
2	1001	FLASH程序设计	清华大学出版社
3	1005	操作系统	科学出版社
4	1067	JAVA程序设计	机械工业出版社
5	1004	多媒体技术与应用	电子工业出版社
6	1012	计算机应用基础	机械工业出版社
7	1022	计算机组成原理	电子工业出版社
8	2001	计算机网络实训教程	中国水利出版社
9	3010	软件人机界面设计	高等教育出版社
10	5010	UML及建模	清华大学出版社
11	5011	UML使用手册	天津大学出版社
12	1022	SQL基础教程	科学出版社
13	1001	计算机原理与实验	科学出版社
14	0889	C语言程序设计	清华大学出版社
15	2223	VB程序设计	科学出版社
16	1008	网络数据库高级教程	人民邮电出版社

图 9.86　查询列中应用字符串函数

8. 使用统计函数完成查询操作

例如,统计图书信息表 Bookinfo 中出版社的个数,以及图书的册数,因此在查询窗口中输入如下 T-SQL 语句,执行指定的 T-SQL 语句,完成查询操作,查询结果如图 9.87 所示。

```
USE Librarymanage
SELECT COUNT(DISTINCT Book_press) AS 出版社个数, COUNT(*) AS 图书总册书
FROM Bookinfo
```

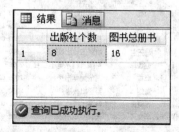

	出版社个数	图书总册书
1	8	16

图 9.87　查询列中应用统计函数

9. 使用最大值、最小值、求和及求平均值函数完成查询操作

例如，统计所有图书中的最高价格、最低价格、所有图书总价格以及图书平均价格等信息，因此在查询窗口中输入如下 T-SQL 语句，执行指定的 T-SQL 语句，完成查询操作，查询结果如图 9.88 所示。

```
USE Librarymanage
SELECT MAX(Book_price) AS 最高价格,
MIN(Book_price) AS 最低价格, SUM(Book_price) AS 总价格,
AVG(Book_price) AS 平均价格
FROM Bookinfo
```

图 9.88　查询列中应用聚合函数

10. 查询符合单一条件的数据表信息

例如，查询 2009 年 1 月 1 日以后出版的图书相关信息、查询图书价格在 45 元以上（包括 45 元）的图书信息、查询所有科学出版社出版的图书信息、查询所有本科级别的图书信息，通常图书 ID 的第四位是 1 代表本科级别图书，因此在查询窗口中依次输入如下 T-SQL 语句，执行指定的 T-SQL 语句，完成查询操作，查询结果如图 9.89～图 9.92 所示。

```
USE Librarymanage
    SELECT Book_ID, Book_name, Book_author,Book_press,Book_pressdate,Book
_price
FROM Bookinfo
WHERE Book_pressdate>'2009-1-1'
```

	Book_ID	Book_name	Book_author	Book_press	Book_pressdate	Book_price
1	00000001	数据库	李红	科学出版社	2009-09-02 00:00:00.000	68.00
2	10201005	操作系统	吴玉华	科学出版社	2009-11-05 00:00:00.000	35.00
3	10201067	JAVA程序设计	马文霞	机械工业出版社	2009-05-12 00:00:00.000	32.00
4	10301012	计算机应用基础	马玉兰	机械工业出版社	2010-10-29 00:00:00.000	35.00
5	10302001	计算机网络实训教程	赵建军	中国水利水电出版社	2009-07-19 00:00:00.000	39.00
6	10305010	UML及建模	郭雯	清华大学出版社	2009-08-13 00:00:00.000	45.00
7	10401022	SQL基础教程	董煜	科学出版社	2010-01-25 00:00:00.000	48.00
8	10411001	计算机原理与实验	徐晓勇	科学出版社	2009-03-11 00:00:00.000	52.00
9	10201008	网络数据库高级教程	李文	人民邮电出版社	2010-01-02 00:00:00.000	39.00

图 9.89　2009 年以后出版图书的查询结果

```
USE Librarymanage
SELECT Book_ID, Book_name, Book_author,Book_press,Book_pressdate,Book_price
FROM Bookinfo
WHERE Book_price>=45
```

	Book_ID	Book_name	Book_author	Book_press	Book_pressdate	Book_price
1	00000001	数据库	李红	科学出版社	2009-09-02 00:00:00.000	68.00
2	10305010	UML及建模	郭雯	清华大学出版社	2009-08-13 00:00:00.000	45.00
3	10401022	SQL基础教程	董煜	科学出版社	2010-01-25 00:00:00.000	48.00
4	10411001	计算机原理与实验	徐晓勇	科学出版社	2009-03-11 00:00:00.000	52.00

查询已成功执行。 (local) (11.0 RTM) ad

图 9.90　价格昂贵图书的查询结果

```
USE Librarymanage
SELECT Book_ID, Book_name, Book_author,Book_press,Book_pressdate,Book_price
FROM Bookinfo
WHERE Book_press='科学出版社'
```

	Book_ID	Book_name	Book_author	Book_press	Book_pressdate	Book_price
1	00000001	数据库	李红	科学出版社	2009-09-02 00:00:00.000	68.00
2	10201005	操作系统	吴玉华	科学出版社	2009-11-05 00:00:00.000	35.00
3	10401022	SQL基础教程	董煜	科学出版社	2010-01-25 00:00:00.000	48.00
4	10411001	计算机原理与实验	徐晓勇	科学出版社	2009-03-11 00:00:00.000	52.00
5	13332223	VB程序设计	王强	科学出版社	2008-04-07 00:00:00.000	37.00

查询已成功执行。 (local) (11.0 RTM)

图 9.91　科学出版社图书的查询结果

```
USE Librarymanage
SELECT Book_ID, Book_name, Book_author,Book_press,Book_pressdate,Book_price
FROM Bookinfo
WHERE SUBSTRING(Book_ID,4,1)='1'
```

	Book_ID	Book_name	Book_author	Book_press	Book_pressdate	Book_price
1	10411001	计算机原理与实验	徐晓勇	科学出版社	2009-03-11 00:00:00.000	52.00

查询已成功执行。 (local) (11.0 RTM)

图 9.92　本科级别图书的查询结果

11. 查询符合多条件的数据表信息

例如,检索出版日期大于 2009 年 1 月 1 日的并且书价大于 35 元的图书相关信息、检索清华大学出版社或天津大学出版社出版的图书信息,因此在查询窗口中依次输入如下

T-SQL 语句,执行指定的 T-SQL 语句,完成查询操作,查询结果如图 9.93 和图 9.94 所示。

```
USE Librarymanage
SELECT Book_ID, Book_name, Book_author,Book_press,Book_pressdate,Book_price
FROM Bookinfo
WHERE Book_pressdate>'2009-1-1' AND Book_price>35
```

	Book_ID	Book_name	Book_author	Book_press	Book_pressdate	Book_price
1	00000001	数据库	李红	科学出版社	2009-09-02 00:00:00.000	68.00
2	10302001	计算机网络实训教程	赵建军	中国水利出版社	2009-07-19 00:00:00.000	39.00
3	10305010	UML及建模	郭雯	清华大学出版社	2009-08-13 00:00:00.000	45.00
4	10401022	SQL基础教程	董煜	科学出版社	2010-01-25 00:00:00.000	48.00
5	10411001	计算机原理与实验	徐晓勇	科学出版社	2009-03-11 00:00:00.000	52.00
6	10201008	网络数据库高级教程	李文	人民邮电出版社	2010-01-02 00:00:00.000	39.00

查询已成功执行。 (local) (11.0 RTM) ad

图 9.93　35 元以上 2009 年以后出版的图书

```
USE Librarymanage
SELECT Book_ID, Book_name, Book_author,Book_press,Book_pressdate,Book_price
FROM Bookinfo
WHERE Book_press='清华大学出版社' OR Book_press= '天津大学出版社'
```

	Book_ID	Book_name	Book_author	Book_press	Book_pressdate	Book_price
1	10201001	FLASH程序设计	吴刚	清华大学出版社	2008-02-04 00:00:00.000	26.00
2	10305010	UML及建模	郭雯	清华大学出版社	2009-08-13 00:00:00.000	45.00
3	10305011	UML使用手册	刘强	天津大学出版社	2008-04-07 00:00:00.000	25.00
4	13020889	C语言程序设计	李敏	清华大学出版社	2007-08-09 00:00:00.000	36.00

查询已成功执行。 (local) (11.0 RTM)

图 9.94　清华大学出版社或天津大学出版社的图书

12. 查询模糊条件的数据表信息

例如,检索书名中含有 UML 字样的图书信息、查询姓名中以"李"开头的作者信息、查询姓名中以"吴"开头并且为单名的作者信息、查询作者的姓氏介于"邓"到"王"或者"刘"到"张"等所出版图书的书名,作者姓名和出版社等相关信息,因此在查询窗口中依次输入如下的 T-SQL 语句,执行指定的 T-SQL 语句,完成查询操作,查询结果如图 9.95～图 9.98 所示。

```
USE Librarymanage
SELECT Book_ID, Book_name, Book_author,Book_press,Book_pressdate,Book_price
FROM Bookinfo
WHERE Book_name like '%UML%'
```

图 9.95　关于 UML 方面的所有图书

```
USE Librarymanage
SELECT Book_name,Book_author,Book_press
FROM Bookinfo
WHERE Book_author LIKE '李%'
```

```
USE Librarymanage
SELECT Book_name,Book_author,Book_press
FROM Bookinfo
WHERE Book_author LIKE '吴_'
```

图 9.96　关于"李"姓作者的所有图书

图 9.97　关于"吴"姓单名作者的所有图书

```
USE Librarymanage
SELECT Book_name,Book_author,Book_press
FROM Bookinfo
WHERE Book_author LIKE '[邓-王,刘-张]%'
```

图 9.98　关于分段姓氏作者的所有图书

13. 利用谓词条件查询数据表信息

例如,检索图书价格在 15～30 元之间的图书信息,查询清华大学出版社、北京大学出版、天津大学出版社、高等教育出版社等各知名出版社出版图书的相关信息,因此在查询窗口中依次输入如下 T-SQL 语句,执行指定的 T-SQL 语句,完成查询操作,查询结果如图 9.99 和图 9.100 所示。

```
USE Librarymanage
SELECT Book_name,Book_author,Book_press,Book_price
FROM Bookinfo
WHERE Book_price BETWEEN 15 AND 30
```

图 9.99　图书价格在 15～30 元之间的所有图书

```
USE Librarymanage
SELECT Book_name,Book_author,Book_press,Book_price
FROM Bookinfo
WHERE Book_press IN('清华大学出版社','北京大学出版社',
                    '天津大学出版社','高等教育出版社')
```

图 9.100　著名出版社出版的所有图书

14. 利用查询排序检索数据表信息

例如,检索出版日期距离现在最近的前 10 本图书的基本信息,并且按照出版日期进行降序排列来显示、按照出版社升序排列,若同一出版社的图书,按照库存数量降序排列,显示图书名称、出版社、库存数量等信息,因此在查询窗口中依次输入如下 T-SQL 语句,执行指定的 T-SQL 语句,完成查询操作,查询结果如图 9.101 和图 9.102 所示。

```
USE Librarymanage
SELECT TOP 10 Book_name,Book_author,Book_press,Book_pressdate
FROM Bookinfo
ORDER BY Book_pressdate DESC
```

	Book_name	Book_author	Book_press	Book_pressdate
1	计算机应用基础	马玉兰	机械工业出版社	2010-10-29 00:00:00.000
2	SQL基础教程	董煜	科学出版社	2010-01-25 00:00:00.000
3	网络数据库高级教程	李文	人民邮电出版社	2010-01-02 00:00:00.000
4	操作系统	吴玉华	科学出版社	2009-11-05 00:00:00.000
5	数据库	李红	科学出版社	2009-09-02 00:00:00.000
6	UML及建模	郭雯	清华大学出版社	2009-08-13 00:00:00.000
7	计算机网络实训教程	赵建军	中国水利出版社	2009-07-19 00:00:00.000
8	JAVA程序设计	马文霞	机械工业出版社	2009-05-12 00:00:00.000
9	计算机原理与实验	徐晓勇	科学出版社	2009-03-11 00:00:00.000
10	软件人机界面设计	陈康建	高等教育出版社	2008-06-21 00:00:00.000

查询已成功执行。　　　　　(local)

图 9.101 最近出版的所有图书

```
USE Librarymanage
SELECT Book_name, Book_press, Book_quantity
FROM Bookinfo
ORDER BY Book_press ASC,Book_quantity DESC
```

	Book_name	Book_press	Book_quantity
1	多媒体技术与应用	电子工业出版社	1
2	计算机组成原理	电子工业出版社	1
3	软件人机界面设计	高等教育出版社	2
4	计算机应用基础	机械工业出版社	1
5	JAVA程序设计	机械工业出版社	1
6	SQL基础教程	科学出版社	3
7	计算机原理与实验	科学出版社	3
8	数据库	科学出版社	2
9	操作系统	科学出版社	1
10	VB程序设计	科学出版社	1
11	FLASH程序设计	清华大学出版社	2
12	C语言程序设计	清华大学出版社	1
13	UML及建模	清华大学出版社	1
14	网络数据库高级教程	人民邮电出版社	2
15	UML使用手册	天津大学出版社	3
16	计算机网络实训教程	中国水利出版社	3

查询已成功执行。

图 9.102 两个字段排序查询的结果

15. 利用汇总查询检索数据表信息

例如,以分组汇总的方式检索各个出版社的图书册数以及该出版社图书的平均价格;

检索出图书价格高于 45 元的图书的名称、出版社以及图书单价,并且将这部分图书的数量进行汇总,还要计算出这部分图书的平均价格,最终将明细清单与汇总信息一起显示;对各个出版社出版的图书进行分类汇总,计算出每个出版社出版图书的平均价格,但只显示平均价格大于 45 元的出版社的汇总图书数量和平均价格;仅对程序语言类的图书而言,找出平均价格低于 40 元的对应出版社所出版图书数量以及平均价格;按照出版社明细汇总的价格检索高于 45 元的图书的数量和平均价格,因此在查询窗口中依次输入如下 T-SQL 语句,执行指定的 T-SQL 语句,完成查询操作,查询结果如图 9.103~图 9.107 所示。

```
USE Librarymanage
SELECT Book_press, COUNT(Book_name)AS 图书数量,AVG(Book_price)AS 图书平均价格
FROM Bookinfo
GROUP BY Book_press
```

```
USE Librarymanage
SELECT Book_name,Book_press,Book_price
FROM Bookinfo
WHERE Book_price>=45
COMPUTE COUNT(Book_name), AVG(Book_price)
```

图 9.103　分类汇总图书信息

图 9.104　明细清单与汇总信息
一起显示

```
USE Librarymanage
SELECT Book_press,COUNT(Book_name)AS 图书册数,AVG(Book_price)AS 图书平均价格
FROM Bookinfo
GROUP BY Book_press
HAVING AVG(Book_price)>45
```

```
USE Librarymanage
SELECT Book_press,COUNT(Book_name)AS 图书册数,AVG(Book_price)AS 图书平均价格
FROM Bookinfo
WHERE Book_type='程序语言'
GROUP BY Book_press
HAVING AVG(Book_price)<40
```

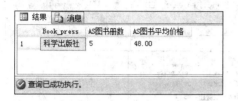

图 9.105　平均价格高于 45 元的
　　　　　 出版社分组汇总

图 9.106　HAVING 与 WHERE 选项
　　　　　 同时使用结果

```
USE Librarymanage
SELECT Book_name, Book_press, Book_price
FROM Bookinfo
WHERE Book_price>45
ORDER BY Book_press
COMPUTE COUNT(Book_name), AVG(Book_price)
BY Book_press
```

图 9.107　带有明细汇总的信息查询

16. 利用多表连接查询检索数据表信息

例如，检索读者借阅图书的基本信息；查询图书的借阅情况，将读者姓名、书名、借阅时间、图书单价等信息显示出来；查询图书的借还时间，将读者 ID、书名、借阅时间、归还时间等信息显示出来；查询读者借还书时间，将读者姓名、身份、借阅时间、归还时间等信

息显示出来；统计同一个出版社出版的两本书，将其在同一行上同时再现出来，因此在查询窗口中依次输入如下 T-SQL 语句，执行指定的 T-SQL 语句，完成查询操作，查询结果如图 9.108～图 9.112 所示。

```
USE Librarymanage
SELECT R.Reader_name,Book_name,Book_press,Book_price
FROM Bookinfo B, Borrowreturninfo BT, Readerinfo R
WHERE BT.Book_ID=B.Book_ID AND BT.Reader_ID=R.Reader_ID
ORDER BY R.Reader_ID
```

	Reader_name	Book_name	Book_press	Book_price
1	张三	计算机网络实训教程	中国水利出版社	39.00
2	张三	UML及建模	清华大学出版社	45.00
3	张三	计算机原理与实验	科学出版社	52.00
4	张三	计算机原理与实验	科学出版社	52.00
5	刘晓英	计算机应用基础	机械工业出版社	35.00
6	赵薇	多媒体技术与应用	电子工业出版社	38.00
7	李四	操作系统	科学出版社	35.00

图 9.108　SQL 形式内连接查询结果

```
USE Librarymanage
SELECT Readerinfo.Reader_name,Book_name,Borrowreturninfo.Borrow_Date,
      Book_price
FROM Bookinfo LEFT OUTER JOIN Borrowreturninfo ON
Borrowreturninfo.Book_ID=Bookinfo.Book_ID LEFT OUTER JOIN Readerinfo
ON Borrowreturninfo.Reader_ID=Readerinfo.Reader_ID
ORDER BY Borrowreturninfo.Reader_ID DESC
```

	Reader_name	Book_name	Borrow_Date	Book_price
1	李四	操作系统	2014-07-18 00:00:00.000	35.00
2	赵薇	多媒体技术与应用	2010-10-10 00:00:00.000	38.00
3	刘晓英	计算机应用基础	2014-03-05 00:00:00.000	35.00
4	张三	计算机网络实训教程	2014-07-08 00:00:00.000	39.00
5	张三	计算机原理与实验	2014-07-19 00:00:00.000	52.00
6	张三	计算机原理与实验	2014-07-19 00:00:00.000	52.00
7	张三	UML及建模	2014-07-17 00:00:00.000	45.00
8	NULL	UML使用手册	NULL	25.00
9	NULL	SQL基础教程	NULL	48.00
10	NULL	C语言程序设计	NULL	36.00
11	NULL	VB程序设计	NULL	37.00
12	NULL	网络数据库高级教程	NULL	39.00
13	NULL	软件人机界面设计	NULL	21.00
14	NULL	计算机组成原理	NULL	33.00
15	NULL	JAVA程序设计	NULL	32.00
16	NULL	数据库	NULL	68.00
17	NULL	FLASH程序设计	NULL	26.00

图 9.109　左外连接的 ANSI 形式的查询

```
USE Librarymanage
SELECT Borrowreturninfo.Reader_ID,Bookinfo.Book_name,
        Borrowreturninfo.Borrow_Date,Borrowreturninfo.Return_Date
FROM Borrowreturninfo, Bookinfo
WHERE Bookinfo.Book_ID=Borrowreturninfo.Book_ID
ORDER BY Bookinfo.Book_ID
```

	Reader_ID	Book_name	Borrow_Date	Return_Date
1	12110203	操作系统	2014-07-18 00:00:00.000	2014-07-30 00:00:00.000
2	12010702	多媒体技术与应用	2010-10-10 00:00:00.000	NULL
3	12010423	计算机应用基础	2014-03-05 00:00:00.000	2014-07-19 00:00:00.000
4	12010101	计算机网络实训教程	2014-07-08 00:00:00.000	2014-08-02 00:00:00.000
5	12010101	UML及建模	2014-07-17 00:00:00.000	2014-08-10 00:00:00.000
6	12010101	计算机原理与实验	2014-07-19 00:00:00.000	NULL
7	12010101	计算机原理与实验	2014-07-19 00:00:00.000	NULL

查询已成功执行。 (local) (11.0 RTM)

图 9.110 内连接的 SQL Server 形式的查询方式

```
USE Librarymanage
SELECT Readerinfo.Reader_name,Readerinfo.Reader_type,
        Borrowreturninfo.Borrow_Date,Borrowreturninfo.Return_Date
FROM Borrowreturninfo RIGHT OUTER JOIN Readerinfo ON
Readerinfo.Reader_ID=Borrowreturninfo.Reader_ID
ORDER BY Readerinfo.Reader_ID
```

	Reader_name	Reader_type	Borrow_Date	Return_Date
1	张三	学生	2014-07-08 00:00:00.000	2014-08-02 00:00:00.000
2	张三	学生	2014-07-17 00:00:00.000	2014-08-10 00:00:00.000
3	张三	学生	2014-07-19 00:00:00.000	NULL
4	张三	学生	2014-07-19 00:00:00.000	NULL
5	吴菲	学生	NULL	NULL
6	刘晓英	教师	2014-03-05 00:00:00.000	2014-07-19 00:00:00.000
7	钱小燕	学生	NULL	NULL
8	李大龙	教师	NULL	NULL
9	赵薇	学生	2010-10-10 00:00:00.000	NULL
10	周强	学生	NULL	NULL
11	孙云	教师	NULL	NULL
12	李四	学生	2014-07-19 00:00:00.000	NULL
13	李四	学生	2014-07-18 00:00:00.000	2014-07-30 00:00:00.000
14	王五	学生	NULL	NULL

查询已成功执行。 (local) (11.0 RTM)

图 9.111 右外连接的 ANSI 形式的查询

```
USE Librarymanage
SELECT B1.Book_press,B1.Book_name,B1.Book_price,B2.Book_name,B2.Book_price
FROM Bookinfo B1 JOIN Bookinfo B2 ON B1.Book_press=B2.Book_press
WHERE B1.Book_ID<B2.Book_ID
ORDER BY B1.Book_press
```

图 9.112　同一张数据表建立自身连接的查询

17. 利用子查询检索数据表信息

例如,利用子查询通过增加新列的方式检索出各个出版社出版图书的平均价格;利用子查询通过 IN 关键字检索出还有未归还图书的读者姓名;利用子查询通过比较运算符检索出图书平均价格大于 45 元的出版社;利用子查询通过关键字 BETWEEN 检索出价格低于清华大学出版社的平均价格且大于 35 元的图书信息;利用子查询通过关键字 EXISTS 检索出还有未归还图书的读者信息;利用子查询显示图书平均价格大于 45 元的出版社出版的图书信息,因此在查询窗口中依次输入如下 T-SQL 语句,执行指定的 T-SQL 语句,完成查询操作,查询结果如图 9.113~图 9.118 所示。

```
USE Librarymanage
SELECT DISTINCT B1.Book_press,平均价格=(SELECT AVG(Book_price)
                                   FROM Bookinfo B2
                                   WHERE B1.Book_press=B2.Book_press)

FROM Bookinfo B1
ORDER BY B1.Book_press
```

```
USE Librarymanage
SELECT R.Reader_name
FROM Readerinfo R
WHERE R.Reader_ID IN(SELECT B.Reader_ID
                FROM Borrowreturninfo B WHERE B.Book_State='借出')
ORDER BY R.Reader_ID
```

图 9.113　各出版社图书平均价格的统计查询　　图 9.114　IN 关键字检索出未还书的读者

```
USE Librarymanage
SELECT DISTINCT B1.Book_press
FROM Bookinfo B1
WHERE(SELECT AVG(Book_price)
        FROM Bookinfo B2 WHERE B1.Book_press= B2.Book_press)>45
ORDER BY B1.Book_press
```

```
USE Librarymanage
SELECT B1.Book_name, B1.Book_press, B1.Book_price
FROM Bookinfo B1
WHERE B1.Book_price BETWEEN 35 AND(SELECT AVG(B2.Book_price)FROM Bookinfo B2
                        WHERE B2.Book_press='清华大学出版社')
ORDER BY B1.Book_press
```

图 9.115　图书均价大于 45 元的　　图 9.116　书价介于 35 元与清华大学出版社
　　　　　 出版社　　　　　　　　　　　　 均价之间的图书

```
USE Librarymanage
SELECT R.Reader_ID, R.Reader_name, R.Reader_type, R.Reader_department
FROM Readerinfo R
WHERE EXISTS(SELECT * FROM Borrowreturninfo B
            WHERE B.Reader_ID=R.Reader_ID AND B.Book_State='借出')
ORDER BY R.Reader_ID
```

```
use Librarymanage
SELECT B1.Book_press, BOOK_NAME, B1.Book_price
FROM Bookinfo B1
WHERE B1.Book_press=ANY (SELECT Book_press FROM Bookinfo B2
                         GROUP BY Book_press HAVING avg(Book_price)>45)
ORDER BY B1.Book_press
```

	Reader_ID	Reader_name	Reader_type	Reader_department
1	12010101	张三	学生	软件系
2	12010702	赵薇	学生	艺术系
3	12110203	李四	学生	网络系

查询已成功执行。

	Book_press	BOOK_NAME	Book_price
1	科学出版社	数据库	68.00
2	科学出版社	操作系统	35.00
3	科学出版社	SQL基础教程	48.00
4	科学出版社	计算机原理与实验	52.00
5	科学出版社	VB程序设计	37.00

查询已成功执行。

图 9.117　EXISTS 关键字检索出未还书的读者　　　图 9.118　ANY 关键字检索图书出版社信息

实训十二　数据库系统的深度开发

一、实训目的

通过本次实训使学生理解有关数据库系统编程的逻辑思维,掌握数据库系统编程的基本语法,能够根据具体的需求完成程序代码的编辑,实现对应的功能。

二、实训内容

在本次实训中要求学生完成如下数据库系统的编程任务。

(1) 实现灵活多变的信息检索操作,具体而言,在图书信息表(Bookinfo)中进行检索,找出在 2009 年 7 月 19 日出版的所有图书中价格最低的书籍的相关信息,并将其图书的名称、作者、出版社以及价格显示出来。由于此类检索经常被使用,检索的时间、输出的信息都是经常变动的,为了应用的灵活性和适应可变性,所以,决定采用变量的形式给出查询的时间,将查询结果也以变量的形式进行显示。

(2) 查找指定书名为"Flash 程序设计"的图书信息,具体而言,查找书名为"Flash 程序设计"的图书,如果找到该图书,请显示该图书的作者姓名、出版社的名称以及图书价格,否则显示"查无此书"。

(3) 查找指定书名为"网页制作与设计"的图书信息,具体而言,接上题查询书名为"网页制作与设计"的图书信息,使读者了解查找成功与查找失败的运行结果。

三、实训步骤

(1) 启动 SQL Server Management Studio 之后,单击工具栏上的"新建查询"按钮

新建查询(N)，打开 T-SQL 语句编辑器，建立一个新的查询。

（2）在查询窗口中输入如下 T-SQL 语句：

```
DECLARE @PRESSDAY DATETIME,@BOOKNAME NVARCHAR(50),
       @AUTHOR NVARCHAR(30),@PRESS NVARCHAR(50),@MINPRICE MONEY
SET @PRESSDAY='2009-7-19'
USE Librarymanage
SELECT @MINPRICE=MIN(Book_price)
FROM Bookinfo
WHERE Book_pressdate=@PRESSDAY
SELECT @AUTHOR=Book_author,@BOOKNAME=Book_name,@PRESS=Book_press
FROM Bookinfo
WHERE Book_pressdate=@PRESSDAY AND Book_price=@MINPRICE
PRINT '----------------利用变量查询图书信息的输出结果----------------'
PRINT '确定查询时间：'
PRINT @PRESSDAY
PRINT '最低价格的图书名称：'
PRINT @BOOKNAME
PRINT '最低图书价格：'
PRINT @MINPRICE
PRINT '最低价格图书的作者：'
PRINT @AUTHOR
PRINT '最低价格图书的出版社：'
PRINT @PRESS
SELECT @BOOKNAME AS'图书名称',@MINPRICE AS '图书价格',
       @AUTHOR AS '图书作者',@PRESS AS '图书出版社'
```

（3）在工具栏上单击"分析"按钮 ✓ 对 SQL 语句进行语法检查。

（4）经检查无误后，单击工具栏上的"执行"按钮 ❗执行(X)，执行指定的 SQL 语句，完成检索操作。在查看运行结果时，选择"结果"选项卡，如图 9.119 所示。

（5）在查看运行结果时，选择"消息"选项卡，如图 9.120 所示。

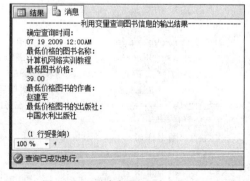

图 9.119 "结果"选项卡显示界面   图 9.120 "消息"选项卡显示界面

（6）启动 SQL Server Management Studio 之后，单击工具栏上的"新建查询"按钮 新建查询(N)，打开 T-SQL 语句编辑器，建立一个新的查询。

（7）在查询窗口中输入如下 T-SQL 语句：

```
DECLARE @AUTHOR NVARCHAR(30),@PRESS NVARCHAR(50), @PRICE NVARCHAR(50)
IF EXISTS(SELECT * FROM Bookinfo WHERE Book_name='FLASH 程序设计')
BEGIN
USE Librarymanage
SELECT @AUTHOR=Book_author,@PRESS=Book_press,
@PRICE=CAST(Book_price AS NVARCHAR(50)) FROM Bookinfo
        WHERE Book_name='Flash 程序设计'
PRINT '--------Flash 程序设计图书的基本信息--------'
PRINT ''
PRINT '图书作者：'+@AUTHOR
PRINT '图书出版社：'+@PRESS
PRINT '图书价格：'+@PRICE
END
ELSE
PRINT '查无此书！'
```

（8）在工具栏上单击"分析"按钮 ✓ 对 SQL 语句进行语法检查。

（9）经检查无误后，单击工具栏上的"执行"按钮 ❗ 执行(x)，执行指定的 SQL 语句，完成查找指定书名的图书信息的检索操作，其运行结果如图 9.121 所示。

（10）启动 SQL Server Management Studio 之后，单击工具栏上的"新建查询"按钮 🔍 新建查询(N)，打开 T-SQL 语句编辑器，建立一个新的查询。

（11）在查询窗口中输入如下 T-SQL 语句：

图 9.121 查询 Flash 程序设计图书的相关信息

```
DECLARE @AUTHOR NVARCHAR(30),@PRESS NVARCHAR(50), @PRICE NVARCHAR(50)
IF EXISTS(SELECT * FROM Bookinfo WHERE Book_name='网页制作与设计')
BEGIN
USE Librarymanage
SELECT @AUTHOR=Book_author,@PRESS=Book_press,
@PRICE=CAST(Book_price AS NVARCHAR(50)) FROM Bookinfo
        WHERE Book_name='网页制作与设计'
PRINT '--------网页制作与设计图书的基本信息--------'
PRINT ''
PRINT '图书作者：'+@AUTHOR
PRINT '图书出版社：'+@PRESS
PRINT '图书价格：'+@PRICE
END
ELSE
PRINT '查无此书！'
```

（12）在工具栏上单击"分析"按钮 ✓ 对 SQL 语句进行语法检查。

（13）经检查无误后，单击工具栏上的"执行"按钮 ❗ **执行(X)**，执行指定的 SQL 语句，完成查找指定书名的图书信息的检索操作，其运行结果如图 9.122 所示。

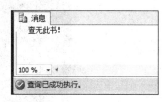

图 9.122　查询网页制作与设计图书的相关信息

实训十三　创建并使用数据库系统的索引功能

一、实训目的

通过本次实训使学生掌握利用可视化界面和 T-SQL 语句的方式创建并使用索引，以便提高对数据库系统的检索效率。

二、实训内容

在本次实训中要求学生完成如下工作任务。

（1）利用可视化界面建立名为 INDEX_ BOOKID 的索引，以便提高对图书信息的整体查询速度。

（2）利用 T-SQL 语句的方式创建一个名为 INDEX_PRESSAUTHOR 的索引，对出版社和作者建立一个复合索引，以便提高对出版社和作者的检索效率。

（3）利用 T-SQL 语句建立一个名为 INDEX_ISBN 的唯一非聚集索引，该索引基于 Bookinfo 表，索引键值选择 Book_ISBN。

（4）利用 T-SQL 语句建立一个名为 INDEX_READERID 的唯一非聚集索引，该索引基于 Readerinfo 表，索引键值选择 Reader_ID，填充因子设置为 50%。

三、实训步骤

（1）启动 SQL Server Management Studio 之后，在"对象资源管理器"中依次展开"数据库"节点、Librarymanage 数据库节点、"表"节点、Borrowreturninfo 数据表节点，找到"索引"项，右击，在弹出的菜单中选择"新建索引"→"聚集索引"命令，如图 9.123 所示。

（2）打开"新建索引"对话框，在"常规"选项卡中，输入索引的名字 INDEX_ BOOKID，配置信息如图 9.124 所示。该选项卡主要用于配置索引的名字与是否唯一索引等信息。

（3）单击"添加"按钮，打开"选择要添加到索引中的表列"窗口，在该窗口中选择要添

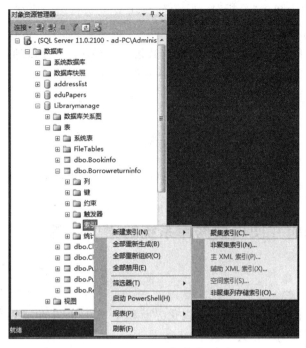

图 9.123 选择"聚集索引"命令

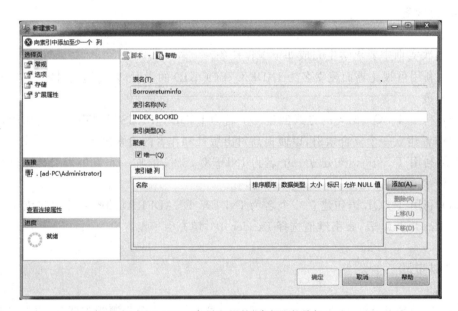

图 9.124 索引配置的"常规"选项卡

加索引的数据表中的列,在此选择数据类型为 nvarchar(8)的 Book_ID 数据列,为其添加索引,如图 9.125 所示。

(4)选择完毕单击"确定"按钮,返回"新建索引"对话框,如图 9.126 所示,单击"确定"按钮,完成新建索引的设置,返回对象资源管理器窗口。

图 9.125　选择索引列

图 9.126　"新建索引"对话框

（5）查看对象资源管理器窗口中的信息，可以看到，在"索引"节点下有一个名为 INDEX_ BOOKID 的聚集索引，说明通过 SSMS 的方式成功地创建了一个索引，如图 9.127 所示。

（6）启动 SQL Server Management Studio 之后，在"对象资源管理器"中依次展开"数据库"节点、Librarymanage 数据库节点、"表"节点、Bookinfo 数据表节点，并且单击，将 Bookinfo 数据表选中。

（7）单击工具栏上的"新建查询"按钮 新建查询(N)，打开 T-SQL 语句编辑器，建立一个新的查询，在语句编辑窗口中输入如下 T-SQL 代码：

```
CREATE INDEX INDEX_PRESSAUTHOR
ON Bookinfo(Book_press,Book_author)
```

（8）在工具栏上单击"分析"按钮 ✓ 对 SQL 语句进行语法检查。

（9）经检查无误后，单击工具栏上的"执行"按钮 ❗执行(X)，执行指定的 SQL 语句，完成创建 INDEX_PRESSAUTHOR 索引的操作。

（10）在"对象资源管理器"中依次打开树形目录结构，查看建立的索引，如图 9.128 所示。

图 9.127　创建聚集索引成功

图 9.128　创建 INDEX_PRESSAUTHOR 索引成功

（11）启动 SQL Server Management Studio 之后，在"对象资源管理器"中依次展开"数据库"节点、Librarymanage 数据库节点、"表"节点、Bookinfo 数据表节点，并且单击，将 Bookinfo 数据表选中。

（12）单击工具栏上的"新建查询"按钮 🗗 新建查询(N)，打开 T-SQL 语句编辑器，建立一个新的查询，在语句编辑窗口中输入如下 T-SQL 代码：

```
CREATE UNIQUE NONCLUSTERED INDEX INDEX_ISBN
ON Bookinfo (Book_ISBN)
```

（13）在工具栏上单击"分析"按钮 ✓ 对 SQL 语句进行语法检查。

（14）经检查无误后，单击工具栏上的"执行"按钮 ❗执行(X)，执行指定的 SQL 语句，完成创建 INDEX_ISBN 索引的操作。

（15）启动 SQL Server Management Studio 之后，在"对象资源管理器"中依次展开"数据库"节点、Librarymanage 数据库节点、"表"节点、Readerinfo 数据表节点，并且单击，将 Readerinfo 数据表选中。

（16）单击工具栏上的"新建查询"按钮 🔍 新建查询(N)，打开 T-SQL 语句编辑器，建立一个新的查询，在语句编辑窗口中输入如下 T-SQL 代码：

```
CREATE UNIQUE NONCLUSTERED INDEX INDEX_READERID
ON Readerinfo (Reader_ID)
WITH PAD_INDEX,
FILLFACTOR=50
```

（17）在工具栏上单击"分析"按钮 ✓ 对 SQL 语句进行语法检查。

（18）经检查无误后，单击工具栏上的"执行"按钮 ❗ 执行 (X)，执行指定的 SQL 语句，完成创建 INDEX_READERID 索引的操作。

实训十四　创建并应用数据库系统的视图功能

一、实训目的

通过本次实训使学生掌握利用可视化界面和 T-SQL 语句的方式创建并应用视图，以便完成对数据库系统的各种数据操作与管理。

二、实训内容

在本次实训中要求学生完成如下工作任务。

（1）利用可视化界面建立名为 VIEW_ BORROWRETURNINFO 的视图，以便随时查阅读者借阅图书的情况。要求针对读者的借阅信息来判定哪些书是最受欢迎的，从而掌握该书籍的名称、作者以及出版社等基本信息。此外通过所列出的读者姓名可以知道哪些人员是图书馆的热心读者，适当的时机可以将其升级为 VIP 用户，通过对借阅时间的统计可以看出，有哪些被借阅的图书在规定的时间范围内、哪些是即将到期、哪些是预期未归还等。最后，通过所显示的办理借阅工作的图书管理员的名字，可以作为考核职员工作业绩的依据，为了实现上述功能，所需要的信息来源于不同的数据表，并且查询的判定条件比较复杂，根据需求创建相应的视图。

（2）利用 T-SQL 语句的方式创建名为 VIEW_BOOKBASE 的视图，对图书主要信息进行管理，并且浏览该视图的内容，具体要求规定为，视图中所包含的列有图书 ID、图书 ISBN、图书名称、图书类别、作者、出版社、出版日期、图书价格。

（3）使用 T-SQL 语句创建读者借阅图书信息的视图，并浏览该视图的内容，具体要求规定为，所创建视图的名称为 VIEW_READERBORROW，视图中所包含的列有读者姓名、图书名称、借阅时间。

（4）利用可视化界面修改名为 VIEW_READERBORROW 视图，具体要求是在所要显示的列中将图书名称（Book_name）一列去掉，添加图书的 ISBN 号（Book_ISBN）一列。

（5）利用 T-SQL 语句修改 VIEW_READERBORROW 视图，修改要求规定为，视图修改之后所包含的数据列及显示顺序为读者姓名、图书 ISBN、图书价格、借阅时间、办理借阅手续的管理员 ID 号。

（6）通过视图更新数据，应用建立的视图 VIEW_BOOKBASE 向基本数据表中添加数据信息。

（7）利用视图修改基本表 Bookinfo 中的数据信息，利用已经存在的视图 VIEW_BOOKBASE，修改 Bookinfo 表中图书 ID 号是 13332223 的书籍的出版日期，由 2008 年 4 月 7 日改为 2009 年 6 月 10 日，并且通过显示 Bookinfo 表的信息加以验证。

（8）以 T-SQL 语句的方式利用已创建的视图删除指定的图书信息，利用 VIEW_BOOKBASE 视图，将图书 ID 为 13332223 的图书信息删除。

三、实训步骤

（1）启动 SQL Server Management Studio 之后，在"对象资源管理器"中依次展开"数据库"节点、Librarymanage 数据库节点，找到"视图"节点，右击，在弹出的菜单中选择"新建视图"命令，如图 9.129 所示。

图 9.129　选择"新建视图"命令

（2）打开"添加表"对话框，选择要添加到新视图中的数据表或视图，在此需要选择如下的数据表：Borrowreturninfo 表、Readerinfo 表、Bookinfo 表和 Clerkinfo 表，如图 9.130 所示，然后单击"添加"按钮，完成表的添加操作，最后单击"关闭"按钮，返回视图设计窗口。

（3）打开视图设计窗口，可以进一步对视图进行设计，该窗口由 4 个子窗口组成，从上到下依次是：用于显示所选择的数据表之间关系的窗口；用于显示将要输出的数据列窗口；用于显示定义视图的查询语句窗口；用于显示视图运行结果的窗口，如图 9.131 所示。

（4）在视图设计窗口中，选择所创建的视图需要输出的数据列、列的别名、来源于哪

图 9.130 "添加表"对话框

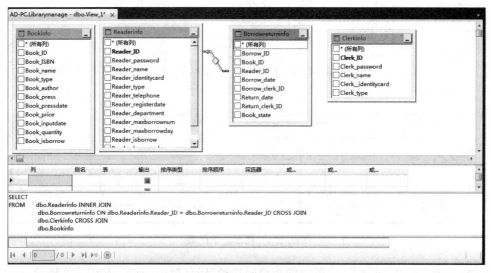

图 9.131 视图设计窗口

张数据表、指定的筛选条件和排序方式等基本信息。在此需要选择的数据列有
Readerinfo 表中的 Reader_ID、Reader_name；Bookinfo 表中的 Book_ID、Book_name、
Book_author、Book_press、Book_price；Clerkinfo 表中的 Clerk_ID、Clerk_name；
Borrowreturninfo 表中的 Borrow_ID、Borrow_Date、Borrow_clerk_ID、Return_Date、
Return_clerk_ID 等。以上选择的列顺序不一定是视图输出的列顺序，在输出列窗口中可
以调整所有列的排序类型和排序顺序等属性。

（5）选择"查询设计器"菜单中的"执行 SQL"命令，如图 9.132 所示。执行完该命令，
可以在视图运行结果窗口中看到视图的输出结果，如图 9.133 所示。

图 9.132　选择执行 SQL 命令

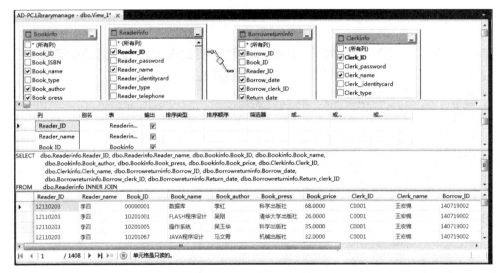

图 9.133　视图输出结果

（6）右击"视图"选项卡,在弹出的菜单中选择"保存视图"命令,如图 9.134 所示。选择保存视图命令后,弹出输入视图名称的对话框,如图 9.135 所示。

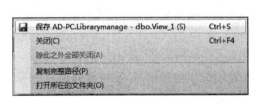

图 9.134　选择保存视图命令

图 9.135　"选择名称"对话框

（7）在"选择名称"对话框中输入所创建视图的名称 VIEW_ BORROWRETURNINFO,单击"确定"按钮,即可保存所创建的视图。

(8)启动 SQL Server Management Studio 之后,在"对象资源管理器"中依次展开"数据库"节点、Librarymanage 数据库节点、"视图"节点。

(9)单击工具栏上的"新建查询"按钮 📄 新建查询(N),打开 T-SQL 语句编辑器,建立一个新的查询,在语句编辑窗口中输入如下 T-SQL 代码:

```
CREATE VIEW VIEW_BOOKBASE
AS
SELECT Book_ID, Book_ISBN, Book_name, Book_type, Book_author, Book_press, Book_
        pressdate, Book_price
FROM Bookinfo
GO
SELECT * FROM VIEW_BOOKBASE
```

(10)在工具栏上单击"分析"按钮 ✓ 对 SQL 语句进行语法检查。

(11)经检查无误后,单击工具栏上的"执行"按钮 ❗ 执行(X),执行指定的 SQL 语句,完成创建并浏览 VIEW_BOOKBASE 视图的操作,其显示结果如图 9.136 所示。

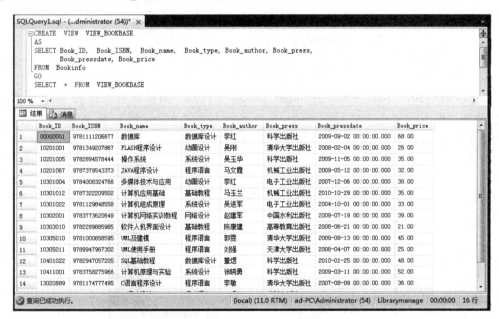

图 9.136 创建并浏览 VIEW_BOOKBASE 视图

(12)启动 SQL Server Management Studio 之后,在"对象资源管理器"中依次展开"数据库"节点、Librarymanage 数据库节点、"视图"节点。

(13)单击工具栏上的"新建查询"按钮 📄 新建查询(N),打开 T-SQL 语句编辑器,建立一个新的查询,在语句编辑窗口中输入如下 T-SQL 代码:

```
CREATE VIEW VIEW_READERBORROW
AS
SELECT R.Reader_name, B.Book_name, BR.Borrow_Date
FROM Bookinfo B, Borrowreturninfo BR, Readerinfo R
WHERE BR.Book_ID=B.Book_ID AND BR.Reader_ID=R.Reader_ID
GO
SELECT * FROM VIEW_READERBORROW
```

（14）在工具栏上单击"分析"按钮 ✓ 对 SQL 语句进行语法检查。

（15）经检查无误后，单击工具栏上的"执行"按钮 ❗执行(X)，执行指定的 SQL 语句，完成创建并浏览 VIEW_READERBORROW 视图的操作，其显示结果如图 9.137 所示。

图 9.137　查看所创建视图的具体内容

（16）启动 SQL Server Management Studio 之后，在"对象资源管理器"中依次展开"数据库"节点、Librarymanage 数据库节点、"视图"节点，找到要修改的 VIEW_READERBORROW 视图，右击，在弹出的菜单中选择"设计"命令，如图 9.138 所示。

图 9.138　修改所创建视图的命令

（17）运行"设计"命令，打开视图修改界面，该界面与视图创建界面极其相似，在数据表关系窗口中，找到 Bookinfo 表，将 Book_name 字段前的"√"去掉；在 Book_ISBN 字段前打上"√"，如图 9.139 所示。

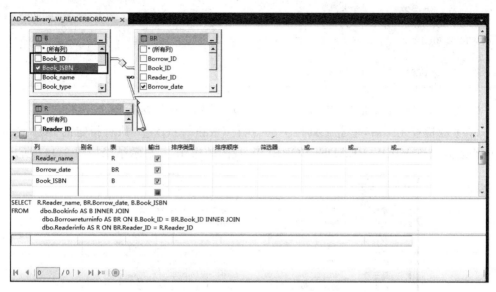

图 9.139　修改视图中的数据列

（18）选择"查询设计器"菜单中的"执行 SQL"命令，可以在视图结果窗口中查看视图的输出结果，如图 9.140 所示。

	Reader_name	Borrow_date	Book_ISBN
▶	李四	2014-07-18 00:00:00.000	9782894578444
	赵薇	2010-10-10 00:00:00.000	9784008324766
	刘晓英	2014-03-05 00:00:00.000	9787322209502
	张三	2014-07-08 00:00:00.000	9783773620649
	张三	2014-07-17 00:00:00.000	9781000858595
	张三	2014-07-19 00:00:00.000	9783758275966
	张三	2014-07-19 00:00:00.000	9783758275966

图 9.140　修改之后视图的输出结果

（19）在"视图"选项卡上右击，选择"保存视图"命令，即可覆盖以前的视图，完成视图的修改操作。

（20）启动 SQL Server Management Studio 之后，在"对象资源管理器"中依次展开"数据库"节点、Librarymanage 数据库节点、"视图"节点。

（21）单击工具栏上的"新建查询"按钮 新建查询(N)，打开 T-SQL 语句编辑器，建立一个新的查询，在语句编辑窗口中输入如下 T-SQL 代码：

```
ALTER VIEW VIEW_READERBORROW
AS
SELECT R.Reader_name,B.Book_ISBN,B.Book_price,BR.Borrow_Date,
       BR.Borrow_clerk_ID
FROM Bookinfo B, Borrowreturninfo BR, Readerinfo R
WHERE BR.Book_ID=B.Book_ID AND BR.Reader_ID=R.Reader_ID
GO
SELECT * FROM VIEW_READERBORROW
```

（22）在工具栏上单击"分析"按钮 ✓ 对 SQL 语句进行语法检查。

（23）经检查无误后，单击工具栏上的"执行"按钮 ❗ 执行(X)，执行指定的 SQL 语句，完成修改并浏览 VIEW_READERBORROW 视图的操作，其显示结果如图 9.141 所示。

	Reader_name	Book_ISBN	Book_price	Borrow_Date	Borrow_clerk_ID
1	李四	9782894578444	35.00	2014-07-18 00:00:00.000	C0004
2	赵薇	9784008324766	38.00	2010-10-10 00:00:00.000	C0003
3	刘晓英	9787322209502	35.00	2014-03-05 00:00:00.000	C0003
4	张三	9783773620649	39.00	2014-07-08 00:00:00.000	C0004
5	张三	9781000858595	45.00	2014-07-17 00:00:00.000	C0003
6	张三	9783758275966	52.00	2014-07-19 00:00:00.000	C0003
7	张三	9783758275966	52.00	2014-07-19 00:00:00.000	C0003

图 9.141　查看修改后视图的内容

（24）启动 SQL Server Management Studio 窗口，在"对象资源管理器"中依次展开"数据库"节点、Librarymanage 数据库节点。

（25）单击工具栏上的"新建查询"按钮 🗋 新建查询(N)，打开 T-SQL 语句编辑器，建立一个新的查询，在语句编辑窗口中输入如下 T-SQL 代码：

```
use Librarymanage
insert into VIEW_BOOKBASE(Book_ID,Book_ISBN,Book_name,Book_type,Book_author,
                          Book_press,Book_pressdate,Book_price)
VALUES('13332245','97888836502341','VC 程序设计实训教程','程序语言','
      吴华健','科学出版社','2009-10-1',35)
```

（26）在工具栏上单击"分析"按钮 ✓ 对 SQL 语句进行语法检查，在消息框中显示"命令已成功完成"，说明所输入的信息语法正确。

（27）经检查无误后，单击工具栏上的"执行"按钮 ❗ 执行(X)，执行指定的 SQL 语句，完成该命令的执行，消息框中显示"（1 行受影响）"，说明上述数据信息通过视图被插入到基本表 Bookinfo 中。

（28）在新建查询窗口中输入如下 T-SQL 语句，查看 Bookinfo 表中的内容，以便验证数据信息真正地被插入到基本表中，运行结果如图 9.142 所示。

```
SELECT * FROM Bookinfo WHERE Book_ID='13332245'
```

图 9.142 通过视图成功向基本表中插入数据

(29) 启动 SQL Server Management Studio 之后,在"对象资源管理器"中依次展开"数据库"节点、Librarymanage 数据库节点。

(30) 单击工具栏上的"新建查询"按钮 新建查询(N),打开 T-SQL 语句编辑器,建立一个新的查询,在语句编辑窗口中输入如下 T-SQL 代码:

```
USE Librarymanage
UPDATE VIEW_BOOKBASE SET Book_pressdate='2009-6-10'
WHERE Book_ID='13332223'
```

(31) 在工具栏上单击"分析"按钮 ✓ 对 SQL 语句进行语法检查,在消息框中显示"命令已成功完成",说明所输入的信息语法正确。

(32) 经检查无误后,单击工具栏上的"执行"按钮 执行(X),执行指定的 SQL 语句,完成该命令的执行,消息框中显示"(1 行受影响)",说明需要更改的数据信息,通过视图已经修改了基本表 Bookinfo 中图书 ID 为'13332223'的图书出版日期。

(33) 在新建查询窗口中输入如下 T-SQL 语句,查看 Bookinfo 表中的内容,以便验证数据信息的更改情况,运行结果如图 9.143 所示。

```
SELECT * FROM Bookinfo WHERE Book_ID='13332223'
```

图 9.143 通过视图成功修改基本表中数据

(34) 启动 SQL Server Management Studio 之后,在"对象资源管理器"中依次展开"数据库"节点、Librarymanage 数据库节点。

(35) 单击工具栏上的"新建查询"按钮 新建查询(N),打开 T-SQL 语句编辑器,建立一个新的查询,在语句编辑窗口中输入如下 T-SQL 代码:

```
USE Librarymanage
DELETE FROM VIEW_BOOKBASE
WHERE Book_ID='13332223'
```

（36）在工具栏上单击"分析"按钮 ✓ 对 SQL 语句进行语法检查，在消息框中显示"命令已成功完成"，说明所输入的信息语法正确。

（37）经检查无误后，单击工具栏上的"执行"按钮 ❗执行(X)，执行指定的 SQL 语句，完成该命令的执行，消息框中显示"（1 行受影响）"，说明指定的数据信息已被删除，通过视图已经删除了基本表 Bookinfo 中图书 ID 为'13332223'的图书信息。

（38）在新建查询窗口中输入如下 T-SQL 语句，查看 Bookinfo 表中的内容，以便验证数据信息已经被删除的情况，运行结果如图 9.144 所示。

```
SELECT * FROM Bookinfo WHERE Book_ID='13332223'
```

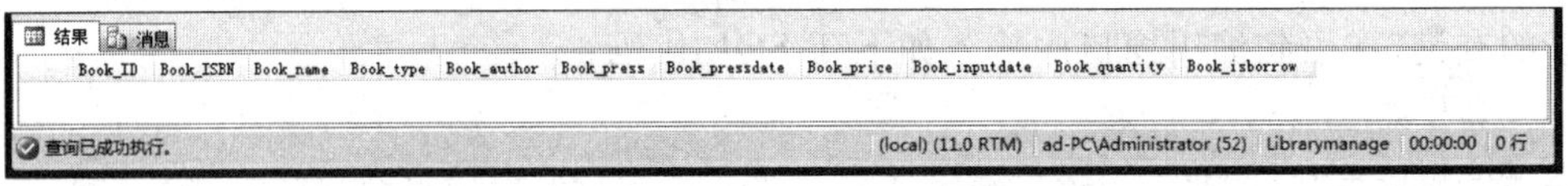

图 9.144 通过视图成功删除基本表中数据信息

实训十五 建立并执行数据库系统的存储过程

一、实训目的

通过本次实训使学生掌握对各种类型存储过程的建立与执行的操作，以及掌握编辑和应用存储过程的 T-SQL 语句的语法规则，以便减少重复性工作，提高系统查询效率，增强检索结果的准确性。

二、实训内容

在本次实训中要求学生完成如下工作任务。

（1）创建并执行名为 sp_bookquantity 的存储过程，该存储过程实现的功能是：查询图书库存数量低于 5 本的书籍信息。

（2）创建并执行带有参数的存储过程 proc_bookpress，该存储过程实现的功能是：通过传送不同的出版社名称，实现查询指定出版社所出版的图书信息，以便可以灵活地查询不同出版社的图书信息。

（3）创建并执行具有输入参数的存储过程 proc_readerdepartment，该存储过程实现的功能是：根据指定的读者 ID，查询出该读者的姓名以及所在的系部名称。

（4）创建并执行在输入参数中使用通配符的存储过程 proc_bookname，该存储过程实现的功能是：查询图书名称中包含"程序"字样的图书信息，将显示检索出来的图书的名称、作者、出版社以及图书价格等信息。

三、实训步骤

（1）启动 SQL Server Management Studio 之后，在"对象资源管理器"中依次展开"数据库"节点、Librarymanage 数据库节点、"可编程性"节点，找到"存储过程"节点，右击，在弹出的菜单中选择"新建存储过程"命令，如图 9.145 所示。

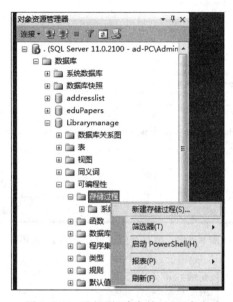

图 9.145 选择"新建存储过程"命令

（2）运行"新建存储过程"命令，在右边窗格中打开存储过程编辑模板，用户根据模板自行输入需要的 T-SQL 代码，在存储过程编辑窗口中输入如下 T-SQL 语句，如图 9.146 所示。

```
CREATE PROCEDURE sp_bookquantity
AS
BEGIN
    SELECT Book_ID,Book_name,Book_author,Book_press,Book_price,Book_quantity
    FROM Bookinfo
    WHERE Book_quantity<5
END
```

（3）在工具栏上单击"分析"按钮 ✓ 对 SQL 语句进行语法检查。

（4）经检查无误后，单击工具栏上的"执行"按钮 ❗ 执行(X)，完成存储过程的创建操作。

（5）如果创建成功，在"对象资源管理器"中依次展开"数据库"节点、Librarymanage 数据库节点、"可编程性"节点、"存储过程"节点，看到新创建存储过程 sp_bookquantity，如图 9.147 所示。

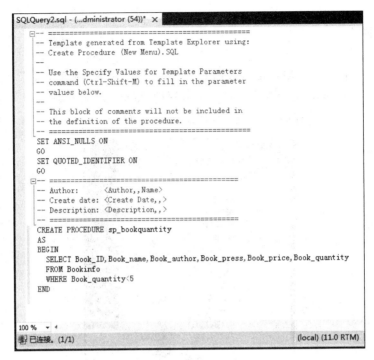

图 9.146　编写存储过程的 T-SQL 代码

图 9.147　成功创建了 sp_bookquantity 存储过程

　　（6）执行新创建的 sp_bookquantity 存储过程，完成相应的功能。在"对象资源管理器"中依次展开"数据库"节点、Librarymanage 数据库节点、"可编程性"节点、"存储过程"节点，找到 sp_bookquantity 存储过程，右击，在弹出的菜单中选择"执行存储过程"命令，如图 9.148 所示。

　　（7）执行 sp_bookquantity 存储过程，进入存储过程执行界面，如图 9.149 所示。

　　（8）打开"执行过程"对话框，可以指定该存储过程的相关属性，单击"确定"按钮即可执行选定的存储过程，如图 9.150 所示。

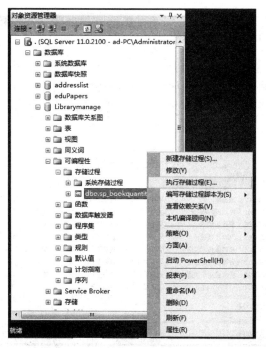

图 9.148　选择"执行存储过程"命令

图 9.149　执行存储过程界面

（9）启动 SQL Server Management Studio 之后，单击工具栏上的"新建查询"按钮
新建查询(N)，打开 T-SQL 语句编辑器。

图 9.150　执行 sp_bookquantity 存储过程的运行结果

（10）在语句编辑窗口中输入如下 T-SQL 代码：

```
use Librarymanage
IF EXISTS(SELECT NAME FROM SYSOBJECTS WHERE NAME='proc_bookpress' AND TYPE='P')
DROP PROCEDURE proc_bookpress
GO
CREATE PROCEDURE proc_bookpress
@PRESS NVARCHAR(50)='清华大学出版社'
AS
SELECT Book_ID,Book_name,Book_type,Book_author,Book_press,Book_price
FROM Bookinfo
WHERE Book_press=@PRESS
GO
```

（11）在工具栏上单击"分析"按钮 ✓ 对 SQL 语句进行语法检查。

（12）经检查无误后，单击工具栏上的"执行"按钮 ▐ 执行(X)，实现成功创建 proc_bookpress 存储过程的操作。

（13）存储过程被成功创建之后，可以继续使用 T-SQL 语句进行程序设计，实现存储过程的调用操作，单击工具栏上的"新建查询"按钮 新建查询(N)，再次打开一个 T-SQL 的语句编辑器，输入如下 T-SQL 语句。

```
EXECUTE proc_bookpress '科学出版社'
```

（14）在工具栏上单击"分析"按钮 ✔ 对 SQL 语句进行语法检查。

（15）经检查无误后，单击工具栏上的"执行"按钮 ❗ 执行(X)，此时将"科学出版社"出版的图书全部检索出来，如图 9.151 所示。

图 9.151　执行 proc_bookpress 检索科学出版社出版的图书

（16）要检索"机械工业出版社"的图书信息，不用修改 proc_bookpress 存储过程中的程序代码，只需将调用存储过程的语句修改成如下内容即可，运行结果如图 9.152 所示。

```
EXECUTE proc_bookpress '机械工业出版社'
```

图 9.152　执行 proc_bookpress 检索机械工业出版社出版的图书

（17）启动 SQL Server Management Studio 之后，单击工具栏上的"新建查询"按钮 🔲 新建查询(N)，打开 T-SQL 语句编辑器。

（18）在语句编辑窗口中输入如下 T-SQL 代码：

```
USE Librarymanage
IF EXISTS(SELECT NAME FROM SYSOBJECTS
        WHERE NAME='proc_readerdepartment' AND TYPE='P')
DROP PROCEDURE proc_readerdepartment
GO
CREATE PROCEDURE proc_readerdepartment
@ReaderID NVARCHAR(8),
@Readername NVARCHAR(30) OUTPUT,
@Readerdepartment NVARCHAR(50) OUTPUT
AS
SELECT @Readername=Reader_name, @Readerdepartment=Reader_department
FROM Readerinfo
WHERE Reader_ID=@ReaderID
GO
```

（19）在工具栏上单击"分析"按钮 ✓ 对 SQL 语句进行语法检查。

（20）检查无误后，单击工具栏上的"执行"按钮 ❗执行(X)，实现成功创建 proc_readerdepartment 存储过程的操作。

（21）存储过程被成功创建之后，可以继续使用 T-SQL 语句进行程序设计，实现存储过程的调用操作，单击工具栏上的"新建查询"按钮 新建查询(N)，再次打开一个 T-SQL 的语句编辑器，输入如下 T-SQL 语句（注：查询读者 ID 为 12010614 的信息）：

```
DECLARE @ReaderID NVARCHAR(8),@Readername NVARCHAR(30),
        @Readerdepartment NVARCHAR(50)
EXEC proc_readerdepartment '12010614',@Readername OUTPUT,
    @Readerdepartment OUTPUT
SELECT @Readername,@Readerdepartment
```

（22）在工具栏上单击"分析"按钮 ✓ 对 SQL 语句进行语法检查。

（23）经检查无误后，单击工具栏上的"执行"按钮 ❗执行(X)，此时将读者 ID 为 12010614 的读者信息检索出来，如图 9.153 所示。

（24）启动 SQL Server Management Studio 之后，单击工具栏上的"新建查询"按钮 新建查询(N)，打开 T-SQL 语句编辑器。

图 9.153 proc_readerdepartment 的运行结果

（25）在语句编辑窗口中输入如下 T-SQL 代码：

```
USE Librarymanage
IF EXISTS(SELECT NAME FROM SYSOBJECTS WHERE NAME='proc_bookname' AND TYPE='P')
DROP PROCEDURE proc_bookname
GO
CREATE PROCEDURE proc_bookname
@bookname NVARCHAR(50)='%程序%'
AS
SELECT Book_name,Book_author,Book_press,Book_price
FROM Bookinfo
WHERE Book_name LIKE @bookname
GO
```

（26）在工具栏上单击"分析"按钮 ✓ 对 SQL 语句进行语法检查。

（27）经检查无误后，单击工具栏上的"执行"按钮 ❗执行(X)，实现成功创建 proc_bookname 存储过程的操作。

（28）存储过程被成功创建之后，可以继续使用 T-SQL 语句进行程序设计，实现存储过程的调用操作，单击工具栏上的"新建查询"按钮 新建查询(N)，再次打开一个 T-SQL 的语句编辑器，输入如下 T-SQL 语句：

```
EXEC proc_bookname
```

（29）在工具栏上单击"分析"按钮 ✓ 对 SQL 语句进行语法检查。

（30）经检查无误后，单击工具栏上的"执行"按钮 ！ 执行(X)，此时将图书名称中包含
"程序"字样的图书信息全部检索出来，如图 9.154 所示。

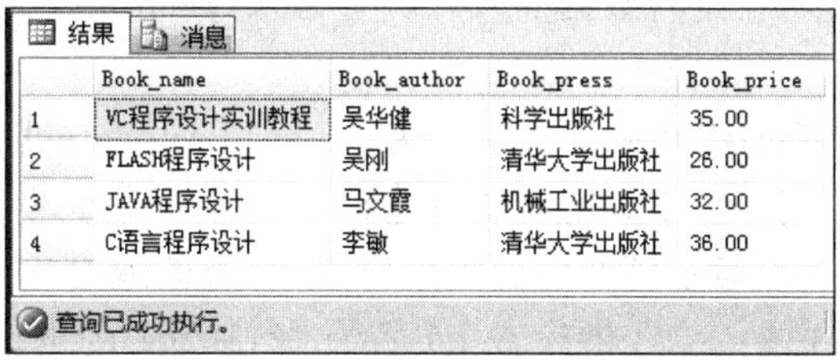

图 9.154　proc_bookname 的运行结果

（31）再次运行 proc_bookname 存储过程的执行语句（注：检索书名中有 C 字符的图
书信息），输入如下执行语句：

```
EXEC proc_bookname '%C% '
```

（32）再次运行 proc_bookname 存储过程，其执行结果如图 9.155 所示。

图 9.155　proc_bookname 再次运行的结果

实训十六　建立并使用数据库系统的触发器

一、实训目的

通过本次实训使学生理解数据库系统中触发器的分类及工作原理，以及掌握建立和
使用各种类型触发器的语法规则，以便保证系统数据的完整性、有效性、正确性，杜绝脏数
据的出现，以免影响实际的使用。

二、实训内容

在本次实训中要求学生完成如下工作任务。

（1）利用 T-SQL 语句创建并使用 INSERT 触发器，该触发器实现的功能是：当录入
读者借阅信息时，应当对借阅日期与该读者登记注册日期进行比较，如果借阅日期小于登
记注册日期，说明该读者还没有在系统中登记注册，就进行借书操作，显然所输入的信息
是不合法的，则给出警告提示。

（2）编辑带有事务回滚功能的 INSERT 触发器,该触发器实现的功能是：针对上述 tri_borrowinsert 触发器在执行中错误地插入了一条不正确的记录,因而采用事务回滚语句 ROLLBACK TRANSACTION 来撤销事务或者使用 INSTEAD OF 关键字来阻止错误的插入操作行为,所以,在进行数据插入时若有错误,提示无权插入或插入操作有误等信息,并取消插入操作。

（3）利用可视化界面创建并执行一个名为 tri_readerupdate 的 UPDATE 触发器,该触发器实现的功能是：为了保证对更新读者电话号码这一工作的万无一失,每次对电话号码列有更新时,如果可以显示更新前后的号码,进行有效地对比,以便提升工作的准确度,例如,使用 UPDATE 触发器,将读者 ID 号为 12110201 的电话号码由 13114678564 调整成 15820787601。

（4）创建并执行一个名为 tri_Bookdeleted 的 DELETE 触发器,该触发器实现的功能是：用于记录所删除的图书的本数及所删除图书的价格之和,例如,将图书 ID 号中以 A 开头的图书删除。

（5）创建并执行一个名为 tri_PunishDelsafety 的 DDL 触发器,该触发器实现的功能是：在维护数据库系统时,要对某些数据表进行删除与修改等操作,希望在实施删除与修改数据表时系统能够显示相关警告信息,以免出现误操作,例如,用户误使用了语句 DROP TABLE Punishinfo 来删除数据表 Punishinfo 时,系统会给出相应的警告提示,拒绝用户对该数据表做删除操作,并且此次删除操作失败。

三、实训步骤

（1）启动 SQL Server Management Studio 之后,单击工具栏上的"新建查询"按钮 ⬛新建查询(N),打开 T-SQL 语句编辑器。

（2）在语句编辑窗口中输入如下 T-SQL 语句：

```
use Librarymanage
if exists(select name from sysobjects
        where name='tri_borrowinsert' and type='tr')
   drop trigger tri_borrowinsert
go
create trigger tri_borrowinsert
on Borrowreturninfo
for insert
as
declare @BorrowDate datetime
declare @Readerregisterdate datetime
select @BorrowDate=Borrowreturninfo.Borrow_Date from Borrowreturninfo,inserted
where Borrowreturninfo.Borrow_ID=inserted.Borrow_ID
select @Readerregisterdate=Readerinfo.Reader_registerdate
    from Readerinfo,Borrowreturninfo
where Readerinfo.Reader_ID=Borrowreturninfo.Reader_ID
```

```
if @BorrowDate<@Readerregisterdate
begin
    raiserror('没有注册登记的读者不能借阅图书,请删除该行数据!',16,10)
end
go
```

（3）在工具栏上单击"分析"按钮 ✓ 对 SQL 语句进行语法检查。

（4）经检查无误后，单击工具栏上的"执行"按钮 ❗ **执行(X)**，完成创建触发器 tri_borrowinsert 的操作。

（5）在对象资源管理器中，选中"数据库"节点，右击，在弹出的菜单中选择"刷新"命令，然后依次展开"数据库"节点、Librarymanage 数据库节点、"表"节点、Borrowreturninfo 数据库节点、"触发器"节点等，即可看到已经建立的触发器 tri_borrowinsert，如图 9.156 所示。

（6）再次单击工具栏上的"新建查询"按钮 ⟳ 新建查询(N)，再打开一个 T-SQL 语句的编辑窗口，输入如下 T-SQL 语句，在借阅归还信息表中插入一行数据，注意将借阅日期写成小于读者的注册日期，执行该语句后查看触发器的警告信息，如图 9.157 所示。

```
insert into Borrowreturninfo
   (Borrow_ID,Book_ID,Reader_ID,Borrow_Date,Borrow_clerk_ID,Return_Date,
   Return_clerk_ID,Book_State)
values(140724001,'10301004','12010702','2010-10-10','C0003',null,null,'借出')
```

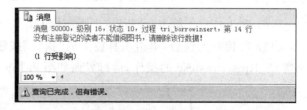

图 9.156　新建 tri_borrowinsert 触发器　　　图 9.157　插入触发器 tri_borrowinsert 的结果

（7）对上述操作进行验证，在 T-SQL 语句编辑窗口中输入如下查询代码，其运行结果如图 9.158 所示。

```
Select * from Borrowreturninfo where Borrow_ID=140724001
```

图 9.158　验证插入触发器 tri_borrowinsert

可见，虽然插入触发器 tri_borrowinsert 在执行信息插入触发操作时，给出错误的提示信息，但是相应的数据信息仍然被插入到对应的数据表中，这是因为在定义触发器时，指定的参数是 for 选项，所以 AFTER 被认为是默认的触发器类型，由于该触发器定义的是一个插入触发器，因此，触发器只有在引发 SQL 代码的 INSERT 语句中设定的所有操作均已成功执行之后才被激活，那么，即使插入的数据行有异常，但是数据内容仍被添加到数据表中。

（8）启动 SQL Server Management Studio 之后，单击工具栏上的"新建查询"按钮，打开 T-SQL 语句编辑器。

（9）在语句编辑窗口中输入如下 T-SQL 代码：

```
use Librarymanage
if exists(select name from sysobjects
   where name='tri_Rinsertinstead' and type='tr')
   drop trigger tri_Rinsertinstead
go
create trigger tri_Rinsertinstead
on Borrowreturninfo
INSTEAD OF insert
as
   raiserror('您无权插入或插入操作有误!',16,10)
go
insert into Borrowreturninfo
(Borrow_ID,Book_ID,Reader_ID,Borrow_Date,Borrow_clerk_ID,
 Return_Date,Return_clerk_ID,Book_State)
values(140724002,'10301004','12010702','2010-10-10','C0003',null,null,'借出')
```

（10）在工具栏上单击"分析"按钮对 SQL 语句进行语法检查。

（11）经检查无误后，单击工具栏上的"执行"按钮 执行(X)，即可完成创建并执行触发器 tri_Rinsertinstead 的操作，运行界面如图 9.159 所示。

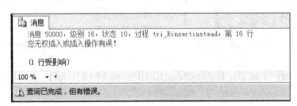

图 9.159　插入触发器 tri_Rinsertinstead 的结果

(12) 对插入操作进行验证,在 T-SQL 语句编辑窗口中输入如下查询代码,其运行结果如图 9.160 所示。

```
select * from Borrowreturninfo where Borrow_ID=140724002
```

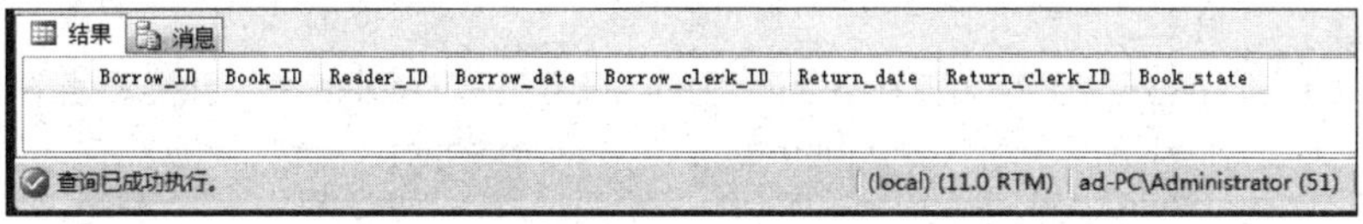

图 9.160　验证插入触发器 tri_Rinsertinstead

可见,触发器的类型设置为 INSTEAD OF,当使用上述语句向 Borrowreturninfo 表中插入数据时,触发器被激发,但是数据信息没有被插入到数据表中,这说明当触发器被激发时,插入语句并没有执行,使用触发器中的语句替代了引发触发器的 T-SQL 语句。

(13) 启动 SQL Server Management Studio 之后,在"对象资源管理器"中依次展开"数据库"节点、Librarymanage 数据库节点、"可编程性"节点,找到"数据库触发器"节点,右击,在弹出的菜单中选择"新建数据库触发器"命令,如图 9.161 所示。

图 9.161　"新建数据库触发器"命令

(14) 运行触发器的新建命令,打开触发器的编辑模板窗口,如图 9.162 所示。

(15) 在打开的编辑窗口中输入如下 T-SQL 语句:

```
use Librarymanage
if exists(select name from sysobjects
    where name='tri_readerupdate' and type='tr')
    drop trigger tri_readerupdate
```

```
go
create trigger tri_readerupdate
on Readerinfo
for update
as
    if update(Reader_telephone)
    begin
select inserted.Reader_name,inserted.Reader_telephone as new_Readertelephone,
    deleted.Reader_telephone as old_Readertelephone
        from inserted,deleted
        where inserted.Reader_ID=deleted.Reader_ID
    end
go
```

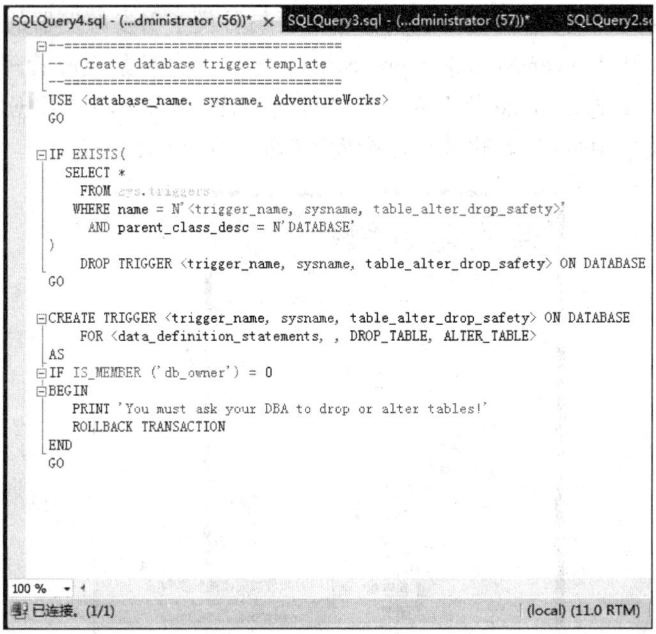

图 9.162　编辑触发器的模板窗口

　　(16) 在工具栏上单击"分析"按钮 ✓ 对 SQL 语句进行语法检查。

　　(17) 经检查无误后,单击工具栏上的"执行"按钮 ❗ 执行(X),完成创建触发器 tri_readerupdate 的操作。

　　(18) 在对象资源管理器中,选中"数据库"节点,右击,在弹出的菜单中选择"刷新"命令,然后依次展开"数据库"节点、Librarymanage 数据库节点、"表"节点、Readerinfo 数据库节点、"触发器"节点等,即可看到已经建立的触发器 tri_readerupdate,如图 9.163 所示。

　　(19) 在 T-SQL 代码编辑窗口中再输入如下更新语句,激活并执行触发器,其运行结果如图 9.164 所示。

```
update Readerinfo set Reader_telephone = '15820787601' where Reader_ID = '
12110201'
```

图 9.163 新建 tri_readerupdate 触发器

	Reader_name	new_Readertelephone	old_Readertelephone
1	孙云	15820787601	13114678564

查询已成功执行。

图 9.164 触发 tri_readerupdate 触发器的结果

（20）为了验证操作的正确性，在进行删除之前先将 Bookinfo 表的所有信息检索一次，启动 SQL Server Management Studio 之后，在"对象资源管理器"中依次展开"数据库"节点、Librarymanage 数据库节点、"表"节点，找到 Bookinfo 数据表节点，右击，在弹出的菜单中选择"编辑前 200 行"命令，显示该数据表中所有的内容，如图 9.165 所示。

AD-PC.Libraryman...e - dbo.Bookinfo ×

Book_ID	Book_ISBN	Book_name	Book_type	Book_author	Book_press	Book_pressd	Book_price	Book_inputdate	Book_quantity	Book_isborr...
00000001	9781111206677	数据库	数据库设计	李红	科学出版社	2009-09-02 0...	68.0000	2010-08-12 00:00:...	2	1
13332245	9788836502341	VC程序设计实...	程序语言	吴华健	科学出版社	2009-10-01 0...	35.0000	NULL	NULL	NULL
10201001	9781349207867	FLASH程序设计	动画设计	吴刚	清华大学出版社	2008-02-04 0...	26.0000	2010-08-12 00:00:...	2	1
10201005	9782894578444	操作系统	系统设计	吴玉华	科学出版社	2009-11-05 0...	35.0000	2010-08-12 00:00:...	1	1
10201067	9787379543373	JAVA程序设计	程序语言	马文魁	机械工业出版社	2009-05-12 0...	32.0000	2010-08-12 00:00:...	1	1
10301004	9784008324766	多媒体技术与...	动画设计	李红	电子工业出版社	2007-12-06 0...	38.0000	2011-02-18 00:00:...	1	1
10301012	9787322209502	计算机应用基础	基础教程	马玉兰	机械工业出版社	2010-10-29 0...	35.0000	2011-02-18 00:00:...	1	0
10301022	9781129848558	计算机组成原理	系统设计	吴进军	电子工业出版社	2004-10-01 0...	33.0000	2011-02-18 00:00:...	1	1
10302001	9783773620649	计算机网络实...	网络设计	赵建军	中国水利出版社	2009-07-19 0...	39.0000	2011-02-18 00:00:...	3	1
10303010	9782289885985	软件人机界面...	基础教程	陈康建	高等教育出版社	2008-06-21 0...	21.0000	2010-05-30 00:00:...	2	1
10305010	9781000858595	UML及建模	程序语言	郭雯	电子工业出版社	2009-08-13 0...	45.0000	2010-05-30 00:00:...	1	1
10305011	9789947967302	UML使用手册	程序语言	刘强	天津大学出版社	2008-04-07 0...	25.0000	2010-05-30 00:00:...	3	1
10401022	9782947057205	SQL基础教程	数据库设计	詹煜	科学出版社	2010-01-25 0...	48.0000	2010-05-30 00:00:...	3	1
10411001	9783758275966	计算机原理与...	系统设计	徐晓鹏	人民邮电出版社	2009-03-11 0...	52.0000	2009-07-25 00:00:...	1	1
13020889	9781174777495	C语言程序设计	程序语言	李敏	清华大学出版社	2007-08-09 0...	36.0000	2009-07-25 00:00:...	1	1
A0000001	9786676764444	3D建模及动画...	动画设计	张文军	人民邮电出版社	2012-09-06 0...	38.0000	2013-12-12 00:00:...	2	1
10201008	9784633120128	网络数据库	数据库设计	李文	人民邮电出版社	2012-03-17 00:00:...	36.0000	2012-03-17 00:00:...	2	1
A9889998	9789899334432	C#案例教程	程序语言	王丽红	北京大学出版社	2013-08-09 0...	45.0000	2013-12-12 00:00:...	2	1

图 9.165 删除前检索 Bookinfo 的相关信息

（21）单击工具栏上的"新建查询"按钮 ，打开 T-SQL 语句编辑器。

（22）在语句编辑窗口中输入如下 T-SQL 代码：

```
use Librarymanage
if exists (select name from sysobjects
    where name='tri_Bookdeleted' and type='tr')
drop trigger tri_Bookdeleted
go
create trigger tri_Bookdeleted
on Bookinfo
for delete
as
select sum(deleted.Book_quantity) as          '被删除图书总数',
       sum(deleted.Book_price) as             '被删除图书总金额'
from deleted
go
delete Bookinfo where left(Book_ID,1)='A'
```

（23）在工具栏上单击"分析"按钮 ✓ 对 SQL 语句进行语法检查。

（24）经检查无误后，单击工具栏上的"执行"按钮 ❗ 执行(X)，即可完成创建并执行触发器 tri_Bookdeleted 的操作，其运行结果如图 9.166 所示。

（25）启动 SQL Server Management Studio 之后，单击工具栏上的"新建查询"按钮 📄 新建查询(N)，打开 T-SQL 语句编辑器。

（26）在语句编辑窗口中输入如下 T-SQL 代码：

```
CREATE TRIGGER tri_PunishDelsafety
on database
for drop_TABLE,alter_TABLE
as
print '要对数据表执行删除或修改操作,必须先禁用触发器 tri_PunishDelsafety,
      否则无法对数据表执行该操作!'
ROLLBACK
GO
```

（27）在工具栏上单击"分析"按钮 ✓ 对 SQL 语句进行语法检查。

（28）检查无误后，单击工具栏上的"执行"按钮 ❗ 执行(X)，完成创建触发器 tri_PunishDelsafety 的操作。

（29）再次单击工具栏上的"新建查询"按钮 📄 新建查询(N)，打开 T-SQL 语句编辑器，输入如下 T-SQL 语句，执行删除数据表的操作，检验该触发器的执行情况，运行界面如图 9.167 所示。

图 9.166　触发 tri_Bookdeleted
　　　　　　触发器的结果

图 9.167　触发 tri_PunishDelsafety 触发器的结果

```
DROP TABLE Punishinfo
```

实训十七　建立并使用自定义函数对数据库系统实施维护

一、实训目的

通过本次实训使学生掌握创建与使用自定义函数的语法规则,熟练掌握根据实际需求编写自定义函数,以便对数据库系统实施有效维护。

二、实训内容

在本次实训中要求学生完成如下工作任务。

(1) 实现对图书库存充足与否的评价,该函数的主要功能是:要随时了解现有图书库存的分布情况,并且可以在图书信息表中随时查询出前 10 本图书的书名、库存数量,以及根据书的库存数量进行评价,标识出该本图书是库存充足还是需要购置,其中凡是库存数量低于 5 本的图书是需要购置的图书,否则是库存充足的图书。

(2) 定义并应用内联表值函数 fc_type,该函数的主要功能是:根据指定的图书类别查询出该类型的图书信息,并返回结果记录集。

(3) 定义并应用多语句表值函数 fc_type1,该函数的主要功能是:根据指定的图书类别参数查询出该类型的图书信息,并返回结果记录集。

三、实训步骤

(1) 启动 SQL Server Management Studio 之后,单击工具栏上的"新建查询"按钮 ![新建查询(N)],打开 T-SQL 语句编辑器。

(2) 在语句编辑窗口中输入如下 T-SQL 代码:

```
USE Librarymanage
IF EXISTS(SELECT name FROM sysobjects
          WHERE name='bookquantity_lowhigh ' AND xtype='FN')
  DROP FUNCTION bookquantity_lowhigh
GO
  CREATE FUNCTION bookquantity_lowhigh (@quantity int)
RETURNS nvarchar(30)
BEGIN
    DECLARE @loworhigh nvarchar(30)
    IF @quantity >5
SET @loworhigh='库存充足' ELSE SET @loworhigh='需要购置'
    RETURN @loworhigh
END
```

（3）在工具栏上单击"分析"按钮 ✓ 对 SQL 语句进行语法检查。

（4）经检查无误后，单击工具栏上的"执行"按钮 ❗ **执行 (X)**，完成自定义标量函数的操作。

（5）在"对象资源管理器"中依次展开"数据库"节点、Librarymanage 数据库节点、"可编程性"节点、"函数"节点、"标量值函数"节点，即可找到上述自定义函数 bookquantity_lowhigh，如图 9.168 所示。

（6）再次在新建查询窗口中输入如下 T-SQL 语句：

```
USE Librarymanage
SELECT TOP10 Book_name,Book_quantity,DBO.bookquantity_lowhigh(Book_quantity)
from Bookinfo
```

（7）在工具栏上单击"分析"按钮 ✓ 对 SQL 语句进行语法检查。

（8）经检查无误后，单击工具栏上的"执行"按钮 ❗ **执行 (X)**，完成执行自定义标量函数的操作，运行结果如图 9.169 所示。

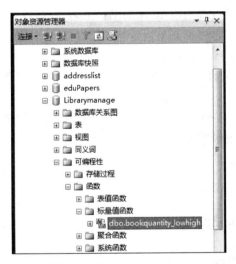

图 9.168　显示自定义函数 bookquantity_lowhigh　　　　图 9.169　执行自定义函数的结果

（9）启动 SQL Server Management Studio 之后，单击工具栏上的"新建查询"按钮 **新建查询(N)**，打开 T-SQL 语句编辑器。

（10）在语句编辑窗口中输入如下 T-SQL 代码：

```
USE Librarymanage
GO
CREATE FUNCTION fc_type
(@type varchar(30))
RETURNS table
AS
  RETURN
```

```
   (SELECT Book_name,Book_type,Book_author,Book_press FROM Bookinfo
    WHERE Book_type=@type)
 GO
```

(11) 在工具栏上单击"分析"按钮 ✓ 对 SQL 语句进行语法检查。

(12) 经检查无误后,单击工具栏上的"执行"按钮 ❗ 执行(X),完成自定义函数 fc_type 的创建操作。

(13) 在"对象资源管理器"中依次展开"数据库"节点、Librarymanage 数据库节点、"可编程性"节点、"函数"节点、"表值函数"节点,即可找到上述自定义函数 fc_type,如图 9.170 所示。

(14) 再次在新建查询窗口中输入如下 T-SQL 语句(假设检索"程序语言"类型的图书信息):

```
USE Librarymanage
SELECT * from dbo.fc_type('程序语言')
```

(15) 在工具栏上单击"分析"按钮 ✓ 对 SQL 语句进行语法检查。

(16) 经检查无误后,单击工具栏上的"执行"按钮 ❗ 执行(X),完成执行自定义表值函数的操作,运行结果如图 9.171 所示。

图 9.170 显示自定义函数 fc_type

图 9.171 执行内联表值函数 fc_type 的结果

(17) 启动 SQL Server Management Studio 之后,单击工具栏上的"新建查询"按钮 📄 新建查询(N),打开 T-SQL 语句编辑器。

(18) 在语句编辑窗口中输入如下 T-SQL 代码:

```
USE Librarymanage
GO
CREATE FUNCTION fc_type1
(@type1  varchar(30))
RETURNS @table_type1 table
```

```
        (Bookname varchar(50) NULL,
         Booktype varchar(30) NULL,
         Bookauthor varchar(30) NULL,
         Bookpress varchar(50) NULL)
  AS
    BEGIN
      INSERT @table_type1
      SELECT Book_name,Book_type,Book_author,Book_press
      FROM Bookinfo
      WHERE Book_type=@type1
      RETURN
    END
  GO
```

(19) 在工具栏上单击"分析"按钮 ✓ 对 SQL 语句进行语法检查。

(20) 经检查无误后,单击工具栏上的"执行"按钮 ! 执行(X),完成自定义函数 fc_type1 的创建操作。

(21) 在"对象资源管理器"中依次展开"数据库"节点、Librarymanage 数据库节点、"可编程性"节点、"函数"节点、"表值函数"节点,即可找到上述自定义函数 fc_type1,如图 9.172 所示。

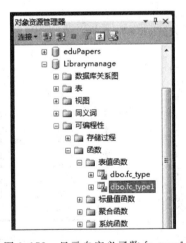

图 9.172 显示自定义函数 fc_type1

(22) 再次在新建查询窗口中输入如下 T-SQL 语句(假设检索"数据库设计"和"动画设计"类型的图书信息):

```
USE Librarymanage
SELECT * from dbo.fc_type1('数据库设计')
GO
SELECT * from dbo.fc_type1('动画设计')
GO
```

（23）在工具栏上单击"分析"按钮 ✓ 对 SQL 语句进行语法检查。

（24）经检查无误后，单击工具栏上的"执行"按钮 ！执行(X)，完成执行自定义表值函数的操作，运行结果如图 9.173 所示。

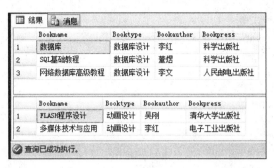

图 9.173　执行多语句表值函数 fc_type1 的结果

实训十八　建立并操纵游标对数据库系统实施维护

一、实训目的

通过本次实训使学生掌握建立与操纵游标的语法规则，熟练掌握根据实际需求建立并操纵相应游标，以便对数据库系统实施有效维护。

二、实训内容

在本次实训中要求学生完成如下工作任务。

（1）更新读者最大借书数量并逐行显示读者信息，该任务的具体要求是：将读者的最大借书数量在原有的基础之上再增加 3 本，为了将更新最大借书数量的操作清晰明了，决定采用游标的方式进行，首先声明一个只读游标，查询并逐行显示所有读者信息，再声明一个可更新游标，进行最大借书数量的更新操作。

（2）使用游标逐一显示图书信息表中图书价格大于 45 元的图书名称和图书单价。

（3）利用游标在读者信息表中找出身份是教师的人员，将其姓名与所在系部以变量形式显示。

（4）利用游标逐一将机械工业出版社的图书价格在原有基础上提高 10%。

三、实训步骤

（1）启动 SQL Server Management Studio 之后，单击工具栏上的"新建查询"按钮 新建查询(N)，打开 T-SQL 语句编辑器。

（2）在语句编辑窗口中输入如下 T-SQL 代码：

```
USE Librarymanage
GO
DECLARE cur_reader CURSOR
FOR
  SELECT Reader_ID,Reader_name,Reader_type,Reader_department,
       Reader_maxborrownum FROM Readerinfo
  FOR READ ONLY
GO
OPEN cur_reader
FETCH NEXT FROM cur_reader
WHILE @@FETCH_STATUS=0
BEGIN
  FETCH NEXT FROM cur_reader
END
CLOSE cur_reader
DEALLOCATE cur_reader
```

（3）在工具栏上单击"分析"按钮 ✓ 对 SQL 语句进行语法检查。

（4）经检查无误后，单击工具栏上的"执行"按钮 ❗ 执行(X)，完成游标的定义与显示操作，如图 9.174 所示。

	Reader_ID	Reader_name	Reader_type	Reader_department	Reader_maxborrownum
1	12010101	张三	学生	软件系	8

	Reader_ID	Reader_name	Reader_type	Reader_department	Reader_maxborrownum
1	12010137	吴菲	学生	软件系	8

	Reader_ID	Reader_name	Reader_type	Reader_department	Reader_maxborrownum
1	12010423	刘晓英	教师	软件系	13

	Reader_ID	Reader_name	Reader_type	Reader_department	Reader_maxborrownum
1	12010603	钱小燕	学生	应用系	8

	Reader_ID	Reader_name	Reader_type	Reader_department	Reader_maxborrownum
1	12010614	李大龙	教师	应用系	13

	Reader_ID	Reader_name	Reader_type	Reader_department	Reader_maxborrownum
1	12010702	赵薇	学生	艺术系	8

	Reader_ID	Reader_name	Reader_type	Reader_department	Reader_maxborrownum
1	12010716	周强	学生	艺术系	8

	Reader_ID	Reader_name	Reader_type	Reader_department	Reader_maxborrownum
1	12110201	孙云	教师	网络系	13

	Reader_ID	Reader_name	Reader_type	Reader_department	Reader_maxborrownum
1	12110203	李四	学生	网络系	8

图 9.174　游标的定义与显示

（5）再次单击工具栏上的"新建查询"按钮，建立一个新的查询。

（6）在语句编辑窗口中输入如下 T-SQL 代码：

```
USE Librarymanage
GO
DECLARE curupdate_reader CURSOR
FOR
  SELECT Reader_ID,Reader_name,Reader_type,Reader_department,
         Reader_maxborrownum FROM Readerinfo
  ORDER BY Reader_type
  FOR UPDATE OF Reader_maxborrownum
GO
OPEN curupdate_reader
FETCH NEXT FROM curupdate_reader
UPDATE Readerinfo SET Reader_maxborrownum=Reader_maxborrownum+3
       WHERE CURRENT OF curupdate_reader
WHILE @@FETCH_STATUS=0
BEGIN
  FETCH NEXT FROM curupdate_reader
  UPDATE Readerinfo SET Reader_maxborrownum=Reader_maxborrownum+3
  WHERE CURRENT OF curupdate_reader
END
CLOSE curupdate_reader
DEALLOCATE curupdate_reader
```

（7）在工具栏上单击"分析"按钮✓对 SQL 语句进行语法检查。

（8）经检查无误后，单击工具栏上的"执行"按钮❗执行(X)，完成执行游标更新的操作，如图 9.175 所示。

	Reader_ID	Reader_name	Reader_type	Reader_department	Reader_maxborrownum
1	12010423	刘晓英	教师	软件系	16

	Reader_ID	Reader_name	Reader_type	Reader_department	Reader_maxborrownum
1	12010614	李大龙	教师	应用系	16

	Reader_ID	Reader_name	Reader_type	Reader_department	Reader_maxborrownum
1	12110201	孙云	教师	网络系	16

	Reader_ID	Reader_name	Reader_type	Reader_department	Reader_maxborrownum
1	12110203	李四	学生	网络系	11

	Reader_ID	Reader_name	Reader_type	Reader_department	Reader_maxborrownum
1	12110204	王五	学生	网络系	11

	Reader_ID	Reader_name	Reader_type	Reader_department	Reader_maxborrownum
1	12010702	赵薇	学生	艺术系	11

	Reader_ID	Reader_name	Reader_type	Reader_department	Reader_maxborrownum
1	12010716	周强	学生	艺术系	11

	Reader_ID	Reader_name	Reader_type	Reader_department	Reader_maxborrownum
1	12010603	钱小燕	学生	应用系	11

	Reader_ID	Reader_name	Reader_type	Reader_department	Reader_maxborrownum
1	12010101	张三	学生	软件系	11

图 9.175　执行游标更新语句的结果

（9）利用查询语句，查询游标更新数据后数据表的显示结果，在语句编辑窗口中输入如下 T-SQL 代码,运行结果如图 9.176 所示。

```
    use Librarymanage
select Reader_ID,Reader_name,Reader_type,Reader_department,Reader_maxborrownum
    from Readerinfo
    order by Reader_type
```

(10) 启动 SQL Server Management Studio 之后,单击工具栏上的"新建查询"按钮
🔲 新建查询(N),打开 T-SQL 语句编辑器。

(11) 在语句编辑窗口中输入如下 T-SQL 代码:

```
USE Librarymanage
GO
DECLARE @VarCur Cursor
DECLARE cur_book45 CURSOR FOR
SELECT Book_name,Book_price FROM Bookinfo WHERE Book_price>45
OPEN cur_book45
SET @VarCur=cur_book45
FETCH NEXT FROM @VarCur
WHILE @@FETCH_STATUS=0
BEGIN
   FETCH NEXT FROM @VarCur
END
CLOSE @VarCur
DEALLOCATE @VarCur
```

(12) 在工具栏上单击"分析"按钮 ✓ 对 SQL 语句进行语法检查。

(13) 经检查无误后,单击工具栏上的"执行"按钮 ❗ 执行(X),完成游标的定义与显示
操作,如图 9.177 所示。

	Reader_ID	Reader_name	Reader_type	Reader_department	Reader_maxborrownum
1	12010423	刘晓英	教师	软件系	16
2	12010614	李大龙	教师	应用系	16
3	12110201	孙云	教师	网络系	16
4	12110203	李四	学生	网络系	11
5	12110204	王五	学生	网络系	11
6	12010702	赵薇	学生	艺术系	11
7	12010716	周强	学生	艺术系	11
8	12010603	钱小燕	学生	应用系	11
9	12010101	张三	学生	软件系	11
10	12010137	吴菲	学生	软件系	11

图 9.176 游标更新数据后数据表显示结果

图 9.177 利用游标显示价格
大于 45 元的图书

(14) 启动 SQL Server Management Studio 之后,单击工具栏上的"新建查询"按钮
🔲 新建查询(N),打开 T-SQL 语句编辑器。

（15）在语句编辑窗口中输入如下 T-SQL 代码：

```
USE Librarymanage
GO
DECLARE @readname NVARCHAR(20),@readdepartment NVARCHAR(50)
DECLARE cur_read CURSOR FOR
SELECT Reader_name,Reader_department FROM Readerinfo
WHERE Reader_type='教师'
OPEN cur_read
FETCH NEXT FROM cur_read
INTO @readname,@readdepartment
PRINT '身份为教师的人员所对应的姓名和所在系部：'
PRINT '姓名：    '+'    系部：    '
WHILE @@FETCH_STATUS=0
BEGIN
    PRINT @readname+'   '+@readdepartment
    FETCH NEXT FROM cur_read
    INTO @readname,@readdepartment
END
CLOSE cur_read
DEALLOCATE cur_read
```

（16）在工具栏上单击"分析"按钮 ✓ 对 SQL 语句进行语法检查。

（17）经检查无误后，单击工具栏上的"执行"按钮 ❗ 执行(X)，完成游标的定义与显示操作，如图 9.178 所示。

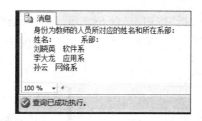

图 9.178　利用游标为变量赋值显示读者信息

（18）启动 SQL Server Management Studio 之后，单击工具栏上的"新建查询"按钮 ▣ 新建查询(N)，打开 T-SQL 语句编辑器。

（19）在语句编辑窗口中输入如下 T-SQL 代码：

```
USE Librarymanage
GO
select Book_name,Book_press,Book_price
from Bookinfo
where Book_press='机械工业出版社'
```

（20）在工具栏上单击"分析"按钮 ✓ 对 SQL 语句进行语法检查。

（21）经检查无误后，单击工具栏上的"执行"按钮 执行(X)，完成对 Bookinfo 数据表中出版社为"机械工业出版社"的图书价格信息的检索操作，运行结果如图 9.179 所示。

（22）再次单击工具栏上的"新建查询"按钮，建立一个新的查询。

（23）在语句编辑窗口中输入如下 T-SQL 代码：

```
USE Librarymanage
GO
DECLARE @bookpress NVARCHAR(50)
DECLARE @bpress NVARCHAR(50)='机械工业出版社'
DECLARE cur_bookp CURSOR FOR
SELECT Book_press FROM Bookinfo
OPEN cur_bookp
FETCH NEXT FROM cur_bookp INTO @bookpress
WHILE @@FETCH_STATUS=0
BEGIN
  IF @bookpress=@bpress
  BEGIN
    UPDATE Bookinfo SET Book_price=Book_price*1.1
          WHERE Book_press=@bpress
  END
  FETCH NEXT FROM cur_bookp INTO @bookpress
END
CLOSE cur_bookp
DEALLOCATE cur_bookp
SELECT Book_name,Book_press,Book_price FROM Bookinfo
      WHERE Book_press='机械工业出版社'
```

（24）在工具栏上单击"分析"按钮 对 SQL 语句进行语法检查。

（25）经检查无误后，单击工具栏上的"执行"按钮 执行(X)，完成游标的定义与显示操作，如图 9.180 所示。

图 9.179 调整前的图书价格

图 9.180 利用游标调整后的图书价格

实训十九 应用事务对数据库系统实施维护

一、实训目的

通过本次实训使学生掌握创建与应用事务的语法规则，熟练掌握根据实际需求创建并应用相应事务，以便对数据库系统实施有效维护。

二、实训内容

在本次实训中要求学生完成如下工作任务。

（1）应用事务机制确保读者还书信息处理的一致性，该事务的主要功能是：当执行还书操作时需要对三张数据表做信息更新，首先对借阅归还信息表 Borrowreturninfo 中图书状态（Book_State）更新为"归还"；归还职员 ID（Return_clerk_ID）更新为办理还书业务职员的 ID；归还时间（Return_Date）更新为当前系统日期。其次对图书信息表 Bookinfo 中图书是否可借（Book_isborrow）更新为 1，代表该图书已经归还可以再次被借阅；图书库存数量（Book_quantity）更新为当前库存数量增 1。最后对读者信息表 Readerinfo 中读者能否借书（Reader_isborrow）更新为 1，代表读者可以再次借书；读者已借数量（Reader_borrowednum）更新为当前已借数量减 1，为了保证信息处理的一致性，即三张表的更新操作要么全部执行，要么一个都不做，以便使得三张表中的数据信息同时更新，否则就会造成数据库中数据的不一致问题。

（2）通过事务办理借书操作并且修改相应数据表信息，该事务的主要功能是：首先向借阅归还信息表（Borrowreturninfo）添加新的记录信息，办理借书业务的读者 ID 号是 12110203，需要借阅图书的 ID 号是 00000005，为该读者办理业务的职员 ID 号是 C0003，该条借书业务的借阅序列号设置为 140719003，借书日期获取系统当前日期，图书状态是"借出"。其次修改图书信息表（Bookinfo），将该本图书是否可借字段设置为 0，图书库存数量在原有数量的基础上减 1，然后修改读者信息表（Readerinfo），将读者能否借书字段设置为 0，读者已借图书数量在原有数量的基础上增 1，上述操作必须对所有数据表的信息更新全部正确后才能提交事务，否则必须进行事务回滚，任何数据表信息都不能进行添加或修改操作。

（3）在触发器中创建一个对于输入非法数据进行撤销插入的事务回滚操作，该事务的主要功能是：在职员信息表（Clerkinfo）中插入职员信息，在"职员身份类别"字段中只允许输入的内容是"馆长""副馆长""职员""系统管理员"等，如果输入其他信息，系统将启动插入触发器，提示"该职员身份类型错误，插入取消！"。

三、实训步骤

（1）启动 SQL Server Management Studio 之后，单击工具栏上的"新建查询"按钮 新建查询(N)，打开 T-SQL 语句编辑器。

（2）在语句编辑窗口中输入如下 T-SQL 代码：

```
USE Librarymanage
IF EXISTS(SELECT name FROM sysobjects
WHERE name='proc_returnaffairbook' AND type='P')
DROP PROCEDURE proc_returnaffairbook
GO
```

```
CREATE PROCEDURE proc_returnaffairbook
  @bookid nvarchar(8),
  @readerid nvarchar(8),
  @clerkid nvarchar(8)
AS
DECLARE @Borrowed_id int
SELECT @Borrowed_id=Borrow_ID FROM Borrowreturninfo
WHERE Reader_ID=@readerid AND Book_ID=@bookid
IF @@ROWCOUNT>0
  BEGIN
    BEGIN TRAN
    Update Borrowreturninfo SET Return_clerk_ID=@clerkid,
          Return_Date=getdate(),Book_State='归还'
    WHERE Borrow_ID=140305001
    UPDATE Bookinfo SET Book_isborrow='1',Book_quantity=Book_quantity+1
    WHERE Book_ID='10301012'
    Update Readerinfo SET Reader_isborrow='1',
          Reader_borrowednum=Reader_borrowednum-1
          WHERE Reader_ID=@readerid
    IF @@ERROR>0
          ROLLBACK TRAN
    ELSE
          COMMIT TRAN
    END
ELSE
    PRINT '该读者没有借阅此书'
GO
```

（3）在工具栏上单击"分析"按钮 ✓ 对 SQL 语句进行语法检查。

（4）经检查无误后，单击工具栏上的"执行"按钮 ❗ 执行 (X)，完成事务的定义操作。

（5）再次单击工具栏上的"新建查询"按钮，建立一个新的查询。

（6）在语句编辑窗口中输入如下 T-SQL 代码：

```
USE Librarymanage
select Borrow_ID,Borrowreturninfo.Book_ID,Borrowreturninfo.Reader_ID,
Return_clerk_ID,Return_date,Book_state,
Book_isborrow, Book_quantity,Reader_borrowednum,Reader_isborrow
from Borrowreturninfo,Readerinfo,Bookinfo
where Borrow_ID='140305001' and Borrowreturninfo.Book_ID=Bookinfo.Book_ID and
Borrowreturninfo.Reader_ID=Readerinfo.Reader_ID
```

（7）在工具栏上单击"分析"按钮 ✓ 对 SQL 语句进行语法检查。

（8）经检查无误后，单击工具栏上的"执行"按钮 ❗ 执行 (X)，完成在事务执行前对数据表信息的检索操作，运行结果如图 9.181 所示。

（9）为了验证事务处理的有效性，再次单击工具栏上的"新建查询"按钮，建立一个新

图 9.181 事务执行前的相关信息

的查询,在语句编辑窗口中输入如下 T-SQL 代码:

```
exec proc_returnaffairbook @bookid='10301012',@readerid='12010423',
                           @clerkid='C0004'
```

(10) 在工具栏上单击"分析"按钮 ✔ 对 SQL 语句进行语法检查。

(11) 经检查无误后,单击工具栏上的"执行"按钮 ❗ 执行(X),完成事务的执行操作。

(12) 再次单击工具栏上的"新建查询"按钮,建立一个新的查询,在语句编辑窗口中输入如下 T-SQL 代码:

```
USE Librarymanage
select Borrow_ID,Borrowreturninfo.Book_ID,Borrowreturninfo.Reader_ID,
Return_clerk_ID,Return_date,Book_state,
Book_isborrow, Book_quantity,Reader_borrowednum,Reader_isborrow
from Borrowreturninfo,Readerinfo,Bookinfo
where Borrow_ID='140305001' and Borrowreturninfo.Book_ID=Bookinfo.Book_ID
and Borrowreturninfo.Reader_ID=Readerinfo.Reader_ID
```

(13) 在工具栏上单击"分析"按钮 ✔ 对 SQL 语句进行语法检查。

(14) 经检查无误后,单击工具栏上的"执行"按钮 ❗ 执行(X),完成在事务执行后对数据表信息的检索操作,运行结果如图 9.182 所示,从而说明事务被正确执行。

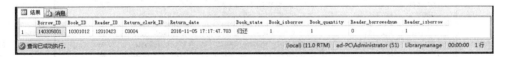

图 9.182 事务执行后的相关信息

(15) 启动 SQL Server Management Studio 之后,单击工具栏上的"新建查询"按钮 📄 新建查询(N),打开 T-SQL 语句编辑器。

(16) 在语句编辑窗口中输入如下 T-SQL 代码:

```
USE Librarymanage
GO
BEGIN TRAN
INSERT INTO Borrowreturninfo
VALUES (140719003,'00000005','12110203',getdate(),'C0003',NULL,NULL,'借出')
    IF @@ERROR>0
```

```
        ROLLBACK TRAN
    ELSE
        UPDATE Bookinfo SET Book_isborrow='0',Book_quantity=Book_quantity-1
                    WHERE Book_ID='00000005'
        GO
        IF @@ERROR>0
            ROLLBACK TRAN
        ELSE
    Update Readerinfo SET Reader_isborrow='0',
    Reader_borrowednum=Reader_borrowednum+1 WHERE Reader_ID='12110203'
    GO
        IF @@ERROR>0
            ROLLBACK TRAN
        ELSE
            COMMIT TRAN
```

（17）在工具栏上单击"分析"按钮 ✓ 对 SQL 语句进行语法检查。

（18）经检查无误后，单击工具栏上的"执行"按钮 ❗执行(X)，完成事务的执行操作。

（19）在"对象资源管理器"中依次展开"数据库"节点、Librarymanage 数据库节点、"表"节点，右击，在弹出的菜单中选择"刷新"命令。然后将"表"节点展开，选中 Borrowreturninfo 数据表，右击，在弹出的菜单中选择"编辑前 200 行"命令，将 Borrowreturninfo 数据表打开，即可看到借阅序列号为 140719003 的已经添加的借阅记录，如图 9.183 所示。同理，分别打开 Bookinfo 数据表和 Readerinfo 数据表，查看被修改的数据信息，分别如图 9.184 和图 9.185 所示。

图 9.183　查询事务执行后的 Borrowreturninfo 数据表信息

图 9.184　查询事务执行后的 Bookinfo 数据表信息

图 9.185　查询事务执行后的 Readerinfo 数据表信息

（20）启动 SQL Server Management Studio 之后，单击工具栏上的"新建查询"按钮 ![新建查询(N)]，打开 T-SQL 语句编辑器。

（21）在语句编辑窗口中输入如下 T-SQL 代码：

```
CREATE TRIGGER tri_clerk_insert
ON  Clerkinfo
FOR INSERT
AS
  DECLARE @Clerktype nvarchar(40)
  SELECT @Clerktype=Clerkinfo.Clerk_type FROM Clerkinfo,Inserted
  WHERE Clerkinfo.Clerk_ID=inserted.Clerk_ID
    IF @Clerktype <>'馆长' and @Clerktype <>'副馆长' and @Clerktype <>'职员'
    and @Clerktype<>'系统管理员'
    BEGIN
        ROLLBACK TRANSACTION
        RAISERROR ('该职员身份类型错误,插入取消！',16,10)
    END
```

（22）单击工具栏上的"分析"按钮 ![√] 对 SQL 语句进行语法检查，经检查无误后，单击工具栏上的"执行"按钮 ![执行(X)]，完成触发器与事务的创建操作。

（23）在"对象资源管理器"中依次展开"数据库"节点、Librarymanage 数据库节点、"表"节点，找到 Clerkinfo 数据表节点，右击，在弹出的菜单中选择"编辑前 200 行"命令，打开该数据表的具体记录信息，进行编辑，如图 9.186 所示。

图 9.186　Clerkinfo 数据表的编辑界面

(24) 在 Clerkinfo 数据表编辑界面中输入一条新记录,内容为 C0012,111111,王晓丽,120103197905191256,图书管理员。请注意,职员身份类别输入有错,因为"图书管理员"不是指定类别,所以将会出现图 9.187 所示的错误提示。

图 9.187　插入信息出错提示

(25) 将信息修改正确后,通过验证才能存储到数据表中,例如,将职员身份类别修改成"系统管理员",完成数据信息的录入,该记录被正确地保存到数据表中,如图 9.188 所示。

Clerk_ID	Clerk_passw...	Clerk_name	Clerk_identitycard	Clerk_type
C0001	123456	王宏锦	120101198005126785	馆长
C0002	234567	张强	120102198509042345	副馆长
C0003	565677	刘晓梅	120103197909021234	职员
C0004	378992	赵海新	120101197505186754	职员
C0005	128999	吴蓉琳	120101198312053456	职员
C0006	782333	丁灵	120106197709237654	职员
C0007	123890	罗一明	120105198911043678	职员
C0008	191919	张曼雨	120103199001092389	系统管理员
C0009	874555	王桂华	120103198708168735	职员
C0010	128965	贾文娜	120104198205174528	系统管理员
C0011	344467	孙玲	120101198409071238	职员
C0012	111111	王晓丽	120103197905191256	系统管理员

图 9.188　职员信息被正确插入后的运行界面

实训二十　使用锁对数据库系统实施维护

一、实训目的

通过本次实训使学生理解创建与使用锁的语法规则,掌握根据实际需求创建与使用锁的基本操作,以及了解数据库系统中出现死锁的处理方法,以便对数据库系统实施有效维护。

二、实训内容

在本次实训中要求学生完成如下工作任务。

（1）检查在程序执行中锁的使用情况，具体而言，在对读者信息表 Readerinfo 执行插入和查询操作时，检查程序执行过程中锁的使用情况，以便防止插入数据的不一致性和防止读出脏数据的情况。

（2）设计一个产生死锁的事务，具体而言，设计一段 T-SQL 语句放在两个不同的连接里面，在 5s 内同时执行，将会发生死锁。

（3）选用 TRY-CATCH 命令处理死锁，具体而言，在 SQL Server 2014 系统中利用 TRY-CATCH 命令对异常进行捕获处理，这是处理死锁的一条有效途径，利用 TRY-CATCH 命令，依据设定的捕获次数进行重试，将有效处理上述产生死锁的两个事务进程。

三、实训步骤

（1）启动 SQL Server Management Studio 之后，单击工具栏上的"新建查询"按钮 🗋 新建查询(N)，打开 T-SQL 语句编辑器。

（2）在语句编辑窗口中输入如下 T-SQL 代码：

```
USE Librarymanage
GO
BEGIN TRANSACTION
SELECT * FROM Readerinfo
EXEC SP_LOCK
INSERT INTO Readerinfo VALUES('12110205','333222','郑辉','1201031986608229846',
          '学生','13343266571','2012-03-27','网络系',8,30,'1',0,0)
SELECT * FROM Readerinfo
EXEC SP_LOCK
COMMIT TRANSACTION
```

（3）在工具栏上单击"分析"按钮 ✓ 对 SQL 语句进行语法检查。

（4）经检查无误后，单击工具栏上的"执行"按钮 ❗ 执行(X)，完成锁的信息查询操作，执行结果如图 9.189 所示。

（5）启动两个数据库的连接，分别单击工具栏上的"新建查询"按钮 🗋 新建查询(N)，打开 T-SQL 语句编辑器，在语句编辑窗口中输入如下 T-SQL 代码：

```
USE Librarymanage
BEGIN TRANSACTION
INSERT INTO Clerkinfo(Clerk_ID) VALUES('C0013')
```

```
WAITFOR DELAY '00:00:05'
SELECT * FROM Clerkinfo WHERE Clerk_ID='C0013'
COMMIT TRANSACTION
PRINT '事务完毕'
```

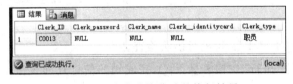

图 9.189　运行锁的信息查询命令的结果

(6) 分别在两个连接中,在工具栏上单击"分析"按钮 ✓ 对 SQL 语句进行语法检查,经检查无误后,单击工具栏上的"执行"按钮 ! 执行 (X),必须保证在 5s 内同时执行,死锁将会发生。

(7) SQL Server 系统可以自动处理死锁,通常处理办法是牺牲一个进程或一个事务,抛出异常,并且回滚事务,将该事务所控制的资源释放。上面提及的两个连接语句被执行,其中先执行查询的连接可以成功执行,其运行结果如图 9.190 所示;后执行查询的连接被认为是牺牲品,在其连接中,"PRINT '事务完毕'"语句不被执行,运行结果如图 9.191 所示。

图 9.190　事务查询成功的执行结果　　　　图 9.191　作为牺牲品的事务执行结果

(8) 再次启动两个数据库的连接,分别单击工具栏上的"新建查询"按钮 🔲 新建查询(N),打开 T-SQL 语句编辑器,在语句编辑窗口中输入如下 T-SQL 代码:

```
DECLARE @num INT
SET @num=1
WHILE @num<=5
```

```
BEGIN
  BEGIN TRANSACTION
  BEGIN TRY
    INSERT INTO Clerkinfo(Clerk_ID) VALUES('C0013')
    WAITFOR DELAY '00:00:05'
    SELECT * FROM Clerkinfo WHERE Clerk_ID='C0013'
    COMMIT TRANSACTION
    BREAK
  END TRY
  BEGIN CATCH
    ROLLBACK
    WAITFOR DELAY '00:00:05'
    SET @num=@num+1
    CONTINUE
  END CATCH
END
IF ERROR_NUMBER()<>0
BEGIN
  DECLARE @ERRMES NVARCHAR(4000);
  DECLARE @ERRSEV INT;
  DECLARE @ERRSTA INT;
  SELECT
  @ERRMES=ERROR_MESSAGE(),
  @ERRSEV=ERROR_SEVERITY(),
  @ERRSTA=ERROR_STATE()
  RAISERROR(@ERRMES, @ERRSEV, @ERRSTA)
END
```

（9）分别在两个连接中,单击工具栏上的"分析"按钮 ✓ 对 SQL 语句进行语法检查,经检查无误后,单击工具栏上的"执行"按钮 ! 执行(X),执行相应的事务进程。由于该事务在编辑过程中使用 TRY-CATCH 命令捕获错误,因此分别在两个连接中执行该事务时,后面执行的事务陷入死锁,没有被当成牺牲品放弃掉,而是在设定延时之后进行重试操作,等待前一个进程执行完毕释放资源后,启动该事务继续执行。但是 Clerk_ID 字段被设置为主键,该字段的信息不能重复,当前面事务插入了 C0013 的数据信息后,后面事务是无法再次插入重复信息的,可见,前面事务的运行消息如图 9.192 所示;后面事务的运行消息如图 9.193 所示。

图 9.192　前一事务中 TRY-CATCH
　　　　　命令执行的结果

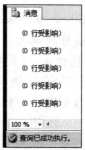

图 9.193　后一事务中 TRY-CATCH
　　　　　命令执行的结果

实训二十一　设置与管理数据库系统的安全性

一、实训目的

通过本次实训使学生掌握创建与使用数据库系统登录名的操作；掌握创建与使用数据库系统用户的操作；掌握创建与使用数据库系统角色的操作；掌握管理数据库系统相关权限的操作。

二、实训内容

在本次实训中要求学生完成如下工作任务。

（1）利用可视化界面查看 sa 用户的属性并将登录状态设置为"启用"。

（2）利用 T-SQL 语句创建名为 NEWLOGIN 的登录名，具体要求：初始密码为 111111，指定默认数据库为 Librarymanage。

（3）利用 T-SQL 语句修改登录名 NEWLOGIN 的登录密码，由 111111 修改成 ABCDEF。

（4）创建并查看 Librarymanage 数据库的用户 LMuser，具体要求：在登录名 NEWLOGIN 创建后，将要创建与其对应的数据库用户 LMuser，并且查看新建的数据库用户 LMuser 的属性信息。

（5）利用 T-SQL 语句创建与登录名 DBapplicaion 关联的数据库用户 LGuser。

（6）创建并查询服务器角色，具体要求：将登录名 DBapplicaion 添加成 sysadmin 固定服务器角色，并且查看登录名所属服务器角色的信息。

（7）查看固定数据库角色 db_datareader 属性并将数据库用户 user1 添加到该角色中。

（8）在 Librarymanage 数据库中创建用户自定义数据库角色 db_Book。

（9）利用 T-SQL 语句创建数据库角色并分配用户，具体要求：在 Librarymanage 数据库中创建用户自定义的数据库角色 db_LM，并将已存在的数据库用户 user1 分配给该角色。

（10）管理 Librarymanage 数据库中 Readerinfo 表的权限，具体要求：为了数据表的安全，保证数据信息准确无误，为不同职位的人员分配不同的数据表操作权限，例如，public 数据库角色和 user1 用户都可以对 Readerinfo 表具有修改的权限。

（11）利用 T-SQL 语句方式为用户 user1 授权，具体要求：使该用户对 Librarymanage 数据库中的 Punishinfo 数据表具有插入、删除与查询的权限。

（12）利用 T-SQL 语句方式拒绝用户 user1 的权限，具体要求：拒绝用户 user1 对 Librarymanage 数据库中 Punishinfo 数据表的插入与更新权限。

（13）利用 T-SQL 语句方式撤销用户 user1 的权限，具体要求：撤销用户 user1 对 Librarymanage 数据库中 Punishinfo 数据表的插入、删除与更新权限。

三、实训步骤

（1）打开 SQL Server Management Studio 之后，在"对象资源管理器"中依次展开"服务器"节点、"安全性"节点、"登录名"节点，找到 sa 登录名，右击，在弹出的菜单中选择"属性"命令，如图 9.194 所示。

图 9.194　选择 sa 登录名的属性命令

（2）打开"登录属性"界面，显示 sa 登录名的基本属性信息，如图 9.195 所示。

（3）选择窗口左侧的"状态"选项页，在屏幕右侧信息的设置中，将"登录"选项里的"已启用"单选按钮选中，如图 9.196 所示，设置完毕，单击"确定"按钮即可。

（4）启动 SQL Server Management Studio 之后，单击工具栏上的"新建查询"按钮 新建查询(N)，打开 T-SQL 语句编辑器。

（5）在语句编辑窗口中输入如下 T-SQL 代码：

```
USE Librarymanage
CREATE LOGIN NEWLOGIN WITH PASSWORD='111111'
```

（6）在工具栏上单击"分析"按钮 对 SQL 语句进行语法检查。

（7）经检查无误后，单击工具栏上的"执行"按钮 执行(X)，完成添加登录名的操作。

（8）在"对象资源管理器"中依次展开"服务器"节点、"安全性"节点、"登录名"节点，选中"登录名"并右击，在弹出的菜单中选择"刷新"命令，可以看到刚刚新建的登录名 NEWLOGIN，如图 9.197 所示。

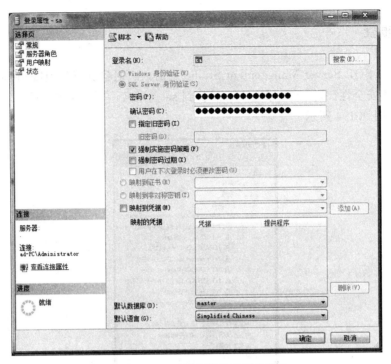

图 9.195　sa 登录名的常规属性信息

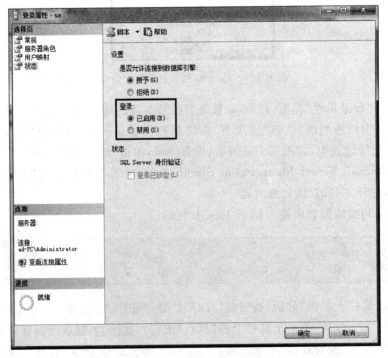

图 9.196　sa 登录名的状态属性信息

(9) 启动 SQL Server Management Studio 之后,单击工具栏上的"新建查询"按钮 新建查询(N),打开 T-SQL 语句编辑器。

(10) 在语句编辑窗口中输入如下 T-SQL 代码:

```
USE Librarymanage
ALTER LOGIN NEWLOGIN WITH PASSWORD='ABCDEF'
```

(11) 在工具栏上单击"分析"按钮 ✓ 对 SQL 语句进行语法检查。

(12) 经检查无误后,单击工具栏上的"执行"按钮 执行(X),完成修改登录名密码的操作。

(13) 启动 SQL Server Management Studio 之后,在"对象资源管理器"中,依次展开"服务器"节点、"数据库"节点、Librarymanage 数据库节点、"安全性"节点,找到"用户"节点,右击,在弹出的菜单中选择"新建用户"命令,如图 9.198 所示。

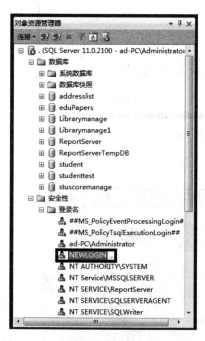

图 9.197 查看新建登录名 NEWLOGIN

图 9.198 选择"新建用户"命令

(14) 运行该命令,打开数据库用户新建窗口,如图 9.199 所示。

(15) 在该窗口中输入所要创建的数据库用户 LMuser 的相关参数,在"常规"选项页中,输入"用户名"为 LMuser。单击"登录名"后面的搜索按钮 ...,打开"选择登录名"窗口,如图 9.200 所示。单击"浏览"按钮,进入"查找对象"窗口,如图 9.201 所示。将 NEWLOGIN 登录名前的复选框选中,单击"确定"按钮,返回"选择登录名"窗口,再次单击"确定"按钮,返回"数据库用户新建"窗口,设置完毕界面如图 9.202 所示。

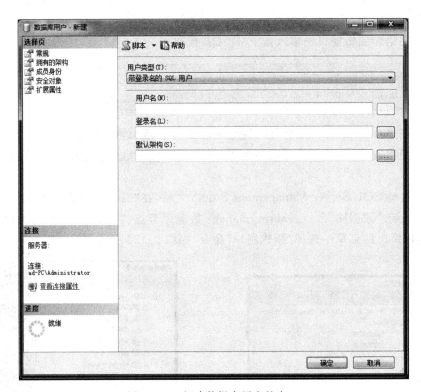

图 9.199 新建数据库用户的窗口

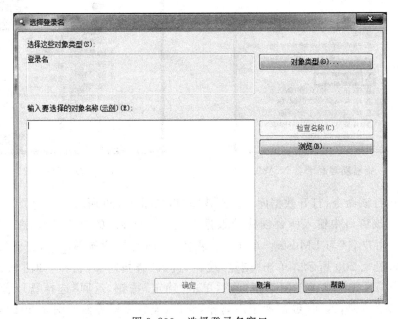

图 9.200 选择登录名窗口

图 9.201　查找对象窗口

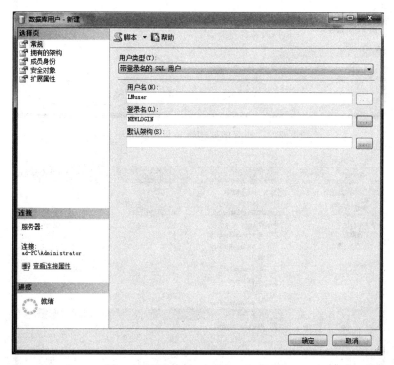

图 9.202　常规选项页设置完毕界面

（16）单击"拥有的架构"选项页，将 db_owner 前的复选框选中，如图 9.203 所示。

（17）单击"成员身份"选项页，将 db_owner 前的复选框选中，如图 9.204 所示。

（18）设置完成后，单击"确定"按钮，完成数据库用户的创建工作。

（19）在"对象资源管理器"中，依次展开"服务器"节点、"数据库"节点、Librarymanage 数据库节点、"安全性"节点、"用户"节点，可以查看到新创建的数据库用户 LMuser，如图 9.205 所示。

（20）找到 LMuser 节点，右击，在弹出的菜单中选择"属性"命令，即可查看数据库用户 LMuser 的属性信息。

图 9.203　拥有的架构选项页设置完毕界面

图 9.204　成员身份选项页设置完毕界面

图 9.205 查询新创建的数据库用户名

（21）启动 SQL Server Management Studio 之后，单击工具栏上的"新建查询"按钮 新建查询(N)，打开 T-SQL 语句编辑器。

（22）在语句编辑窗口中输入如下 T-SQL 代码：

```
USE Librarymanage
GO
CREATE USER LGuser FOR LOGIN DBapplicaion
```

（23）在工具栏上单击"分析"按钮 ✓ 对 SQL 语句进行语法检查。

（24）经检查无误后，单击工具栏上的"执行"按钮 执行(X)，完成创建数据库用户 LGuser 的操作。

（25）在"对象资源管理器"中，依次展开"服务器"节点、"数据库"节点、Librarymanage 数据库节点、"安全性"节点，选中"用户"节点，右击，在弹出的菜单中选择"刷新"命令，然后 将"用户"节点展开，可以查看到新创建的数据库用户 LGuser，如图 9.206 所示。

（26）启动 SQL Server Management Studio 之后，在"对象资源管理器"中，依次展开 "服务器"节点、"安全性"节点、"服务器角色"节点，找到 sysadmin 节点，右击，在弹出的菜 单中选择"属性"命令，如图 9.207 所示。

（27）运行该命令，打开"服务器角色属性-sysadmin"对话框，如图 9.208 所示。

（28）单击"添加"按钮，打开"选择服务器登录名或角色"对话框，如图 9.209 所示。

（29）单击"浏览"按钮，打开"查找对象"对话框，如图 9.210 所示。

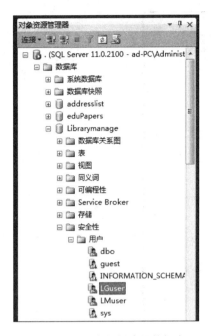

图 9.206 查询新创建的数据库
用户名 LGuser

图 9.207 选择 sysadmin 服务器角色
的"属性"命令

图 9.208 "服务器角色属性-sysadmin"对话框

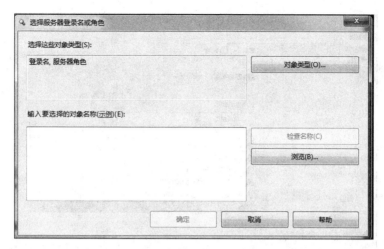

图 9.209 "选择服务器登录名或角色"对话框

图 9.210 "查找对象"对话框

（30）在图 9.210 中寻找匹配的对象名 DBapplicaion，将其前面的复选框选中，单击"确定"按钮，返回到"选择服务器登录名或角色"对话框，再次单击"确定"按钮，返回到"服务器角色属性-sysadmin"对话框，此时可以看到 DBapplicaion 已经添加到角色成员列表中，如图 9.211 所示。

（31）如果认为所添加的登录名有问题，将其选中后可以单击"删除"按钮，将选定的登录名从服务器角色成员列表中删除，然后重新执行以上的操作步骤添加其他的登录名。

（32）当审核所添加的信息无误后，单击"确定"按钮，即可完成将登录名 DBapplicaion 添加成 sysadmin 固定服务器角色的操作。

（33）启动 SQL Server Management Studio 之后，在"对象资源管理器"中，依次展开"服务器"节点、"安全性"节点、"登录名"节点，找到 DBapplicaion 节点，右击，在弹出的菜单中选择"属性"命令，如图 9.212 所示。

（34）运行该命令，打开"登录属性-DBapplicaion"对话框，选择选项页中的"服务器角

图 9.211　已将 DBapplicaion 添加到角色成员列表中

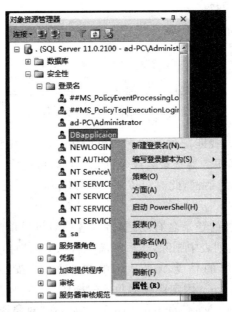

图 9.212　选择 DBapplicaion 的"属性"命令

色"一项,所设置的 DBapplicaion 登录属性的服务器角色内容如图 9.213 所示。

　　(35) 启动 SQL Server Management Studio 之后,在"对象资源管理器"中,依次展开

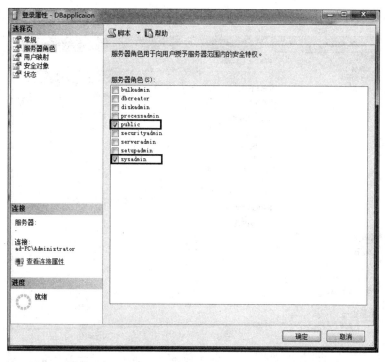

图 9.213　DBapplicaion 的服务器角色属性的内容

"服务器"节点、"数据库"节点、Librarymanage 数据库节点、"安全性"节点、"角色"节点、"数据库角色"节点,找到 db_datareader 节点,右击,在弹出的菜单中选择"属性"命令,如图 9.214 所示。

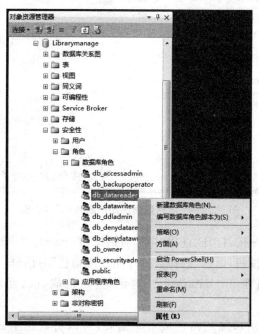

图 9.214　选择 db_datareader 的"属性"命令

（36）运行该命令，打开"数据库角色属性-db_datareader"对话框，如图 9.215 所示。

图 9.215 "数据库角色属性-db_datareader"对话框

（37）单击"添加"按钮，打开"选择数据库用户或角色"对话框，如图 9.216 所示。

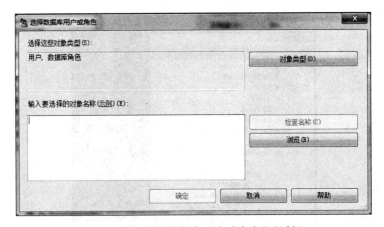

图 9.216 "选择数据库用户或角色"对话框

（38）单击"浏览"按钮，打开"查找对象"对话框，将 user1 用户选中，如图 9.217 所示。

（39）单击"确定"按钮，返回"选择数据库用户或角色"对话框，再次单击"确定"按钮，返回到"数据库角色属性-db_datareader"对话框，角色成员已经添加完毕，如图 9.218 所示。

（40）如果已经成功添加的角色成员不需要，可以将其选中之后，单击"删除"按钮

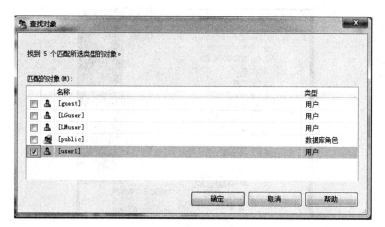

图 9.217 "查找对象"对话框

图 9.218 角色成员已经成功添加的窗口

即可。

（41）设置信息无误后,单击"确定"按钮,即可实现将数据库用户 user1 添加到固定数据库角色 db_datareader 中的操作。

（42）启动 SQL Server Management Studio 之后,在"对象资源管理器"中,依次展开"服务器"节点、"数据库"节点、Librarymanage 数据库节点、"安全性"节点、"角色"节点,找到"数据库角色"节点,右击,在弹出的菜单中选择"新建数据库角色"命令,如图 9.219所示。

图 9.219　选择数据库角色的"新建数据库角色"命令

（43）运行该命令，打开"数据库角色-新建"对话框，角色名称输入为 db_Book；所有者选择为默认值 dbo，如图 9.220 所示。

图 9.220　添加角色名称与所有者

（44）在图 9.220 中单击"添加"按钮，打开"选择数据库用户或角色"对话框，单击"浏览"按钮，打开"查找对象"对话框，找到并选中用户 LMuser，单击"确定"按钮，返回"选择数据库用户或角色"对话框，如图 9.221 所示。

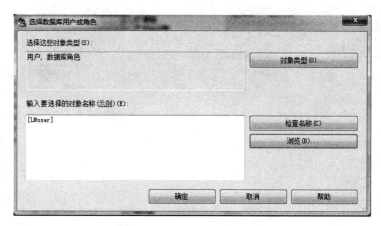

图 9.221　成功添加用户界面

（45）再次单击"确定"按钮，返回到"数据库角色-新建"对话框，已经成功地添加了角色成员，如图 9.222 所示。

图 9.222　成功添加角色成员

（46）选择"数据库角色-新建"对话框中左侧选项页中的"安全对象"选项卡，打开"安全对象"界面，如图 9.223 所示，单击"搜索"按钮，进入"添加对象"对话框，选择"特定对象"单选按钮，如图 9.224 所示。

（47）单击"确定"按钮，进入"选择对象"对话框，单击"对象类型"按钮，进入"选择对

图 9.223　安全对象

图 9.224　"添加对象"对话框

象类型"对话框,在对象类型中选择"表",如图 9.225 所示。

（48）选择完毕,单击"确定"按钮,返回"选择对象"对话框,如图 9.226 所示,然后单击"浏览"按钮,进入"查找对象"对话框,选择匹配的对象列表中的 Bookinfo 前面的复选框,如图 9.227 所示。

（49）单击"确定"按钮,返回"选择对象"对话框,再次单击"确定"按钮,返回"数据库角色-新建"对话框,如图 9.228 所示。

（50）若要限定用户对数据列的操作权限,可以在图 9.228 中单击"列权限"按钮,为数据库角色分配更加精细的权限,如果要对整张数据表配置权限,直接选择对应权限的复选框即可,权限设置界面如图 9.229 所示。

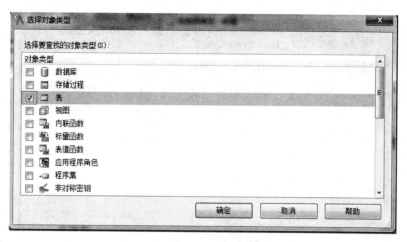

图 9.225 "选择对象类型"对话框

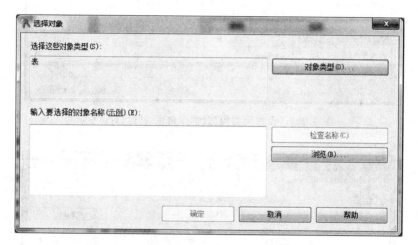

图 9.226 设置完对象类型的"选择对象"对话框

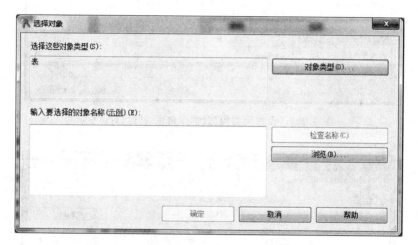

图 9.227 选择 Bookinfo 数据表

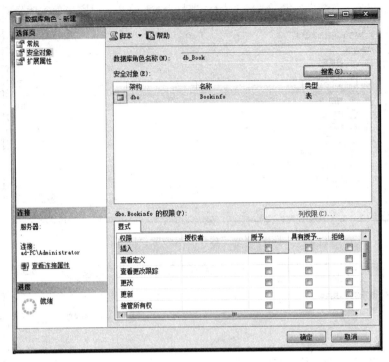

图 9.228　设置完架构"数据库角色-新建"对话框

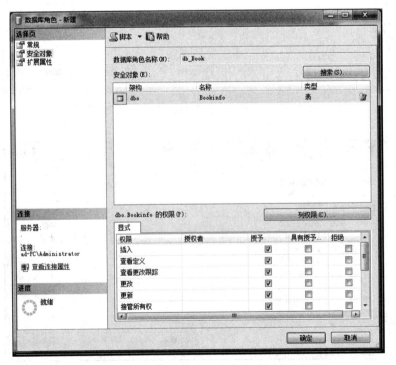

图 9.229　设置权限的"数据库角色-新建"对话框

(51) 设置完毕单击"确定"按钮,即可完成角色的创建工作。

(52) 启动 SQL Server Management Studio 之后,单击工具栏上的"新建查询"按钮 **新建查询(N)**,打开 T-SQL 语句编辑器。

(53) 在语句编辑窗口中输入如下 T-SQL 代码:

```
use Librarymanage
go
create role db_LM
go
exec sp_addrolemember 'db_LM','user1'
go
```

(54) 在工具栏上单击"分析"按钮 ✓ 对 SQL 语句进行语法检查。

(55) 经检查无误后,单击工具栏上的"执行"按钮 ! 执行(X),完成创建数据库角色并分配用户的操作。

(56) 打开数据库用户 user1 的属性窗口,查看其"成员身份"选项,如图 9.230 所示,可见,数据库用户 user1 已经被分配到数据库角色 db_LM 中。与此同时,查看数据库角色 db_LM 的属性,如图 9.231 所示,可以看到,角色成员中已包括 user1。

图 9.230　user1 被添加到 db_LM 之中

(57) 启动 SQL Server Management Studio 之后,在"对象资源管理器"中,依次展开"服务器"节点、"数据库"节点、Librarymanage 数据库节点、"表"节点,找到 Readerinfo 数

图 9.231　db_LM 中已有角色成员 user1

据表节点,右击,在弹出的菜单中选择"属性"命令。

(58).打开"表属性-Readerinfo"窗口,在左侧的选项页中选择"权限"一项,窗口右侧将打开相应的权限设置界面,如图 9.232 所示。

图 9.232　Readerinfo 表的属性

（59）单击"搜索"按钮，打开"选择用户或角色"对话框，单击"浏览"按钮，打开"查看对象"窗口，将数据库角色 public 和用户 user1 选中，如图 9.233 所示。

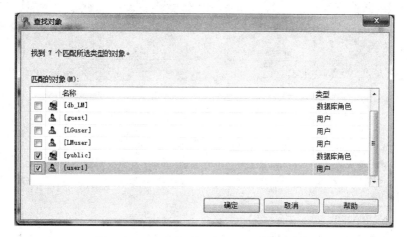

图 9.233　查找 public 和 user1 对象对话框

（60）选择完毕单击"确定"按钮，返回"选择用户或角色"对话框，如图 9.234 所示。

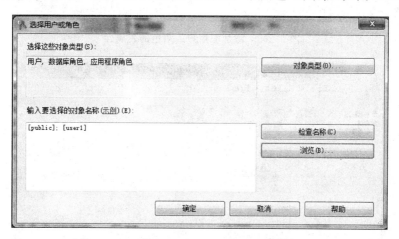

图 9.234　添加 public 和 user1 的选择用户或角色

（61）单击"确定"按钮，返回"表属性-Readerinfo"对话框，将用户或角色添加完毕，如图 9.235 所示。

（62）单击用户或角色列表中的 public 数据库角色将其选中，在窗口下方"public 的权限"列表中，寻找权限："插入""更改""更新""控制""删除"等权限名称，在对应的"授予"与"具有授予"列下方的复选框中，打上对钩表示选中，如图 9.236 所示。

（63）使用同样的方式单击用户或角色列表中的 user1 用户将其选中，在窗口下方"user1 的权限"列表中，寻找权限："插入""更改""更新""控制""删除"等权限名称，在对应的"授予"与"具有授予"列下方的复选框中，打上对钩表示选中，如图 9.237 所示。

（64）选择完毕单击"确定"按钮，完成权限的设置工作。

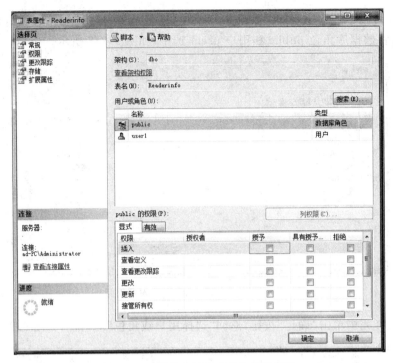

图 9.235　添加完用户或角色的表属性

图 9.236　对数据库角色 public 分配权限

图 9.237　对用户 user1 分配权限

（65）启动 SQL Server Management Studio 之后，单击工具栏上的"新建查询"按钮 **新建查询(N)**，打开 T-SQL 语句编辑器。

（66）在语句编辑窗口中输入如下 T-SQL 代码：

```
USE Librarymanage
GO
GRANT INSERT,DELETE,SELECT ON Punishinfo TO user1
GO
```

（67）在工具栏上单击"分析"按钮 ✓ 对 SQL 语句进行语法检查。

（68）经检查无误后，单击工具栏上的"执行"按钮 **! 执行(X)**，完成为用户 user1 分配相应权限的操作。

（69）该语句执行成功后，打开 Punishinfo 数据表的"权限"属性界面，验证上述语句的正确性，如图 9.238 所示。

（70）启动 SQL Server Management Studio 窗口，单击工具栏上的"新建查询"按钮 **新建查询(N)**，打开 T-SQL 语句编辑器。

（71）在语句编辑窗口中输入如下 T-SQL 代码：

```
USE Librarymanage
DENY INSERT,UPDATE ON Punishinfo TO user1
```

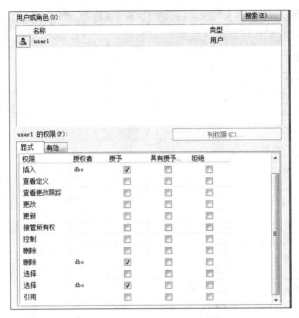

图 9.238　为 Punishinfo 表分配权限

（72）在工具栏上单击"分析"按钮 ✓ 对 SQL 语句进行语法检查。

（73）经检查无误后，单击工具栏上的"执行"按钮 ❗ 执行(X)，完成对用户 user1 相应权限的拒绝操作。

（74）该语句执行成功后，打开 Punishinfo 数据表的"权限"属性界面，验证上述语句的正确性，如图 9.239 所示。

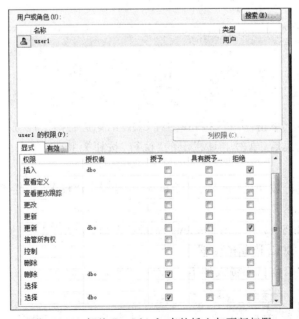

图 9.239　拒绝 Punishinfo 表的插入与更新权限

(75) 启动 SQL Server Management Studio 之后，单击工具栏上的"新建查询"按钮 新建查询(N)，打开 T-SQL 语句编辑器。

(76) 在语句编辑窗口中输入如下 T-SQL 代码：

```
USE Librarymanage
REVOKE INSERT,DELETE,UPDATE ON Punishinfo FROM user1
```

(77) 在工具栏上单击"分析"按钮 ✓ 对 SQL 语句进行语法检查。

(78) 经检查无误后，单击工具栏上的"执行"按钮 执行(X)，完成对用户 user1 相应权限的撤销操作。

(79) 该语句成功执行后，打开 Punishinfo 数据表的"权限"属性界面，验证上述语句的正确性，如图 9.240 所示。

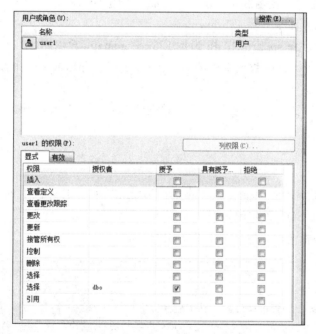

图 9.240 撤销 Punishinfo 表的插入、删除与更新权限

实训二十二 对数据库系统实施日常管理

一、实训目的

通过本次实训使学生掌握备份与还原数据库的操作；掌握分离与附加数据库的操作；掌握数据的导入与导出的操作。

二、实训内容

在本次实训中要求学生完成如下工作任务。

（1）利用 T-SQL 语句创建一个名为"图书磁盘备份"的磁盘备份设备，具体要求：所要创建的备份设备类型是"磁盘"，逻辑名称是"图书磁盘备份"，对应的物理名称为"C:\Program Files\Microsoft SQL Server\MSSQL11. MSSQLSERVER\MSSQL\Backup\图书磁盘备份. bak"。

（2）利用 T-SQL 语句创建数据库 Librarymanage 的完整备份，具体要求：备份设备是已经创建的"图书管理系统备份"本地备份设备。

（3）利用 T-SQL 语句从备份设备"图书管理系统备份"中还原 Librarymanage 数据库，具体要求：将最近一次备份的 Librarymanage 数据库进行还原。

（4）在可视化界面中分离 Librarymanage 数据库。

（5）利用存储过程 sp_attach_db 附加 Librarymanage 数据库。

（6）将 Librarymanage 数据库中的 Clerkinfo 数据表导出成 Excel 表，存放到 C:\data 目录下。

（7）将 C:\data 文件夹中的 ACCESS 数据库 bookdetail. mdb 导入 SQL Server 中。

三、实训步骤

（1）启动 SQL Server Management Studio 之后，单击工具栏上的"新建查询"按钮 新建查询(N)，打开 T-SQL 语句编辑器。

（2）在语句编辑窗口中输入如下 T-SQL 代码：

```
USE master
GO
EXEC sp_addumpdevice 'disk','图书磁盘备份',
'C:\Program Files\Microsoft SQL Server\MSSQL11.MSSQLSERVER\MSSQL\Backup
\图书磁盘备份.bak'
```

（3）在工具栏上单击"分析"按钮 ✓ 对 SQL 语句进行语法检查。

（4）经检查无误后，单击工具栏上的"执行"按钮 ！执行(X)，完成创建备份设备的操作。

（5）再次单击工具栏上的"新建查询"按钮 新建查询(N)，打开 T-SQL 语句编辑器，输入如下 T-SQL 代码：

```
sp_helpdevice
```

（6）在工具栏上单击"分析"按钮 ✓ 对 SQL 语句进行语法检查。

（7）经检查无误后，单击工具栏上的"执行"按钮 ❗ 执行(X)，完成查看当前服务器上所有备份设备具体信息的操作，其查询结果如图 9.241 所示。

图 9.241　查看服务器中设备的详细信息

（8）启动 SQL Server Management Studio 之后，单击工具栏上的"新建查询"按钮 📄 新建查询(N)，打开 T-SQL 语句编辑器。

（9）在语句编辑窗口中输入如下 T-SQL 代码：

```
BACKUP DATABASE Librarymanage
TO 图书管理系统备份
WITH INIT,NAME='Librarymanage 完整备份',
DESCRIPTION='Librarymanage 完整备份放置在图书管理系统备份中'
```

（10）在工具栏上单击"分析"按钮 ✔ 对 SQL 语句进行语法检查。

（11）经检查无误后，单击工具栏上的"执行"按钮 ❗ 执行(X)，完成数据库的备份操作，备份操作运行结果如图 9.242 所示。

图 9.242　数据库成功备份的信息

（12）完成 Librarymanage 数据库的备份操作，在相应的文件夹中可以查看到对应的备份设备文件，如图 9.243 所示。

图 9.243　备份生成的相关设备文件

（13）启动 SQL Server Management Studio 之后，单击工具栏上的"新建查询"按钮 📄 新建查询(N)，打开 T-SQL 语句编辑器。

（14）在语句编辑窗口中输入如下 T-SQL 代码：

```
USE master
GO
RESTORE DATABASE Librarymanage FROM 图书管理系统备份 WITH REPLACE
```

注：上述语句使用了 REPLACE 参数，表示在对 Librarymanage 数据库进行还原时会将已经存在的数据库覆盖。

（15）在工具栏上单击"分析"按钮 ✓ 对 SQL 语句进行语法检查。

（16）经检查无误后，单击工具栏上的"执行"按钮 **！执行(X)**，完成数据库的还原操作，还原操作运行结果如图 9.244 所示。

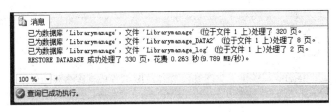

图 9.244　数据库成功还原的信息

（17）启动 SQL Server Management Studio 之后，在"对象资源管理器"中展开"数据库"节点，找到 Librarymanage 数据库节点，选择该节点并右击，在弹出的菜单中选择"任务"→"分离"命令，如图 9.245 所示。

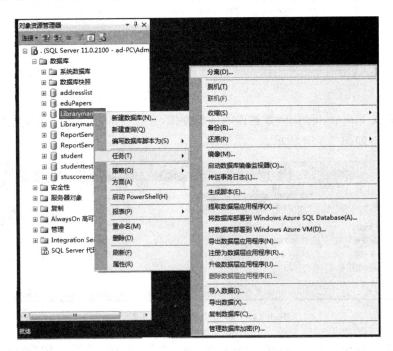

图 9.245　选择数据库的分离命令

（18）运行该命令，打开"分离数据库"窗口，选中将要分离的数据库，审核相关参数的设置，如图 9.246 所示。

（19）将"删除连接"和"更新统计信息"两个复选框选中，分离数据库的操作准备就绪，单击"确定"按钮，即可完成数据库的分离操作，数据库如果被成功分离，在"对象资源管理器"中，Librarymanage 数据库节点是不存在的，如图 9.247 所示。

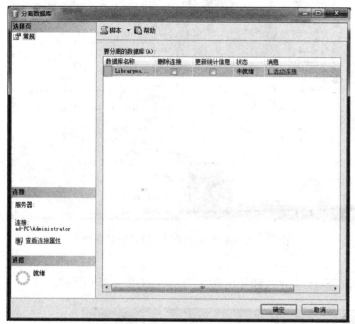

图 9.246　分离数据库界面

图 9.247　Librarymanage 数据库节点被成功分离

（20）此时可以将 Librarymanage 数据库的数据主文件和日志文件复制到任何存储介质上，以便保存。

（21）启动 SQL Server Management Studio 之后，单击工具栏上的"新建查询"按钮，打开 T-SQL 语句编辑器。

（22）在语句编辑窗口中输入如下 T-SQL 代码：

```
sp_attach_db Librarymanage,
'C:\data\Librarymanage.mdf ',
'C:\data\Librarymanage_log.ldf'
```

（23）在工具栏上单击"分析"按钮对 SQL 语句进行语法检查。

（24）经检查无误后，单击工具栏上的"执行"按钮，完成数据库的附加操作。

（25）在"对象资源管理器"中，选中"数据库"节点，右击，在弹出的菜单中选择"刷新"命令，即可看到 Librarymanage 数据库已经被成功附加，如图 9.248 所示。

（26）启动 SQL Server Management Studio 之后，在"对象资源管理器"中展开"数据库"节点，找到 Librarymanage 数据库节点，右击，在弹出的菜单中选择"任务"→"导出数据"命令,如图 9.249 所示。

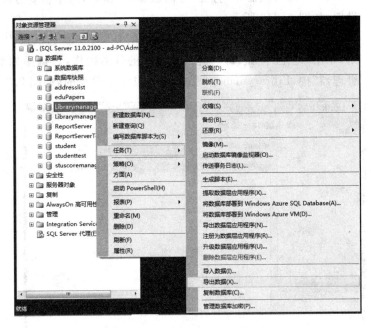

图 9.248 Librarymanage 数据
库节点被成功附加

图 9.249 选择数据库的"导出数据"命令

(27) 执行该命令,打开"SQL Server 导入和导出向导"首页,如图 9.250 所示。

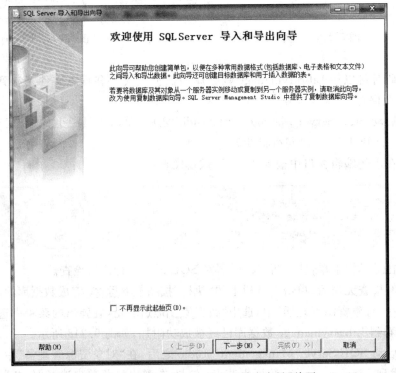

图 9.250 "SQL Server 导入和导出向导"首页

（28）单击"下一步"按钮，进入到"选择数据源"界面，"数据源"选择 SQL Server Native Client 11.0；"服务器名称"选择本地服务器"."；"身份验证"选择"使用 Windows 身份验证"；"数据库"选择 Librarymanage，如图 9.251 所示。

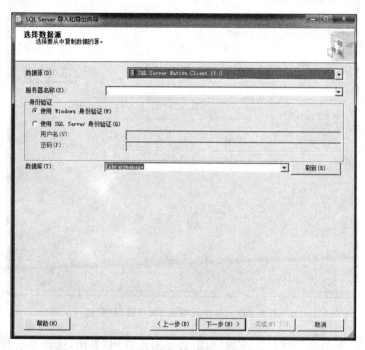

图 9.251　导出数据的"选择数据源"界面

（29）单击"下一步"按钮，进入到"选择目标"界面，"目标"选择 Microsoft Excel；单击"浏览"按钮，进入到选择导出的 Excel 文件存放路径界面，在此，选择 Excel 文件存放位置并且设置 Excel 文件的名称，例如，将该文件名设置成 clerkform，路径为 C:\data，如图 9.252 所示。

图 9.252　设置 Excel 文件的路径与名称

（30）单击"打开"按钮，返回到"选择目标"界面，如图 9.253 所示。

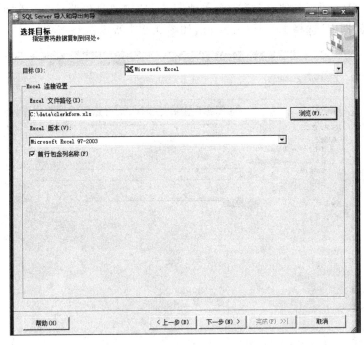

图 9.253　导出数据的"选择目标"界面

（31）单击"下一步"按钮，进入到"指定表复制或查询"界面，选择单选按钮"复制一个或多个表或视图的数据"，如图 9.254 所示。

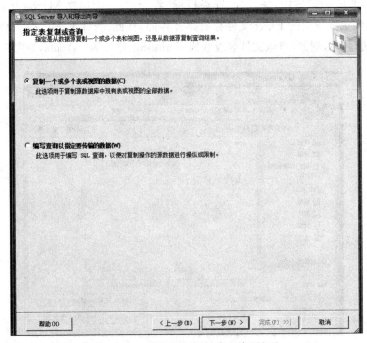

图 9.254　"指定表复制或查询"界面

（32）单击"下一步"按钮，进入到"选择源表和源视图"界面，选择 Clerkinfo 数据表，如图 9.255 所示。

图 9.255 导出数据的"选择源表和源视图"界面

（33）单击"下一步"按钮，进入到"查看数据类型映射"界面，如图 9.256 所示。

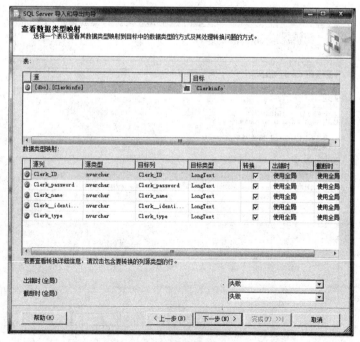

图 9.256 "查看数据类型映射"界面

（34）单击"下一步"按钮，进入到"保存并运行包"界面，选择"立即运行"复选框，如图 9.257 所示。

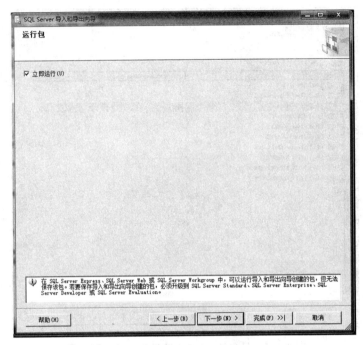

图 9.257　导出数据的"保存并运行包"界面

（35）单击"完成"按钮，进入到"完成该向导"界面，如图 9.258 所示。

图 9.258　导出数据的"完成该向导"界面

(36) 单击“完成”按钮，进入到“执行成功”界面，如图 9.259 所示。

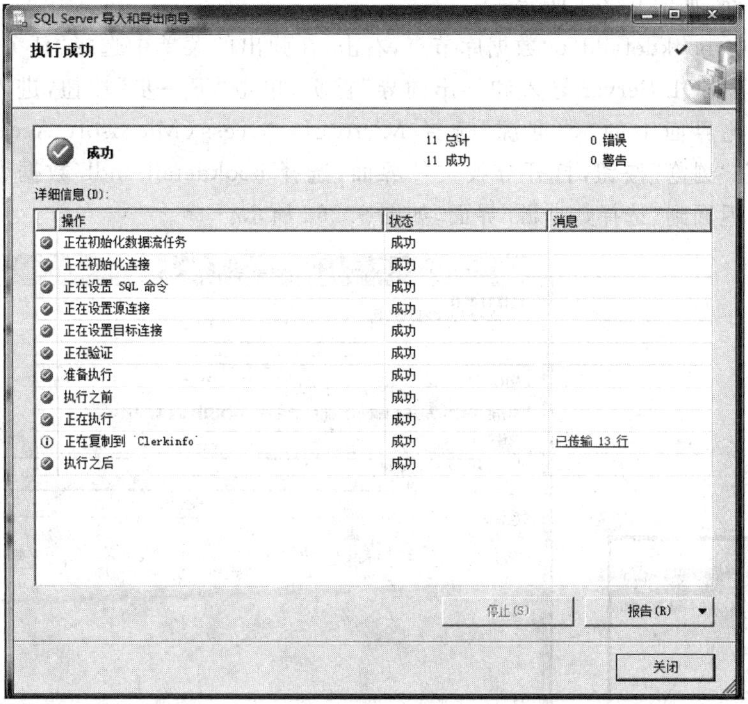

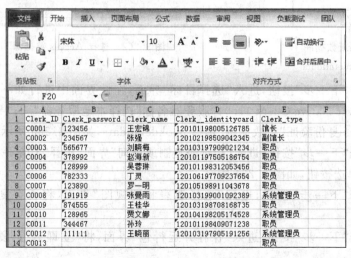

图 9.259 导出数据的“执行成功”界面

(37) 单击“关闭”按钮，结束数据导出操作，打开导出的 Excel 文件 clerkform，如图 9.260 所示，说明数据已经被成功导出。

	A	B	C	D	E	F
1	Clerk_ID	Clerk_password	Clerk_name	Clerk__identitycard	Clerk_type	
2	C0001	123456	王宏锦	120101198005126785	馆长	
3	C0002	234567	张强	120102198509042345	副馆长	
4	C0003	565677	刘晓梅	120103197909021234	职员	
5	C0004	378992	赵海新	120101197505186754	职员	
6	C0005	128999	吴蓉琳	120101198312053456	职员	
7	C0006	782333	丁灵	120106197709237654	职员	
8	C0007	123890	罗一明	120105198911043678	职员	
9	C0008	191919	张曼雨	120103199001092389	系统管理员	
10	C0009	874555	王桂华	120103198708168735	职员	
11	C0010	128965	贾文卿	120104198205174528	系统管理员	
12	C0011	344467	孙玲	120101198409071238	职员	
13	C0012	111111	王晓丽	120103197905191256	系统管理员	
14	C0013				职员	

图 9.260 Excel 文件 clerkform

(38) 启动 SQL Server Management Studio 之后，在“对象资源管理器”中选中“数据库”节点，右击，在弹出的菜单中选择“新建数据库”命令，打开“新建数据库”对话框，输入数据库的名称 bookdetaildata,其他参数使用默认选项,单击"确定"按钮,返回到"对象资源管理器"界面,如图 9.261 所示。

(39)选中 bookdetaildata 数据库节点,右击,在弹出的菜单中选择"任务"→"导入数据"命令,打开"SQL Server 导入和导出向导"首页,单击"下一步"按钮,进入"选择数据源"界面,在此界面中的"数据源"选择 Microsoft Access(Microsoft Access Database Engine);单击"浏览"按钮,打开寻找文件界面,选择 bookdetail.mdb 数据库文件,单击"打开"按钮,返回到"选择数据源"界面,如图 9.262 所示。

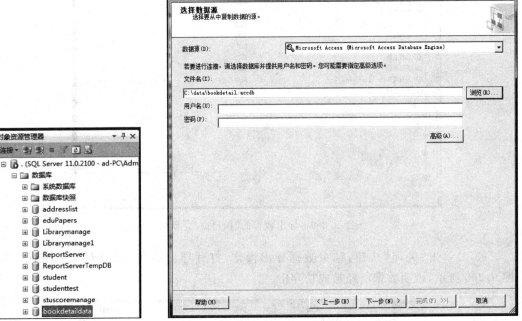

图 9.261　添加新数据库
　　　　　bookdetaildata

图 9.262　选择 Access 数据源

(40)单击"下一步"按钮,进入"选择目标"界面,在此界面中进行如下设置:"目标"选择 SQL Server Native Client 11.0;"服务器名称"选择本地服务器".";"身份验证"选择"使用 Windows 身份验证";"数据库"选择 bookdetaildata,如图 9.263 所示。

(41)单击"下一步"按钮,进入"指定表复制或查询"界面,选择"复制一个或多个表或视图的数据"单选按钮,如图 9.264 所示。

(42)单击"下一步"按钮,进入"选择源表和源视图"界面,将所有复选框选中,如图 9.265 所示。

(43)单击"下一步"按钮,进入"保存并运行包"界面,将"立即运行"复选框选中,如图 9.266 所示。

(44)单击"完成"按钮,进入"完成该向导"界面,如图 9.267 所示。

(45)单击"完成"按钮,执行导入操作,数据导入完毕,进入"执行成功"界面,如图 9.268 所示。

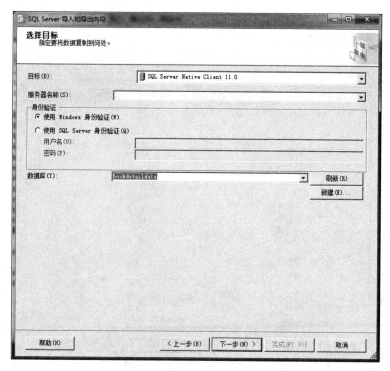

图 9.263 选择 SQL Server 系统目标

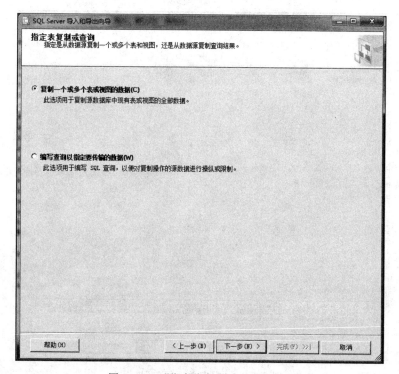

图 9.264 "指定表复制或查询"界面

图 9.265 "选择源表和源视图"界面

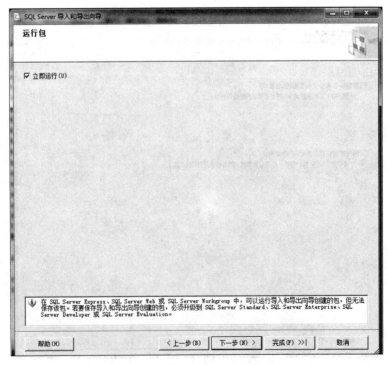

图 9.266 "保存并运行包"界面

图 9.267 "完成该向导"界面

图 9.268 "执行成功"界面

(46) 单击“关闭”按钮，回到“对象资源管理器”界面，依次展开 bookdetaildata 数据库节点、“表”节点，找到 book 表节点，将该节点选中，右击，在弹出的菜单中选择“编辑前200 行”命令，将数据表 book 打开，可以看到，Access 数据库中数据表的内容已经成功地导入到 SQL Server 2014 系统中，如图 9.269 所示。

AD-PC.bookdetaildata - dbo.book ×

ID	图书ISBN	图书名称	图书简介
1	9788836502341	VC程序设计实训教程	这是一本介绍利用VC语言进行程序设计的教程，特别适合于初学者。
2	9781349207867	FLASH程序设计	这是一本讲解利用FLASH设计动画的书，集趣味性与实用性于一体。
3	9781000858595	UML及建模	这是一本讲述前沿建模思维的教程，是软件架构师的良好助手。

图 9.269　book 表的内容

参 考 文 献

[1] 郎振红. SQL Server 工作任务案例教程[M]. 北京：清华大学出版社,2015.

[2] 胡选子. SQL Server 数据库技术及应用[M]. 北京：清华大学出版社,2013.

[3] [美]Adam Jorgensen 等著. SQL Server 2014 管理最佳实践[M]. 3 版. 北京：清华大学出版社,2015.

[4] 贾铁军. 数据库原理应用与实践 SQL Server 2014[M]. 2 版. 北京：科学出版社,2016.

[5] 郑阿奇. SQL Server 实用教程[M]. 4 版. 北京：电子工业出版社,2015.

[6] 卫琳. SQL Server 2012 数据库应用与开发教程[M]. 北京：清华大学出版社,2014.

[7] 明日科技. SQL Server 从入门到精通[M]. 北京：清华大学出版社,2012.